Quaestiones geometricae in Euclidis; P. Rami stoicheiosin in usum scholae mathematicae collectae. A doctore Petro Ryff, basil. mathematatum professore. (1665)

Peter Ryff

Quaestiones geometricae in Euclidis; P. Rami stoicheiosin in usum scholae mathematicae collectae. A doctore Petro Ryff, basil. mathematum professore.
Ryff, Peter, 1552-1629.
316, [2] p. [4] leaves of plates :
Oxoniae : typis W.H. Impensis Fran: Oxlad., a. Dom, M.DC.LXV. [1665]
Madan / III, 2716
Wing (2nd ed.) / R2421
Latin

Early English Books Online (EEBO) Editions

Imagine holding history in your hands.

Now you can. Digitally preserved and previously accessible only through libraries as Early English Books Online, this rare material is now available in single print editions. Thousands of books written between 1475 and 1700 and ranging from religion to astronomy, medicine to music, can be delivered to your doorstep in individual volumes of high-quality historical reproductions.

We have been compiling these historic treasures for more than 70 years. Long before such a thing as "digital" even existed, ProQuest founder Eugene Power began the noble task of preserving the British Museum's collection on microfilm. He then sought out other rare and endangered titles, providing unparalleled access to these works and collaborating with the world's top academic institutions to make them widely available for the first time. This project furthers that original vision.

These texts have now made the full journey -- from their original printing-press versions available only in rare-book rooms to online library access to new single volumes made possible by the partnership between artifact preservation and modern printing technology. A portion of the proceeds from every book sold supports the libraries and institutions that made this collection possible, and that still work to preserve these invaluable treasures passed down through time.

This is history, traveling through time since the dawn of printing to your own personal library.

Initial Proquest EEBO Print Editions collections include:

Early Literature

This comprehensive collection begins with the famous Elizabethan Era that saw such literary giants as Chaucer, Shakespeare and Marlowe, as well as the introduction of the sonnet. Traveling through Jacobean and Restoration literature, the highlight of this series is the Pollard and Redgrave 1475-1640 selection of the rarest works from the English Renaissance.

Early Documents of World History

This collection combines early English perspectives on world history with documentation of Parliament records, royal decrees and military documents that reveal the delicate balance of Church and State in early English government. For social historians, almanacs and calendars offer insight into daily life of common citizens. This exhaustively complete series presents a thorough picture of history through the English Civil War.

Historical Almanacs

Historically, almanacs served a variety of purposes from the more practical, such as planting and harvesting crops and plotting nautical routes, to predicting the future through the movements of the stars. This collection provides a wide range of consecutive years of "almanacks" and calendars that depict a vast array of everyday life as it was several hundred years ago.

Early History of Astronomy & Space

Humankind has studied the skies for centuries, seeking to find our place in the universe. Some of the most important discoveries in the field of astronomy were made in these texts recorded by ancient stargazers, but almost as impactful were the perspectives of those who considered their discoveries to be heresy. Any independent astronomer will find this an invaluable collection of titles arguing the truth of the cosmic system.

Early History of Industry & Science

Acting as a kind of historical Wall Street, this collection of industry manuals and records explores the thriving industries of construction; textile, especially wool and linen; salt; livestock; and many more.

Early English Wit, Poetry & Satire

The power of literary device was never more in its prime than during this period of history, where a wide array of political and religious satire mocked the status quo and poetry called humankind to transcend the rigors of daily life through love, God or principle. This series comments on historical patterns of the human condition that are still visible today.

Early English Drama & Theatre

This collection needs no introduction, combining the works of some of the greatest canonical writers of all time, including many plays composed for royalty such as Queen Elizabeth I and King Edward VI. In addition, this series includes history and criticism of drama, as well as examinations of technique.

Early History of Travel & Geography

Offering a fascinating view into the perception of the world during the sixteenth and seventeenth centuries, this collection includes accounts of Columbus's discovery of the Americas and encompasses most of the Age of Discovery, during which Europeans and their descendants intensively explored and mapped the world. This series is a wealth of information from some the most groundbreaking explorers.

Early Fables & Fairy Tales

This series includes many translations, some illustrated, of some of the most well-known mythologies of today, including Aesop's Fables and English fairy tales, as well as many Greek, Latin and even Oriental parables and criticism and interpretation on the subject.

Early Documents of Language & Linguistics

The evolution of English and foreign languages is documented in these original texts studying and recording early philology from the study of a variety of languages including Greek, Latin and Chinese, as well as multilingual volumes, to current slang and obscure words. Translations from Latin, Hebrew and Aramaic, grammar treatises and even dictionaries and guides to translation make this collection rich in cultures from around the world.

Early History of the Law

With extensive collections of land tenure and business law "forms" in Great Britain, this is a comprehensive resource for all kinds of early English legal precedents from feudal to constitutional law, Jewish and Jesuit law, laws about public finance to food supply and forestry, and even "immoral conditions." An abundance of law dictionaries, philosophy and history and criticism completes this series.

Early History of Kings, Queens and Royalty

This collection includes debates on the divine right of kings, royal statutes and proclamations, and political ballads and songs as related to a number of English kings and queens, with notable concentrations on foreign rulers King Louis IX and King Louis XIV of France, and King Philip II of Spain. Writings on ancient rulers and royal tradition focus on Scottish and Roman kings, Cleopatra and the Biblical kings Nebuchadnezzar and Solomon.

Early History of Love, Marriage & Sex

Human relationships intrigued and baffled thinkers and writers well before the postmodern age of psychology and self-help. Now readers can access the insights and intricacies of Anglo-Saxon interactions in sex and love, marriage and politics, and the truth that lies somewhere in between action and thought.

Early History of Medicine, Health & Disease

This series includes fascinating studies on the human brain from as early as the 16th century, as well as early studies on the physiological effects of tobacco use. Anatomy texts, medical treatises and wound treatment are also discussed, revealing the exponential development of medical theory and practice over more than two hundred years.

Early History of Logic, Science and Math

The "hard sciences" developed exponentially during the 16th and 17th centuries, both relying upon centuries of tradition and adding to the foundation of modern application, as is evidenced by this extensive collection. This is a rich collection of practical mathematics as applied to business, carpentry and geography as well as explorations of mathematical instruments and arithmetic; logic and logicians such as Aristotle and Socrates; and a number of scientific disciplines from natural history to physics.

Early History of Military, War and Weaponry

Any professional or amateur student of war will thrill at the untold riches in this collection of war theory and practice in the early Western World. The Age of Discovery and Enlightenment was also a time of great political and religious unrest, revealed in accounts of conflicts such as the Wars of the Roses.

Early History of Food

This collection combines the commercial aspects of food handling, preservation and supply to the more specific aspects of canning and preserving, meat carving, brewing beer and even candy-making with fruits and flowers, with a large resource of cookery and recipe books. Not to be forgotten is a "the great eater of Kent," a study in food habits.

Early History of Religion

From the beginning of recorded history we have looked to the heavens for inspiration and guidance. In these early religious documents, sermons, and pamphlets, we see the spiritual impact on the lives of both royalty and the commoner. We also get insights into a clergy that was growing ever more powerful as a political force. This is one of the world's largest collections of religious works of this type, revealing much about our interpretation of the modern church and spirituality.

Early Social Customs

Social customs, human interaction and leisure are the driving force of any culture. These unique and quirky works give us a glimpse of interesting aspects of day-to-day life as it existed in an earlier time. With books on games, sports, traditions, festivals, and hobbies it is one of the most fascinating collections in the series.

QUÆSTIONES GEOMETRICÆ IN EUCLIDIS & P. RAMI ΣΤΟΙΧΕΙΩΣΕΙΝ

In usum Scholæ Mathematicæ Collectæ,

A Doctore *PETRO RYFF*, Basil. Mathematum Professore.

Quibus

GEODÆSIAM adjecimus per usum RADII Geometrici.

Postremò

Accessit Commentatio OPTICA,

Sivè Brevis Tractatio de

PERSPECTIVA COMMUNI,

Diu optata nec non Juventuti satis, PERSPICUA.

OXONIÆ:

Typis *W. H.* Impensis *Fran: Oxlad.*

A. Dom, M. DC. LXV.

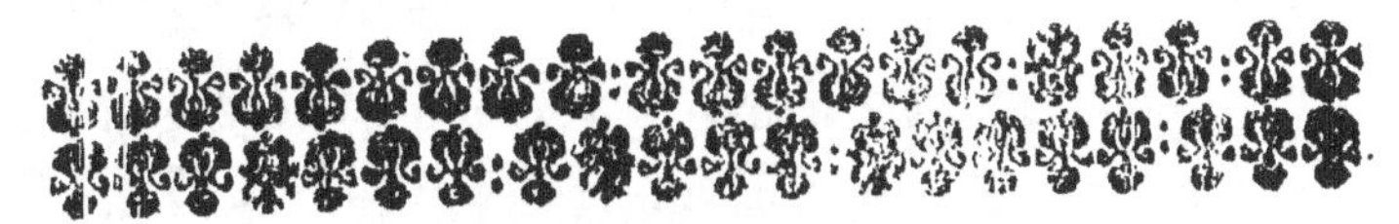

Ad Clarissimum Virum,

D. PETRUM RYFF,

PRÆCEPTOREM OLIM

suum meritissimum.

De Epitome Geometriæ ab ipso edita,
Epigramma.

HAud facilis via virtutis, præclaráve rerum
Pulcrarum cuivis obvia notitia:
Sed labor & studium est scandenti culmen honoris,
Ut virtute suâ mox comitatus eat.
Plus itaque anteeunt aliis, non qui optima nôrunt
Ipsi; verum alios illa docere student:
Ut, quos fortè queat radix virtutis amara
Abstrahere à cœptis, aut vaga cognitio;
Doctores aptos nacti, quorumque sequuti
Vestigia haud cupiant sæpe referre pedem.
Ergo operæ magnum precium, Clarissime RYFFI.
Præstas, discipulis semper adesse studens.
Ingenuos homines Mathesis decet: hæcce requirit
Ingenium, promptum quod sit & assiduum.
Hanc magno studio tradis, multumque laboras,
Ne obscurus fias, dum brevis esse cupis.
Testatur præsens hic, qui brevitate libellus
Emicat: ast artis commoda multa vehit.
Perge ita: discipulis, Vir præstantissime, perge.
Prosis: hinc laudis præmia magna cape.

M. LUDOVICUS LUCIUS, Basil.

ANDREÆ RYFF, SENATORI, ECCLESIARUM SCHOLARUMQUE REIPUB. BASILIENSIS

Triumviro vigilantissimo, agnato suo colendo S.

CCLESIÆ, Scholæ totiusque Reipub. nostræ majores nostros studiosissimos fuisse, in eaque administranda & adaugenda singulari virtute, dexteritate, severitate, constantiaque usos esse litterarum docere monumenta arbitror. Tu etiam quem Omnipotens ille eandem rempub. nostram in partibus sibi concreditis gubernare voluit, quod officio tuo nullo modo desis, sed eidem pari diligentia, dexteritate & constantia invigiles, omnibus patere autumo. Verum ne & me in munere, quo in schola Academiaque nostra fungor, desidem esse existimes, En ex pulvere meo scholastico Epitomen hancce, quam in usum mathematatum initiatorum privatim collegi, & nunc publicam facere persuasus sum, tibi offero; speroque hilari non modo vultu te accepturum, sed & probaturum, meique ut hactenus, ita & in posterum quoque studiosissimum futurum. Vale. Basileæ Calend. Mart. Anno salutis humanæ millesimo sexcentesimo.

Tui studiosiss.

PETRUS RYFF

GEOMETRIÆ
ΔΙΑΤΥΠΩΣΙΣ.

- CAP. I. Geometria *distribuitur, in duas partes: quarum prior tradit*
  - Data, τὰ δεδόμενα: *subjectæ vid* Magnitudinis *hujusq; specierum definitiones; tum*
    - C AP. II. Lineæ. *Quæ est vel*
      - Recta.
      - Curva *seu* obliqua,
        - Simplex.
        - Varia.
    - CAP. III. Lineamenti: *ut est*
      - Angulus:
        - Homogeneus:
          - Rectus.
          - Obliquus:
            - Acutus.
            - Obtusus.
        - Heterogeneus.
      - Figura. *Vide* A.
  - Quæsita, τὰ ζητούμενα *datarum magnitudinum adjuncta sive habitudines.* *Vide pag.* 14.

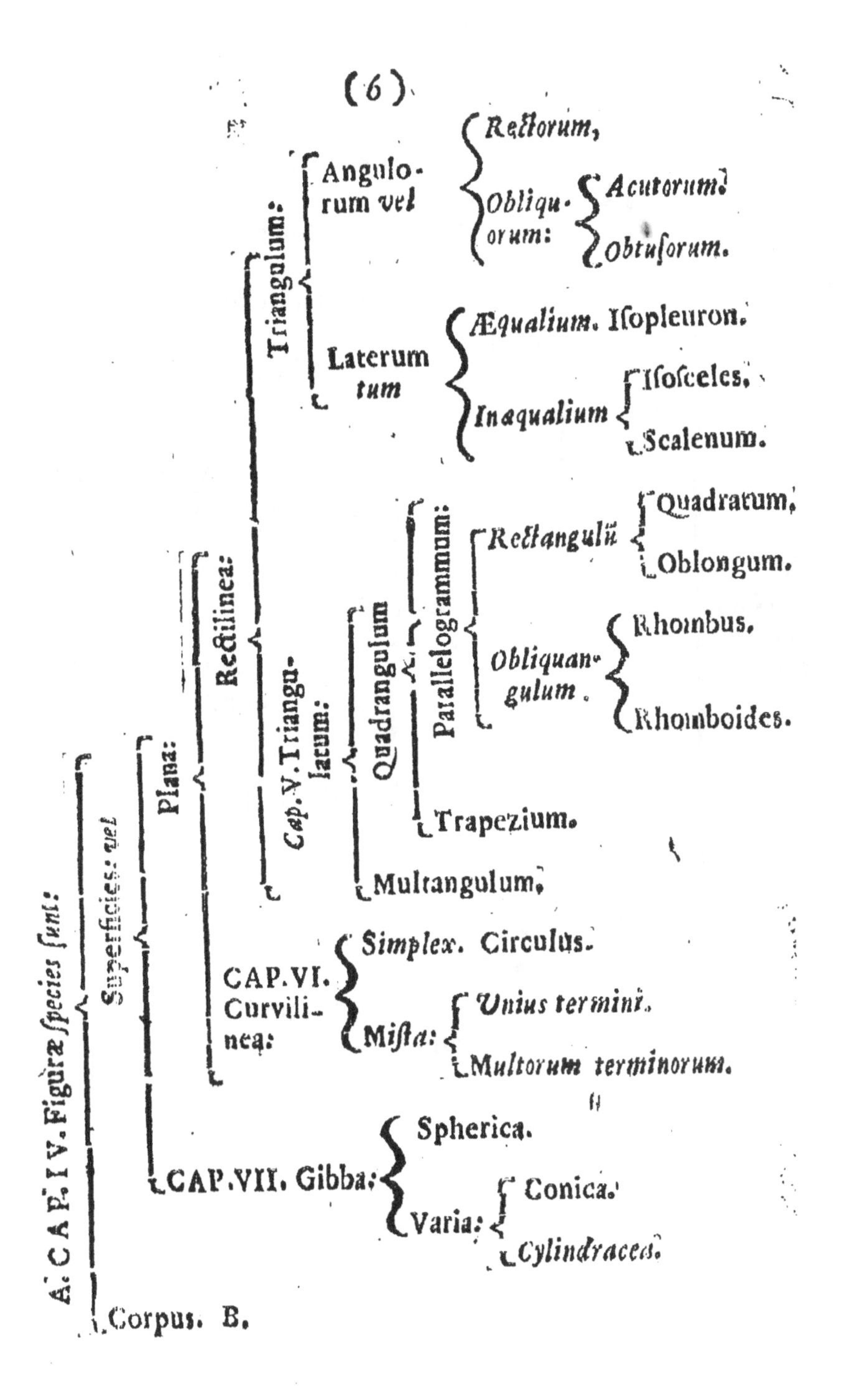
A. CAP. IV. Figuræ species sunt:
Superficies: vel
Plana:
Rectilinea:
Triangulum:
Angulorum vel
Rectorum,
Obliquorum:
Acutorum.
Obtusorum.
Laterum tum
Æqualium. Isopleuron.
Inæqualium
Isosceles.
Scalenum.
Cap. V. Triangulatum:
Quadrangulum
Parallelogrammum:
Rectangulū
Quadratum,
Oblongum.
Obliquangulum.
Rhombus.
Rhomboides.
Trapezium.
Multangulum.
CAP. VI. Curvilinea:
Simplex. Circulus.
Mista:
Unius termini.
Multorum terminorum.
CAP. VII. Gibba:
Spherica.
Varia:
Conica.
Cylindracea.
Corpus. B.

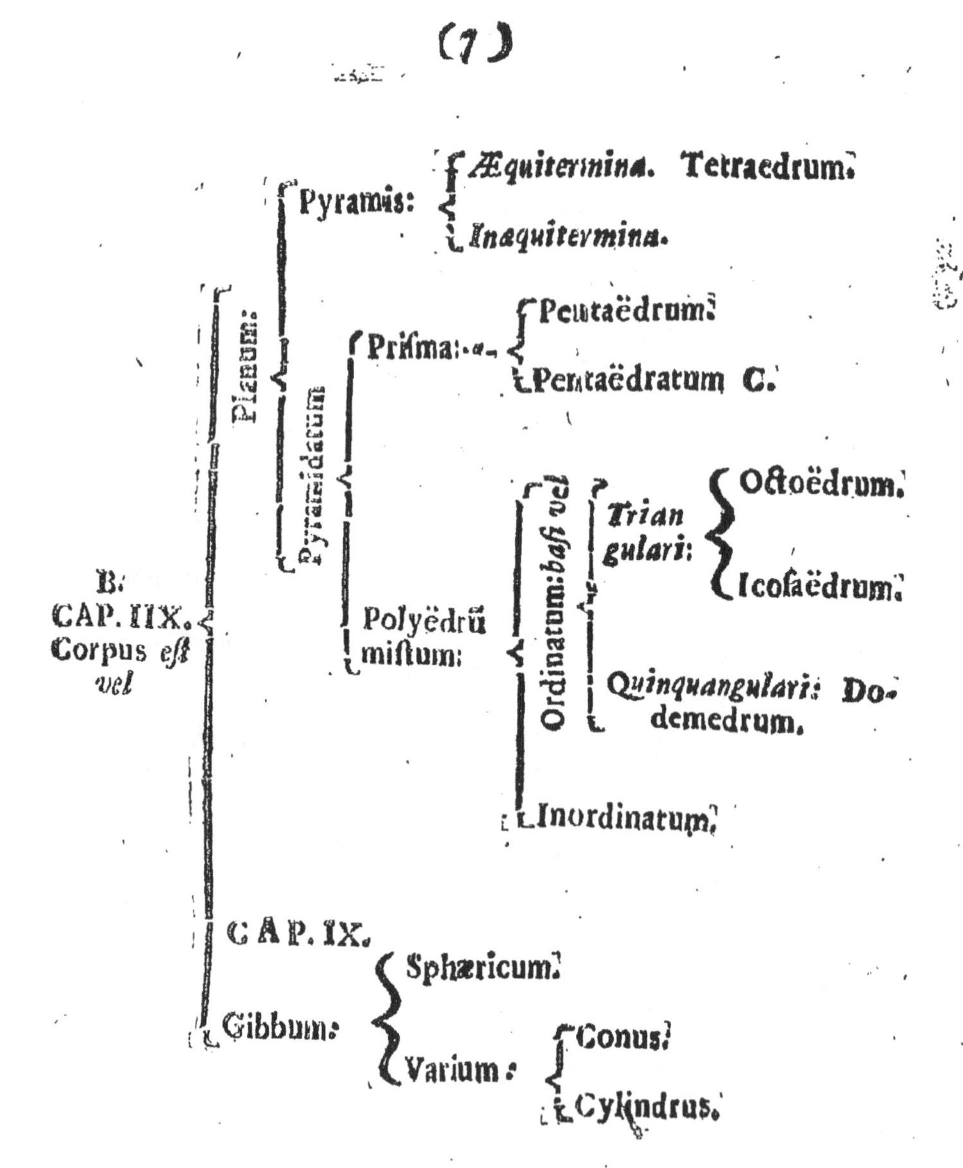

B.
CAP. IIX.
Corpus est vel
Planum:
Pyramis:
Æquitermina. Tetraedrum.
Inæquitermina.
Pyramidatum
Prisma:
Pentaëdrum.
Pentaëdratum C.
Polyëdrũ mistum:
Ordinatum: basi vel
Triangulari:
Octoëdrum.
Icosaëdrum.
Quinquangulari: Dodemedrum.
Inordinatum.
CAP. IX.
Gibbum:
Sphæricum.
Varium:
Conus.
Cylindrus.

- C. Pentaedradratum.
  - Hexaedrum.
    - Parallelipedum:
      - *Rectangulum:*
        - *Isoedrum.* Cubus:
        - Oblongum.
      - *Obliquangulum.*
        - Rhombus.
        - Rhomboides.
    - Trapezium.
  - Polyedrum.

QUÆSTIO.

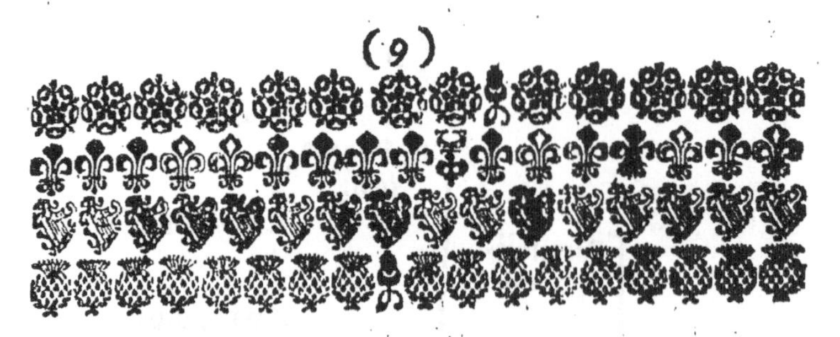

QUÆSTIONUM *GEOMETRICARUM* PARS PRIOR

De Magnitudine, eiusque speciebus.

CAPUT I.

De Geometriæ definitione ac distributione.

Quid est Geometria?

GEOMETRIA *est scientia (siue ars) bene metiendi.*

Mathemata communiter versari dicuntur circa proprias Quantitatis affectiones. Ea autem duplex esse traditur: Discreta scilicet & continua. Illa multitudinem datam numerans, Arithmeticam: hæc verò, è natura continui, Magnitudinem mensurans, Geometriam constituit, speciem Mathematicarum veram ac legitimam alteram. Ad Geometriam, porrò

porrò quod attinet, definitum hoc significato quidem angustius est ipsa definitione: huic tamen doctrinæ, ut & aliis quandoque, nomen impositum ab effectibus prioribus, communioribus vel præstantioribus. Ars siquidem μετρικὴ in dimensione Terræ Ægyptiis, ut hodie, communissima erat olim: quam Pantometriam seu Holometriam nunc, nisi Maiorum placita servare æquum foret, appellare liceret. Sive deinceps Scientiam, ob Theorematum certitudinem, cum Aristotele; sive Artem, ob præceptorum systema, cum Luciano voces, defendere te poteris facilè.

Quid vocas Bene-metiri seu mensurare?

Bene-metiri (μετρεῖν) *est, rei cujusque mensurabilis naturam, vim, proprietates, habitudines, usúsque interpretari & exercere.*

Verbum Mensurare duplicis est significationis. Primò, actionem significat mentis, abstractam, & vere mathematicam, qua pura & logica mentis cogitatione rei mensurabilis naturam, affectiones & mensuram contemplando inquirimus, demonstramus, atque interpretamur, eamque certis schematibus juvamus & suffulcimus. Secundò, Mensurare est etiam, quando secundum jam dictum μετρήσεως modum, rei mensurabilis concretæ longitudo, latitudo, sive crassities adhibitâ notâ & certâ aliquâ mensurâ explicatur. Primum illud mensurandi genus, quod circa τὰ νοητὰ versatur est purius, simplicius, & magis mathematicum: ideoque prius & præstantius; ut quod generalia (quæ naturæ ordine sunt priora) tradens, ex se certitudinem habet, ipsamque theoriam comprehendit. Alterum

vero,

vero, quod τὰ αἰσθητά, certæ materiæ conjuncta, tractat, est crassius & sensibus obiectum; & quanquam popularius, tamen posterius & minus præstans, certitudinem suam à priore mutuatur, illiusque praxin & usum monstrat. Per mensurationem itaque hic non tam externa, quam interna & logica mentis actio, in metiendo occupata, intelligitur: ne quis Geometriam, Mechanicam potius artem, quam Mathematicam artem; sed ex earum numero esse intelligat, quæ res propositas ad mensurandum absque physicis accidentibus (ut est motus, gravitas, durities, &c.) consideret; quam tamen artifices, eâ instructi, ad rerum sensibilium considerationem traducant, ejusque usum demonstrent: ut Geodætes, Geographus, Astronomus, Opticus, Mechanicus, Architectus, & omnes alii artis hujus discipuli. Atque hoc sensu accepta definitio plana est reciproca.

Atqui verò, quænam sunt illæ res, quæ ita mensurandæ proponuntur?

Magnitudines. Est autem Magnitudo, quantitas continua: cujus nempe partes communi aliquo termino cohærent, seu continentur. 13.def. 1.lib. Eucl. Itaque

Magnitudo proprium & adæquatum exsistit Geometriæ subjectum.

Ecquis ergo est communis seu primus ille cohærentis magnitudinis terminus?

Punctum. Signum scilicet in magnitudine individuum. 1.d.1.l.Eucl.

Punctum igitur principium est γενέσεως & ἀναλύσεως magnitudinis geometricæ; quemadmodum Unitas principium numeri. Et sicut Unitas numeri quidem

quidem principium, numerus verò dici non poteſt: ita etiam *Punctum*, magnitudinis primus terminus ſive principium, magnitudo tamen proinde non eſt,

Quomodo diſtribuis Geometriam?

Geometria (commoda appellatione geometrica) in Data & Quæſita, τὰ δεδόμενα, καὶ τὰ ζητούμενα, *diſtribui poteſt*. Hoc eſt, in Magnitudinis eiuſque ſpecierum definitiones, & affectionum ſeu proprietatum explicationes.

Siquidem ad Geometriæ definitionem, in qua quæſiti huius ſymbola deliteſcunt, reſpiciamus, duo præcipuè in tota Geometria occurrent conſideranda. *Primum* eſt ſubiectum ipſum, Magnitudo nimirum menſuranda, eiuſque ſpecies definitionibus explicandæ. Alterum, cognitarum jam magnitudinum, tanquam ſubjecti dati, adjuncta ſeu quæſita; uti ſunt variæ illarum affectiones, proprietates, & habitudines: quas metiri & explicare docet. Quod etiam Euclidem in tota ſua ςοιχειώσει obſervaſſe videmus. Nos tamen, quod multoties ac diviſim ſingulis libris præſtitit Euclides, ſemel ac ſimul effectum dabimus: ſiquidem ſapientiæ præceptum ſequentes, totius ſubjectæ magnitudinis ideâ initio objectâ, faciliores aptioresque hujus artis ſtudioſos ſic nos reddituros omnino ſperamus. Interim tamen Geometriæ illam diviſionem, quâ ſecundum triplicem, pro rei propoſitæ natura, menſurandi modum, in Euthymetriam, *Planimetriam*, & Stereometriam diſtribuitur, è Scholis minimè exſtirpamus; verum ſuis ordine convenienti capitibus inſerimus.

CAPUT. II.

CAPUT II.

De Euthymetriæ datis. Ac primo, De Lineis,

Quas igitur Magnitudinis species constituis?

MAgnitudo est vel Linea, vel Lineamentum: γραμμή, ἢ γραμμικόν.

Sunt partes seu species istæ, generi quidem consentaneæ, inter se autem dissentaneæ: Lineæ siquidem Lineamentorum, ut effectorum, causæ exsistunt.

Quomodo definis Lineam?

Linea (γραμμὴ) *est magnitudo tantummodo longa. Ejusque termini sunt duo puncta, lineæ extremitates terminantia.* Eucl.2.d.1.l.Ram.el.2.& 3.lib.2.

Tales creantur propriè motu Geometrico, non physico: ut dum longitudines itinerum mente concipiuntur, &c. Et harum Geometriam communiter Euthymetriam & Altimetriam nominarunt scholastici.

Ut considerantur Lineæ?

Duobus modis. Primùm simpliciter & per se: deinde etiam comparate inter se.

Ac

Ac simpliciter considerata lineæ, sunt vel Rectæ, vel obliquæ.

Recta linea est, quæ intra suos terminos æqualiter interjacet, ut a

Obliqua contrà, quæ inæqualiter. E. 4. d. 1. R. 5. el. 2.

Ducendæ in plano Rectæ lineæ instrumentum geometricum, est

Amussis sive Regula: quale hic vides:

c

Rectæ & obliquæ lineæ quas admittunt distinctiones?

Recta lineâ datâ, intra eosdem terminos rectior dari non potest, unica proin est & singularis. Obliquæ autem, cum inæqualiter suos intra terminos interjaceant, variant; ita ut vel simpliciter obliquæ, vel variæ sint.

Et *simplex, seu simpliciter-obliqua, quæ motu (videlicet uniformi ac simplici) terminatur, Peripheria vocatur: estque linea obliqua, æqualiter distans à medio comprehensi spatii.* R. 8. e. 2.

Terminatur Peripheria, conversione lineæ rectæ, altero termino quiescente, altero lineante: ut hic,

Circinus

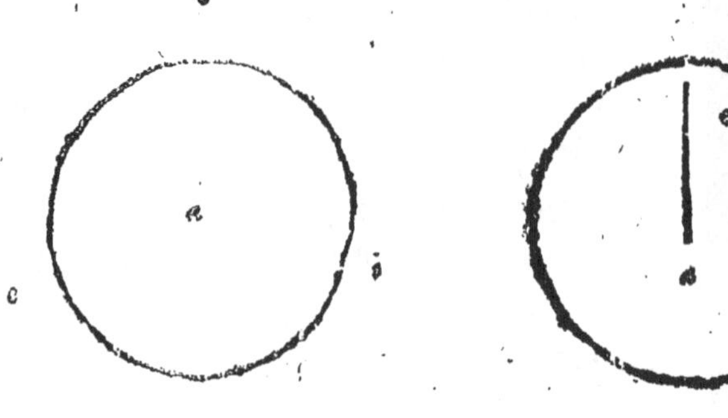

Circinus itaque inſtrumentum erit deſcribendæ Peripheriæ: E.g.

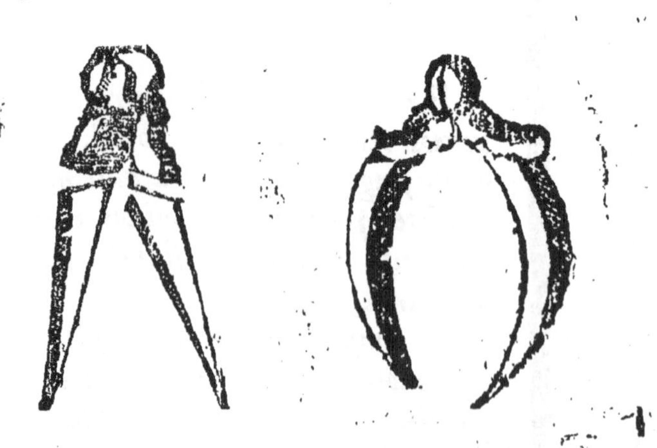

Quas igitur Varias obliquas dicis?

Variæ obliquæ lineæ (Helices) dicuntur , quæ motu vario terminantur, & inæqualiter proinde diſtant à medio comprehenſi ſpatii. Ut ſunt lineæ ſpirales,

ſpirales, conchales, ovales, lenticulares, circuli item helici, &c.

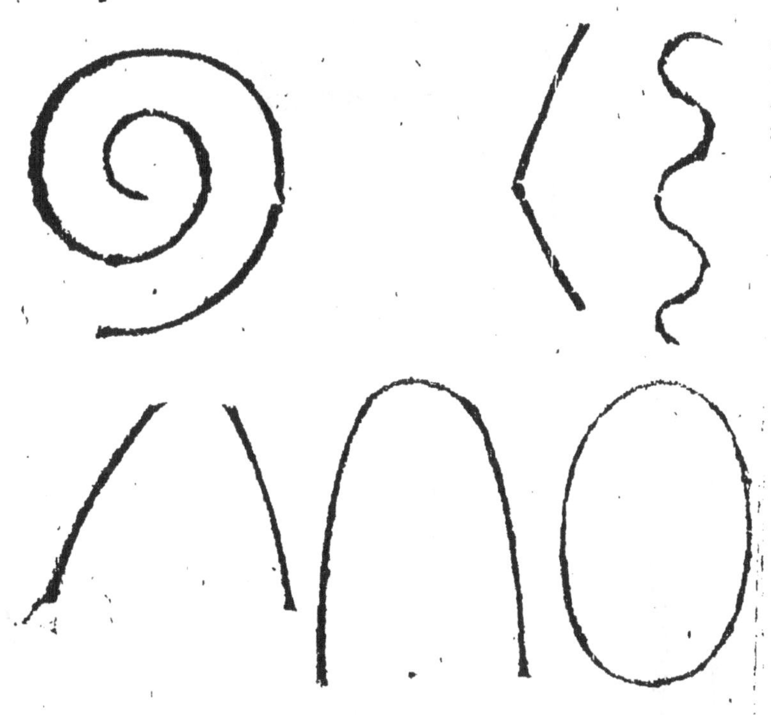

Lineæ porrò inter ſe comparatæ quomodo ſunt affectæ?

Sunt vel perpendiculares, vel Parallelæ: aut contrà.

Perpendiculares inter ſe ſunt duæ rectæ, quarum altera in alteram incidens, æqualiter interjacet comprehenſo ſpatio, nec quoquam inclinat. Et tales Inter ſe rectæ quoque dicuntur. E.10.d.1.R.10.c.2.

Harum inſtrumentum Norma

dicitur ; item Perpendiculum.

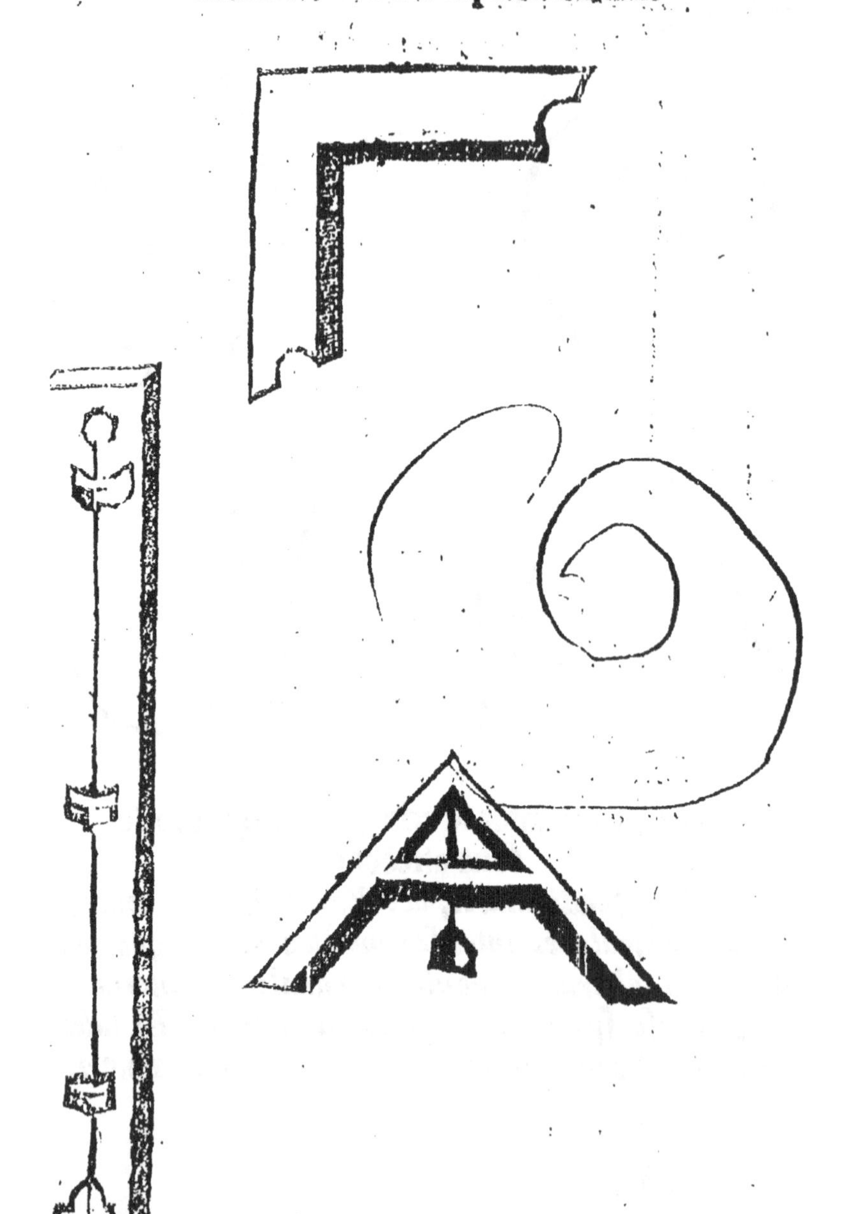

Parallelæ autem quænam ſunt?

B Linea

Lineæ parallelæ sunt, quæ ubique æqualit inter se distant. E.35.d.1. R.11.e.2.

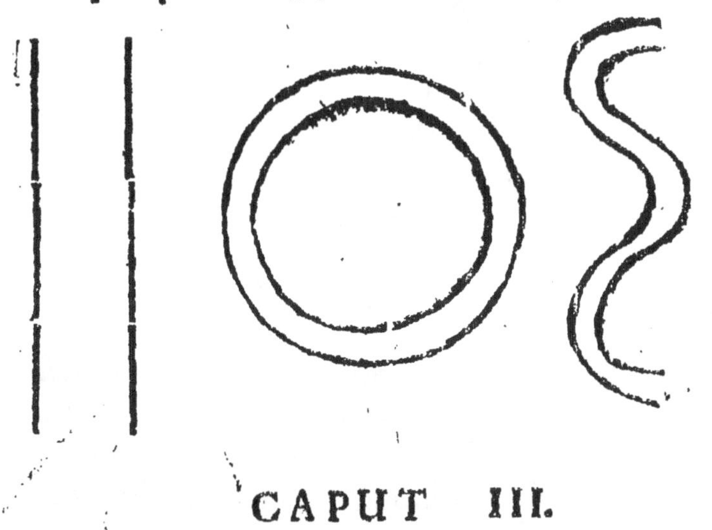

CAPUT III.

De Lineamentis. Et primò, De Angulis. Lineamentum quid est?

L*Ineamentum* (γραμμικὸν) *est magnitudo p quàm longa, è lineis constans.*

Lineæ itaque sunt termini proximi Lineament rum: uti duo puncta linearum.

Quomodo distribuuntur Lineamenta? *In Angulos & Figuras.*

Angulus quid?

Angulus est lineamentum, in communi conc terminorum indirectorum.

Et termini comprehendentes angulum, dicu Crura anguli. ut hic:

Indire

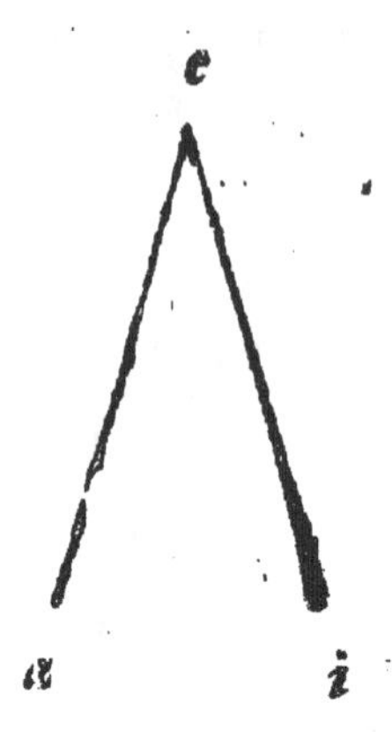

Indirectim igitur terminos concurrere necesse, ut ἔγκλισις sive angulatio fieri possit. Recta enim cumrecta continuè concurrens, non angum, sed lineam in continuum productam longiom duntaxat, efficiet.

Quotuplex verò est Angulus?

Duplex: vel homogenëus, vel heterogenëus.

Homogeneus quinam?

Qui ex ejusdem generis cruribus constat; sive obus rectis, sive obliquis. Ut,

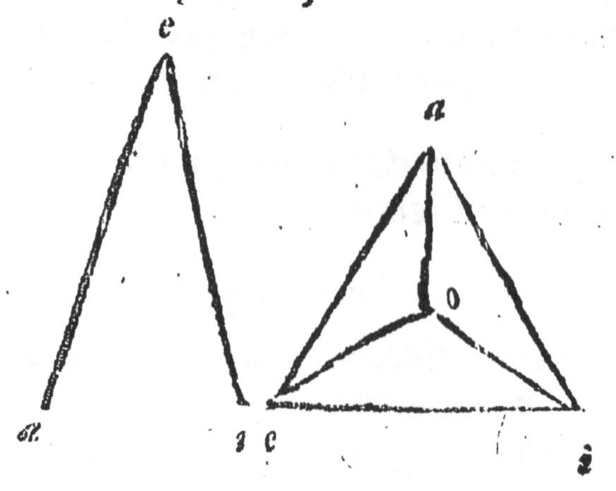

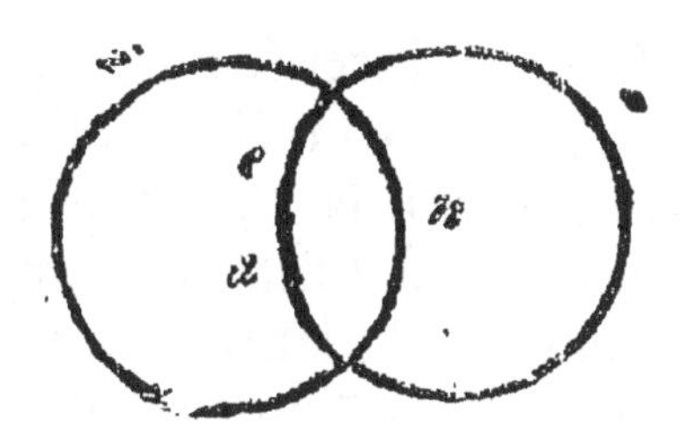

Heterogeneus contrà est angulus, qui mixtis c- *ſtat cruribus, rectie videlicet & turuis ſimul.* Ut.

Angulum homogeneum quomodo ſubdiuid'
In rectum & obliquum.

Quem dicis rectum:

Rectum angulum voco, cujus crura inter ſe| recta, ſive perpendicularia E, 10. d, 1. R. 8. el.
Ut Anguli a i o, & e i o.

Et hi anguli omnes inter se sunt æquales. Ut enim lineâ rectâ; sic & angulo recto, rectiorem dare non potes. E. 10.ax.1. lib. & 13. prop. 1. lib.

Atque Norma est instrumentum, lineæ rectæ super rectam in eodem plano recte erigendæ.

Obliquum angulum quemnam?

Cujus crura inter se nō sunt ad perpendiculum erecta.

Et Obliquus iste quot generum?

Acutus alius, alius vero Obtusus.

Acutus quis?

Angulus obliquus, recto minor. E. 12.d.1.R.11.e.3.

Ut, Angulus *a e i*.

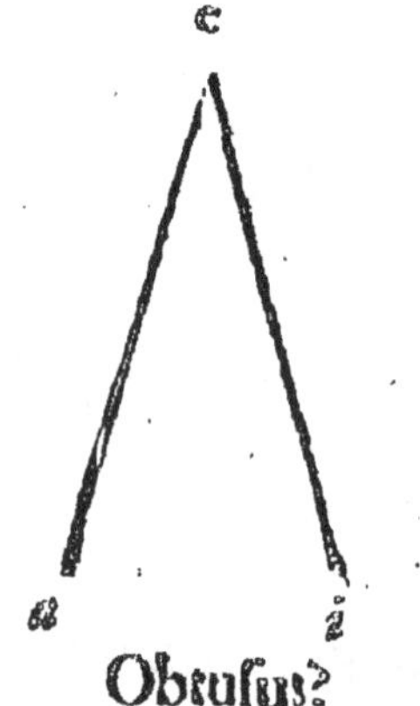

Obtusus?

Obliquus angulus, recto major. E. 11.d. 1.R.10.e.3.

Ut, Angulus *a e i*.

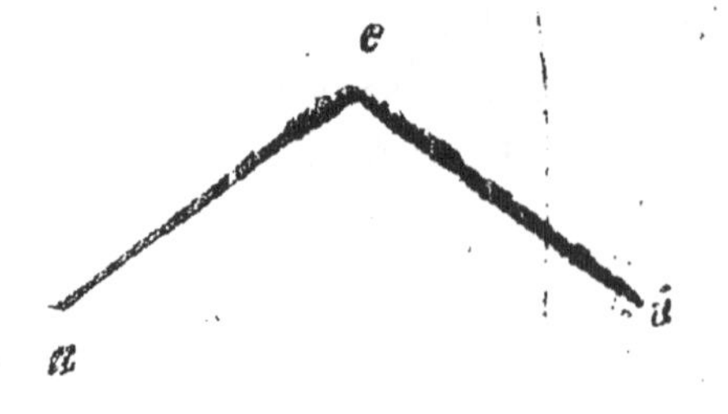

CAPUT. IV.

De Planimetriæ, datis. Figuris ſuperficiariis. Et primò: De Triangulis.

Alteram Lineamenti ſpeciem ſtatuiſti Figuram haec autem quid eſt?

F*Igura eſt lineamentum vndique terminatu*, Περιεχόμενον *dictum.* d. 14. d. R. 1. e. 4.

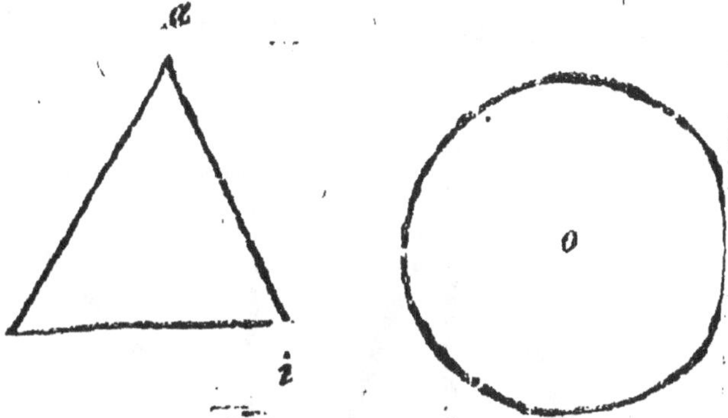

Figurarum termini, partes ſunt, figuram co ſtituentes ſive menſurantes: nempe,

1. Centrum, punctum in figura medium. hic *a*, *e*, *i*,

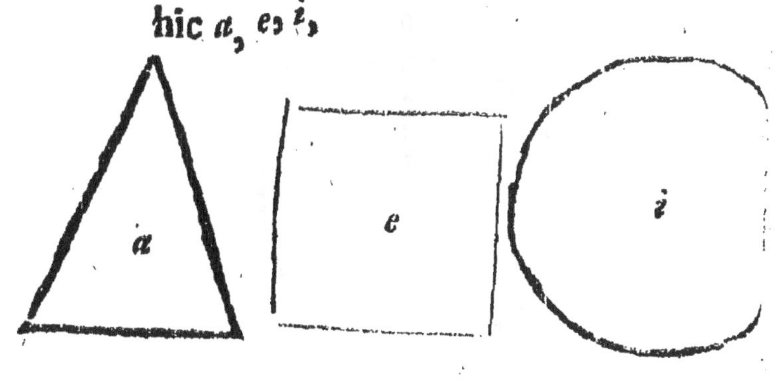

2. Perimet

2, Perimeter, est comprehensio figuræ, Ut, *e o i*,

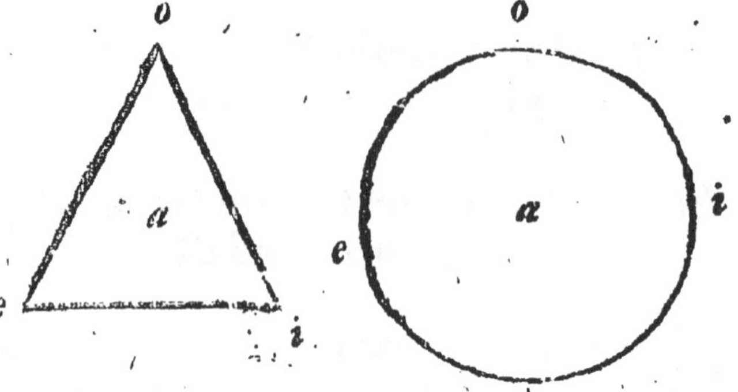

. Radius: est recta à centro ad perimetrum, Ut, *a e*, *a i*, *a o*

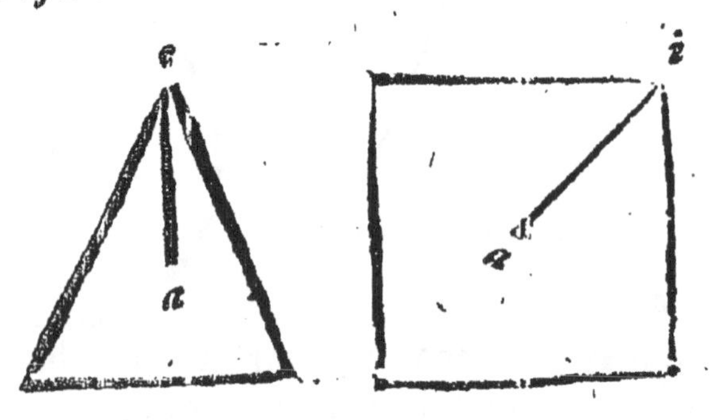

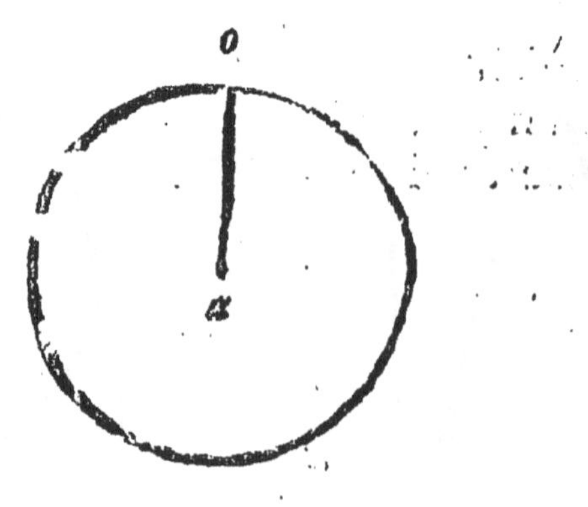

 4 Diameter.

4. Diameter: est recta inscripta figuræ per centrum: Ut: *a e*, *a i*, *a o*.

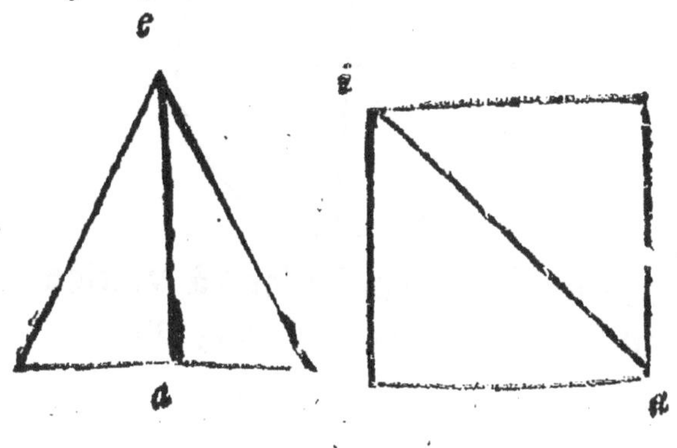

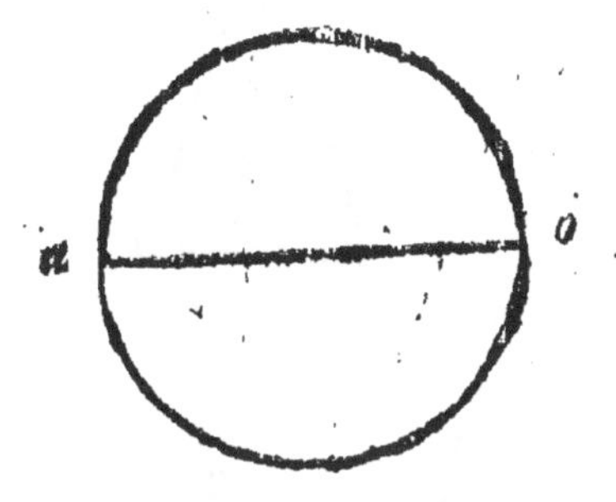

Itaqu

Diametri in eadem figura possunt esse infinitæ. E

Centrum figuræ semper est in diametro: &

In concursu diametrorum. Ut. *a*, *e*, *i*.

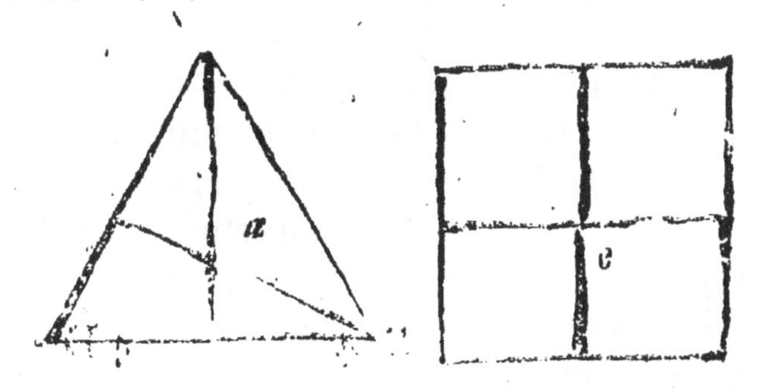

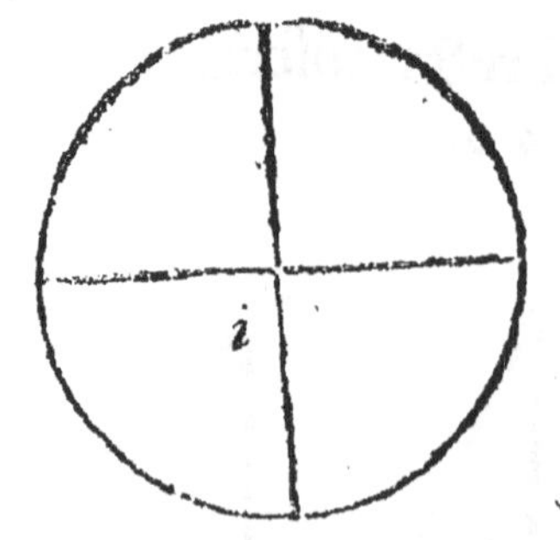

5. Altitudo: perpendicularis à vertice figuræ in ejusdem basin. Ut, *a e*, *i o*, *u y*, *s r*.

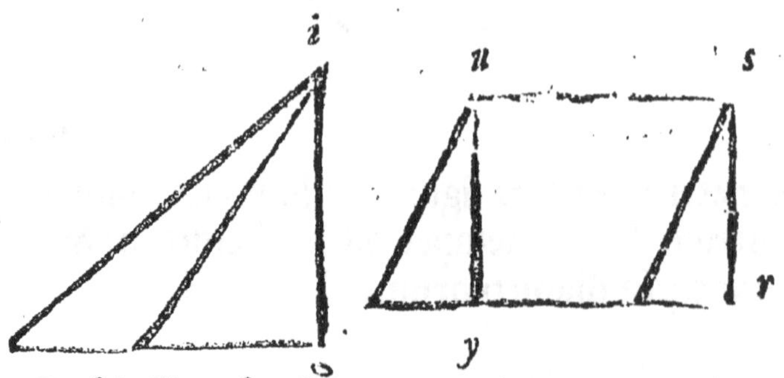

De his E. 4.d.6.R.2 3.4.5.6.e.4.

Genera figurarum quot sunt?

Duo: Superficies nempe, & Corpus.

Superficies quid?

Superficies est figura tantummodo lata.

Hujus termini sunt Lineæ. E.5.& 6.d.1.R.2.& 3.e.5. Ut hic:

Quotuplex

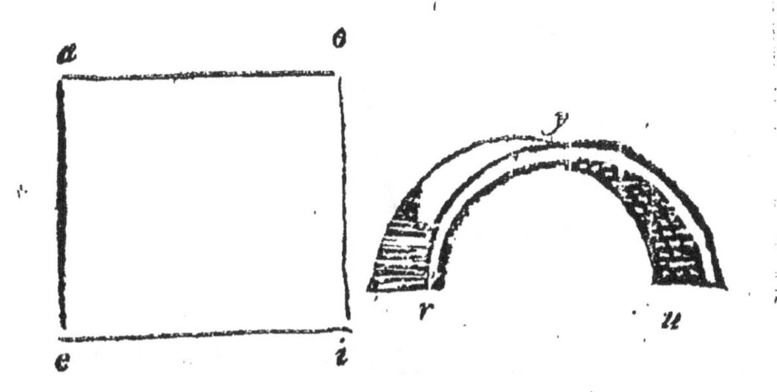

Quotuplex?

Superficies est vel plana, vel gibba.

Et plana superficies est, quæ æqualiter intra suos terminos interjacet. E,7. d.1·R,5.c.5.

Ut in posita figura *a e i o* vides.

Quam admittunt distinctionem Planæ superficies?

Illarum aliæ sunt rectilineæ, aliæ curvilineæ:

Rectilinea quæ dicitur?.

Rectilinea superficies plana est, quæ rectis comprehenditur lineis, E. 20.d.1.R,3.c.5.

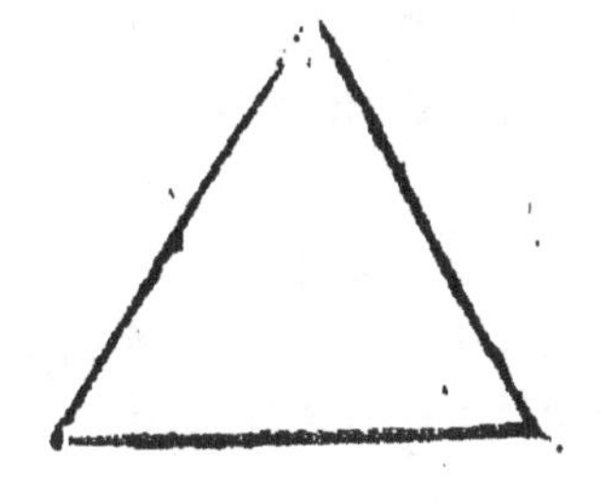

Qua

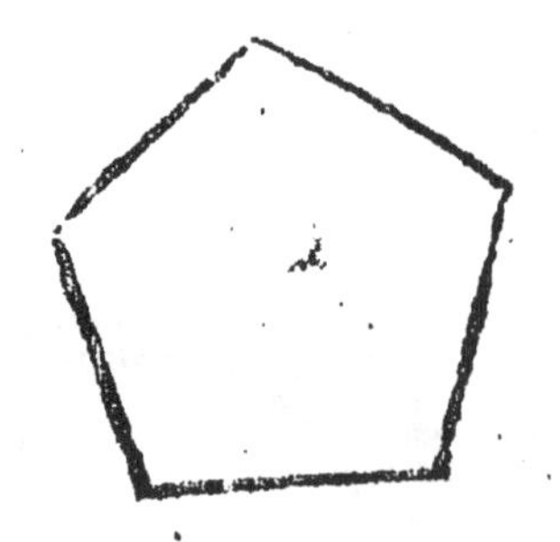

Quas species statuis Rectilineorum planorum?

Triangulum, & Triangulatum.

Quid Triangulum?

Est, quod comprehenditur à tribus lineis rectis. E 21. d.1.R.6.e-6. Vt hic *a e i.*

Itaque

Si termini duarum rectarum, angulum camprehendentium, recta quadam connectantur, constituetur Triangulum.

Vt distribuuntur Triangula?

Duobus modis: aut respectu Laterum, aut Angulorum.

Laterum respectu quomodo?

In Isopleuron, Isosceles, & Scalenum.

Isopleuron,

Isopleuron, sive æquilaterum, est quod tribus constat lateribus inter se æqualibus.

E.24.d.1.

Vt hic in Triangulo *a e i*, latus quodlibet æquatur alteri,

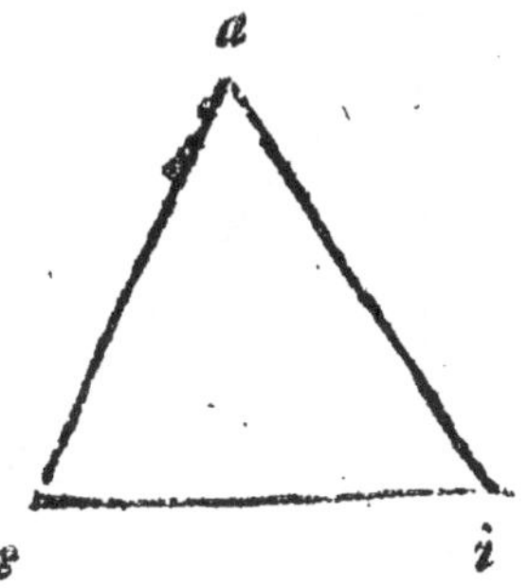

Isosceles, quod duo duntaxat habet æqualia latera

E.25.d.1.

Ut in Triangulis *a e i* & *o u y*, latera *a e* & *a i*, item *o u* & *o y*, æqualia sunt: ad quæ latus *e i*, vel *u y*, minus deprehenditur.

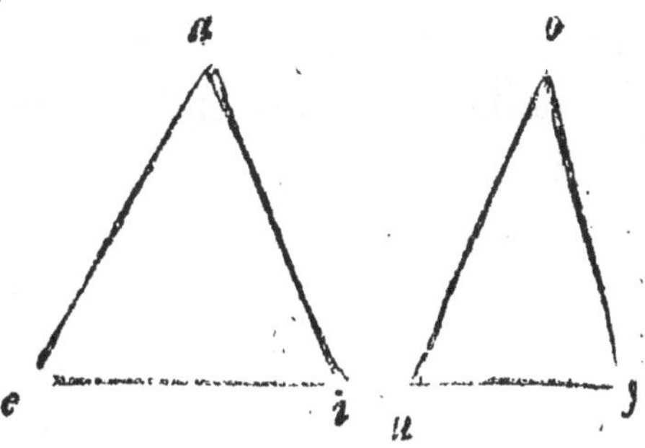

Scalenum

Scalenum denique cujus tria latera sunt inæqualia. E.26.d.1.

Ut hic, *a i* majus est utrolibet reliquorum duorum; *e i* majus quam *a e* minus *a i*; *a e* vero utroque reliquorum minus.

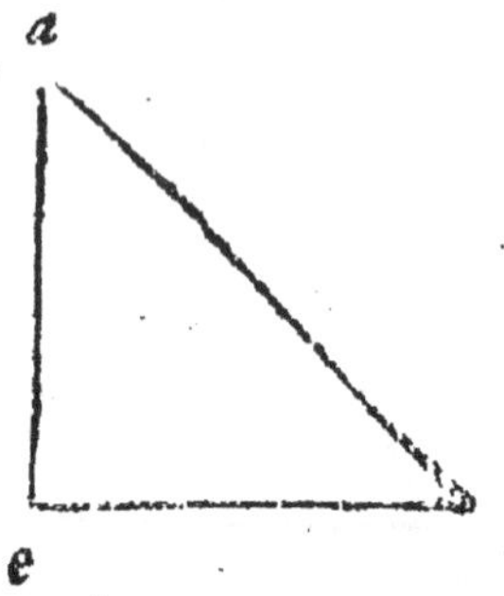

Nunc etiam, uti angulorum ratione distribuatur Triangulum, dicito?

In Rectangulum, & Obliquangulum,

Rectangulum quod vocas?

Triangulum rectangulum est, quod unum comprehendit angulum rectum. Orthogonium quoque dicitur. E.27.d.1.R.2.e.8.

Ut in Triangulo *a e i*, angulus *e* est rectus; à quo, ut à præstantiori, Triangulum nomen habet rectangulum.

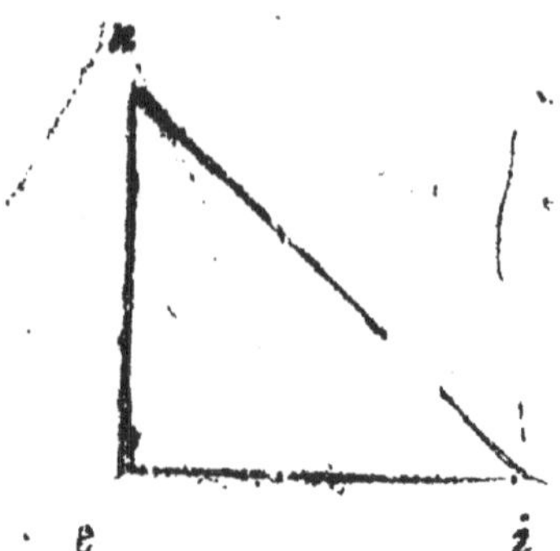

Notandum hic ex ſententia Regiomont. In omni quidem triangulo ſi latus unum feceris baſin, reliqua eſſe crura: peculiariter tamen in orthogonio, latus angulo recto ſubtenſum, Hypotenuſam vocari; è reliquis alterum, quod in imo jacet, Baſin: alterum Cathetum ſeu perpendicularem.

Obliquangulum quod?

Quod angulos habet obliquos omnes.

Eſtque vel obtuſangulum, vel acutangulum.

Obtuſangulum triangulum eſt, quod obtuſum unum ſeu majorem recto angulum continet Amblygonium, E.28.d.1.R.7.e.8

Ut hic, angulus

Acutangulum (oxygonium) quod omnes angulos habet acutos; minores ſcilicet rectis, E.29.d.1.R.8.e.8.

Ut in triangulo iſto *a e i.* omnes anguli ſunt minores recto & acuti: neutrum ſiquidem latus in alterum incidit perpendiculariter, ut rectum angulum efficere poſſet.

CAPUT V

CAPUT V.

De Triangulatis.

Quid vocas Triangulatum?

Quod ex triangulis est compositum, & in eadem resolvi potest. R.1.e.10.

Et quot generum est? *

Duûm: aut Quadrangulum, aut Multangulum.

Quadrangulum quid?

Quadrangulum est, quod terminatur quatuor lineis rectis. E. 22, d.1. R.4.c.10.

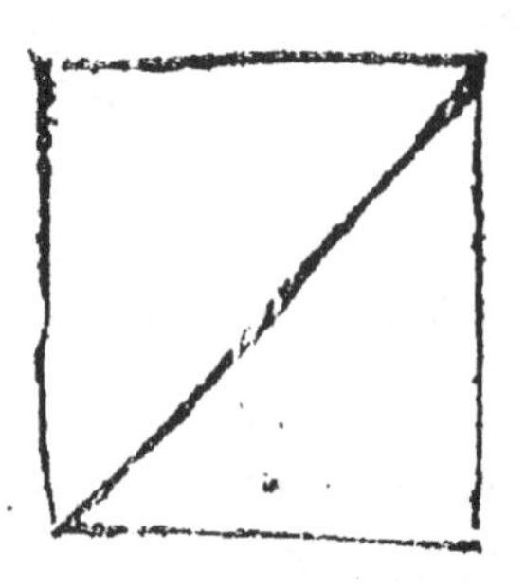

Quotuplex?

Duplex: vel Parallelogrammum, vel Trapezium.

Parallelogrammum?

Est, cujus latera opposita sunt parallela; æqualem inter se distantiam ubique habentia, R.6.c.10.

Ac vel Rectangulum, vel obliquangulum.

Rectangulum parallelogrammum est, cujus anguli omnes sunt recti. R.8.c.11.

Ut

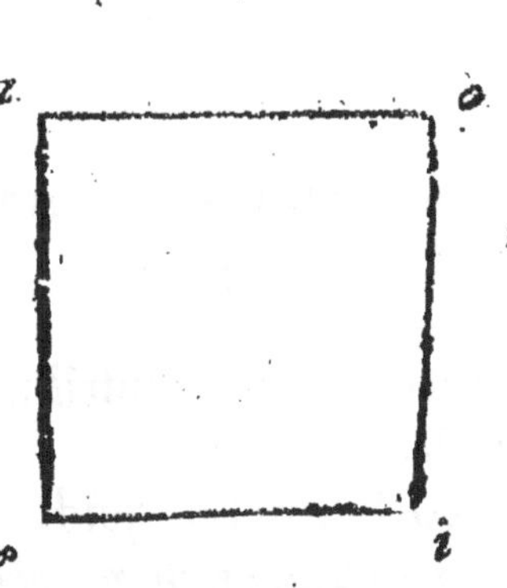

Quam varium est Parallelogrammum Rectangulum?

Quadratum & Oblongum.

Quid est Quadratum?

Parallelogrammum rectangulum & æquilaterum. E.30.d.1.R.2.e.12.

Ut hic, latera *a e* & *e i* æqualia, æqualibus & perpendicularibus convexa vides.

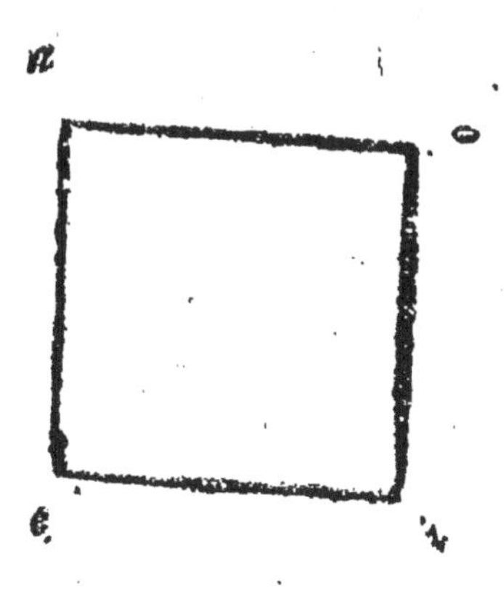

At

Parallelogrammum rectangulum inæquilaterum.
E. 31. d. 1. R. 1. e. 13.
Ut hic latera *a e* & *i o*, parallela & æqualia, longè minora vides lateribus *a i* & *e o*.

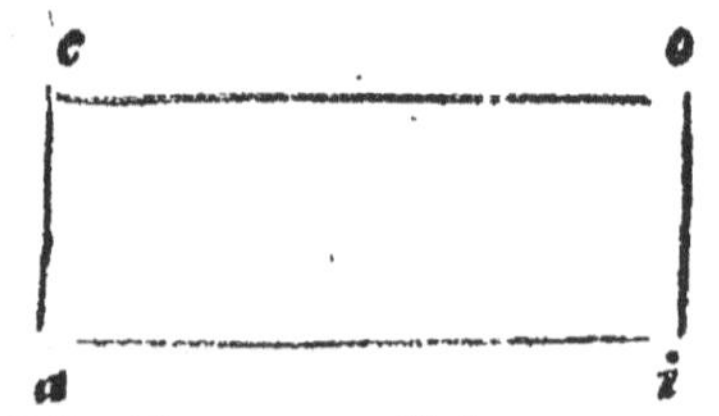

Perge nunc: dic quid sint Parallelogramma Obliquangula?

Quorum anguli sunt obliqui.

Eadem quoque distribue.

Aut Rhombus, aut Rhomboides.

Sed Rhombus quid?

Rhombus est parallelogrammum obliquangulum, & æquilaterum. E.32.d.1.R.8.e.14.

Quales hic vides.

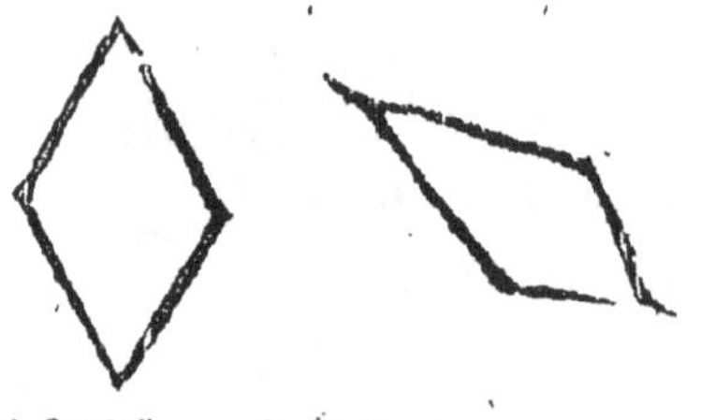

Jam quid Rhomboides?

Parallelogrammum obliquangulum inæquilaterum E.33.d.1.R.9.e.14.

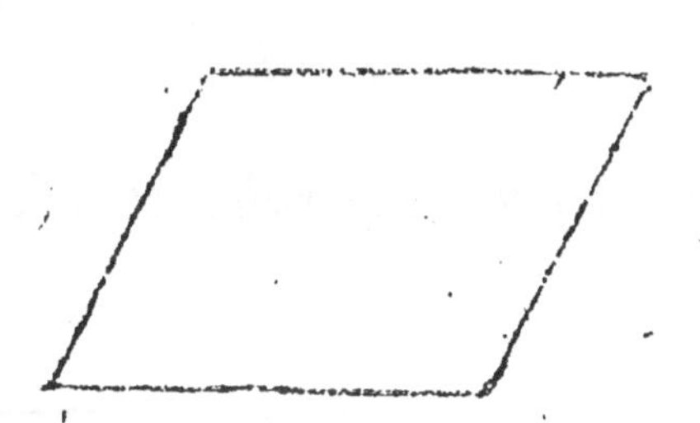

Notandum hic venit aliquid, de partibus Parallelogrammi, quæ sæpe in geometricis usurpantur; ideoque definiendæ sunt.

Omne itaque Parallelogrammum, constat binis & diagonalibus, & complementis, & gnomonibus. R.7.e.10.

Diagonale dicitur particulare parallelogrammum, communis anguli & diagonii cum toto parallelogrammo. R.8. e.10.

Complementum verò, est particulare parallelogrammum; à conterminis diagonalium lateribus comprehensum. R.10.e.10.

Ut hic, in toto Parallelogrammo *a e i o*, Diagonalia sunt, *a u y s*, & *y l i r*: Complementa autem, *s o r y* & *u e l y*.

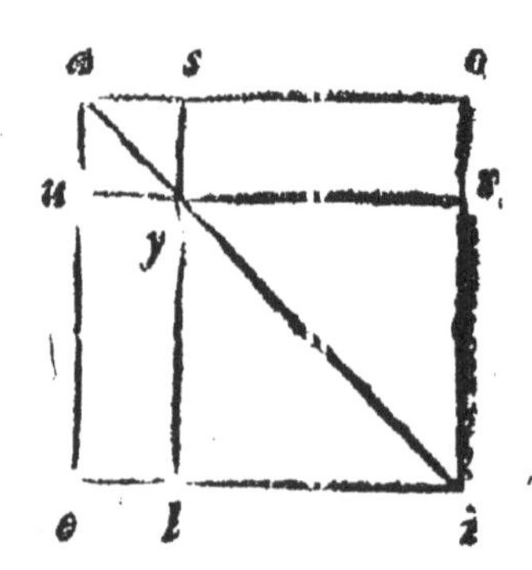

Gnomo denique est alterum diagonale, cum duobus complementis. R.12. e.10.

Ut hic, Gnomo est, *c*, cum *a* & *i*.

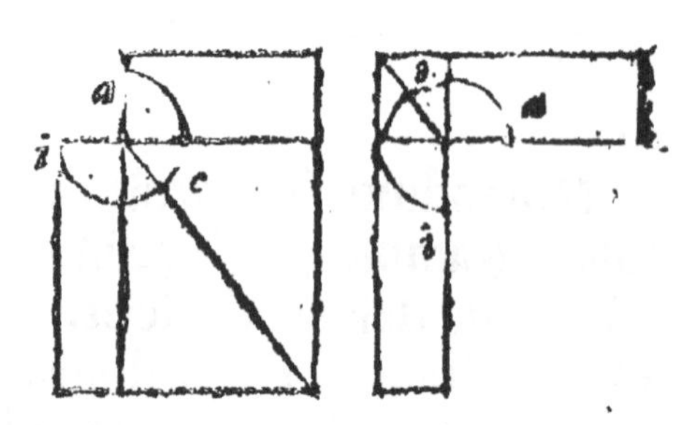

Quid fuerint Trapezia?

Trapezia sunt quadrangula, non parallelogramma. E.34. d.1. R.10. e.14.

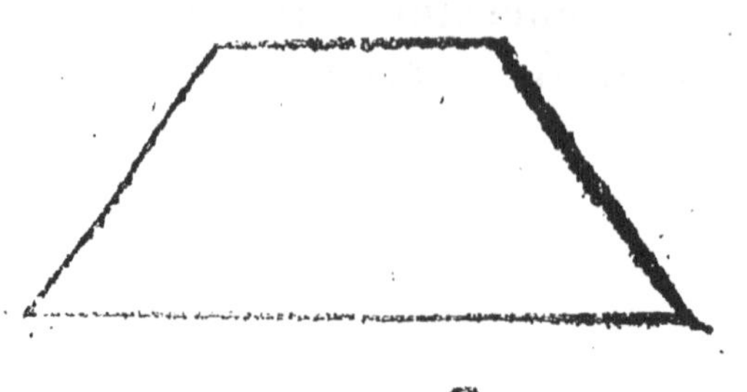

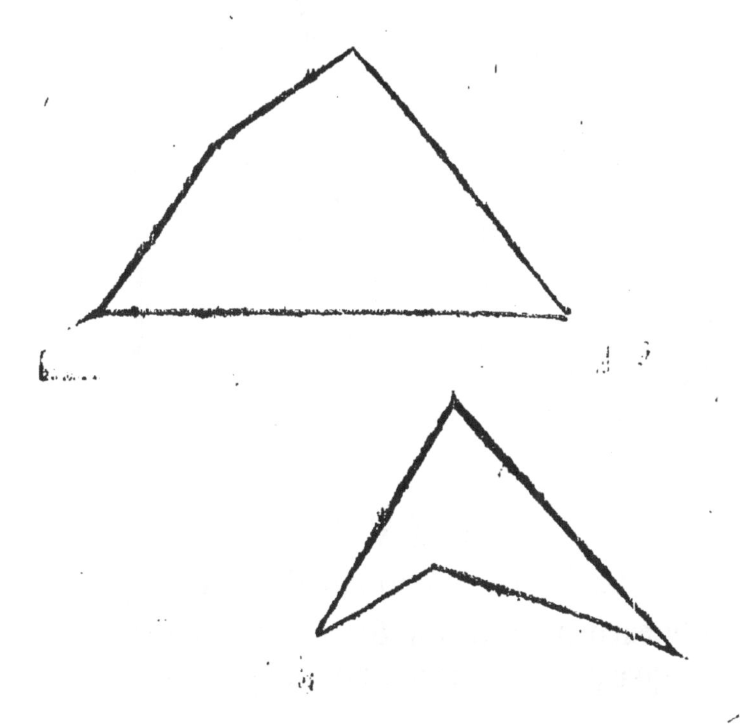

Atqui tandem Multangula quæ sunt ?

Multangula triangulata sunt, quæ pluribus qua-
quatuor lineis rectis comprehenduntur. E. 23. d,
R. 11. e. 14.

Hujusmodi sunt deinceps cuncta reliqua figurarum rectilinearum genera : ut, Quinquangulum,
Sexangulum, &c. pro numero angulorum nomi-

so

fortientia: Quæ omnia è suis triangulis, è quibus constant, mensuram capiunt; ut hic vides:

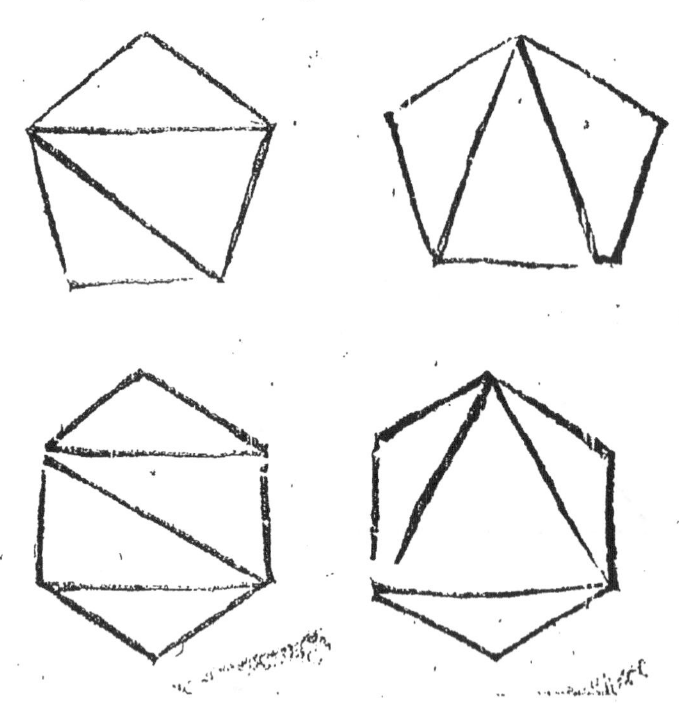

CAPUT VI.

De Figuris Planis curvilineis.

Rectilinearum figurarum species ordine percepi: quæ porrò nunc sequuntur figuræ?

INgeniose concludere licet, quod, si figuræ rectilineæ angulis amplius discerni nequeant, in curvum seu obliquum transeant: ac proin figuræ, quæ lineis obliquis constant, appellari queunt.

Suntne tales uniusmodi?

Sunt vel simplices, vel Mistæ.

Simplex quæ?

Simplex unica est & singularis, Circulus: figura plana & retunda, æqualiter distans à medio comprehensi spatii sive centro, à quo omnes lineæ ad peripheriam eductæ inter se æquantur. E. 15. d. 1. R. 1. e. 15.

Ut hic, linea *a e*, ex centro *a* circumducta, constituit hunc circulum.

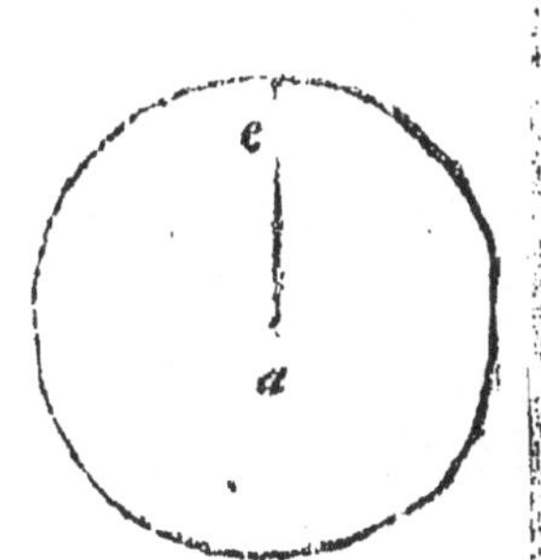

Circulorum termini, partes eorundem mensurantes, sunt: Peripheriarum segmenta, sectores videlicet & sectiones; lineæ item asscriptæ tangentes, secantes; radii, diametri & adiametri.

Segmentum circuli est, quod comprehenditur à peripheria & recta linea. R. 1. e. 16.

Sector, est Segmentum, intus comprehensum à recta linea duplici faciente angulum, vel in centro, vel in peripheria. E. 8. & 9. d. 3. R. 3. & 4. & 16.

Ut hic, prior angulus *a e i*, in centro; posterior, angulus sectoris in peripheria vocatur.

Sectio,

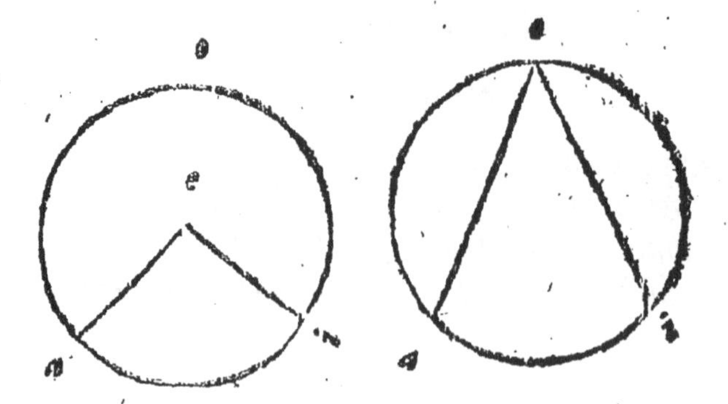

Sectio, est segmentum circuli, intus comprehensum ab una recta: quæ basis sectiōis dicitur. R. 7. e. 16. Estque aut semicirculus, aut inæqualis semicirculo. R. 16. e. 16.

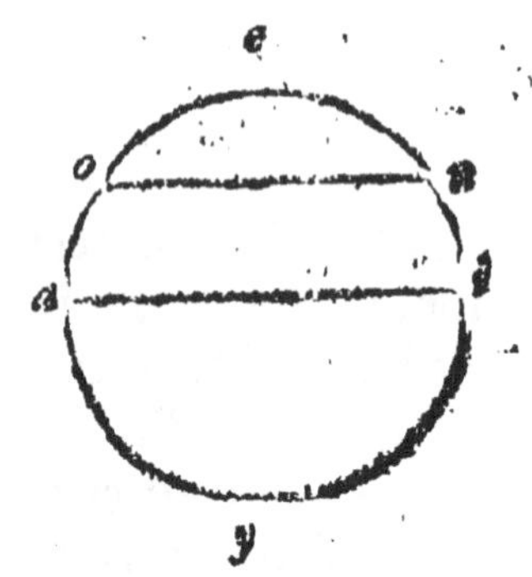

Ut hic: *a e i* est semicirculus, Reliquæ sectiones, *o y u* & *o e u*, inæquales: illa quidem major; hæc minor semicirculo.

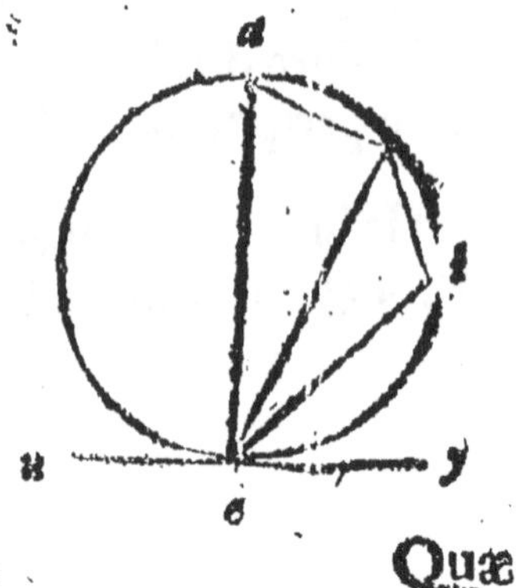

Lineæ adscriptæ: Tangentes, ut *u e y*. Secantes & inscriptæ: Diameter, ut *a e*; adiametri, ut *e o*, & *e i*.

Quæ jam Mistæ Obliquilineæ figuræ dicuntur?

Quæ inæqualiter distant à medio comprehensi spatii. Ut sunt figuræ ovales, lenticulares & terminatæ lineis obliquis mistis, de quibus supr. cap. 2. E. 18. 19. d. 1. et 5, 6, 7, 8, 9. d. 3.

CAPUT VII.

De superficiebus Gibbis.

Adhuc superficies Planæ fuerunt sequuntur Gibbæ. Quid sunt?

G*Ibbæ superficies sunt, quæ inæqualiter intra suos terminos interjacent.* R. 1. e. 21.

Quotuplices sunt illæ?

Duûm maxime generum: Sphæricæ, & Variæ.

Sphærica superficies quid?

Sphærica superficies est, quæ undique distat æqualiter à centro comprehensi spatii. R. 3. e. 21.

Ut

Ut quæ fit conversione semiperipheriæ circa diametrum manentem. E.14. d.11.

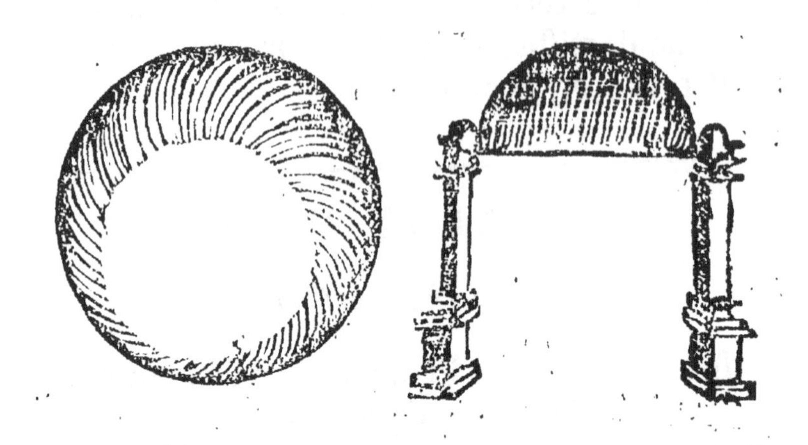

At Varia?

Varia superficies dicitur, cujus basis est peripheria; latus, recta à termino verticis in terminum basis tendens. R.7. e.21.

Quæ vero tales?

Conicæ, & Cylindraceæ.

Quid Conica?

Quæ à subjecta peripheria æqualiter fastigiatur ad verticem. R.9. e.21.

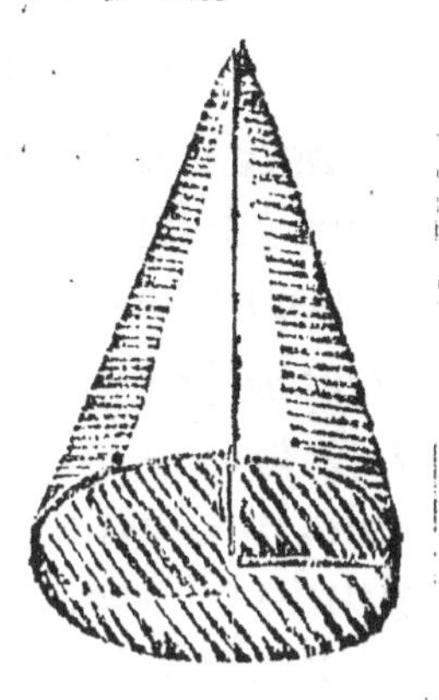

Ut quæ fit conversione lineæ rectæ, quiescente altero termino.

Sed quæ Cylindracea?

Quæ à subjecta peripheria ad sublimem æqualem & æquidistantem peripheriam æqualiter erigitur. R.11. e.21.

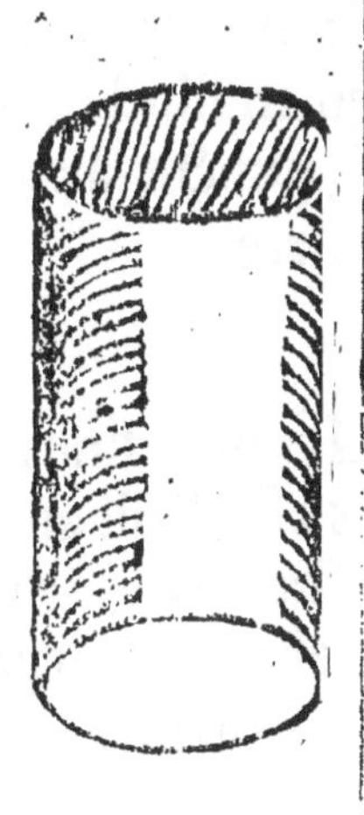

Ut quæ fit conversione lateris circa duas peripherias æquales & æquidistantes.

CAPUT VIII.

De Semetriæ διδομένοις.

Euthymetriâ & Planimetriâ in lineis atque superficiebus descriptâ; nunc ad Stereometriam progredere, ac quid Corpus sit, defini?

Corpus (στερεὸν) est magnitudo solida, longa, lata & profunda. E. I. d. 11. R. 1. c. 21.

Ut hic, in Corpore *a e i o*, longitudo est *a e*, latitudo *a i*, altitudo *a o*.

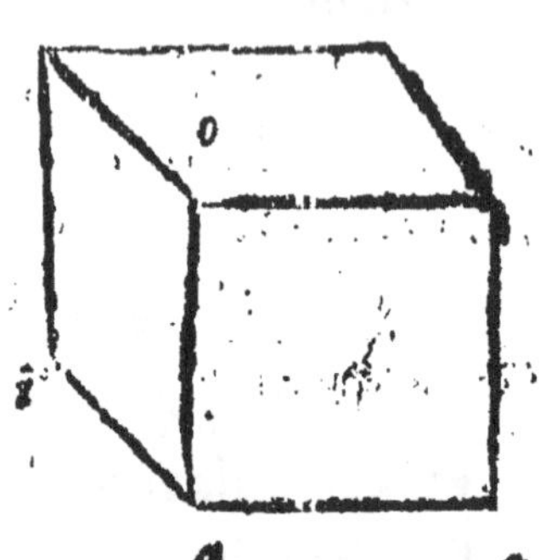

Atque ut puncta lineam, superficiem lineæ; ita nunc superficies corpora terminant. E. 2. d. 11. R. 2. c. 22.

Diameter porro solidi corporis Axis dicitur, circa quem illud convertitur: Axisque termini sunt Poli, puncta axem terminantia. E. 15. 19. 22. d. 11. R. 3. c. 22.

Ut hic, linea *a e* Axis est: Poli autem, puncta *a* & *e*. Sic & in reliquis corporibus ordinatis.

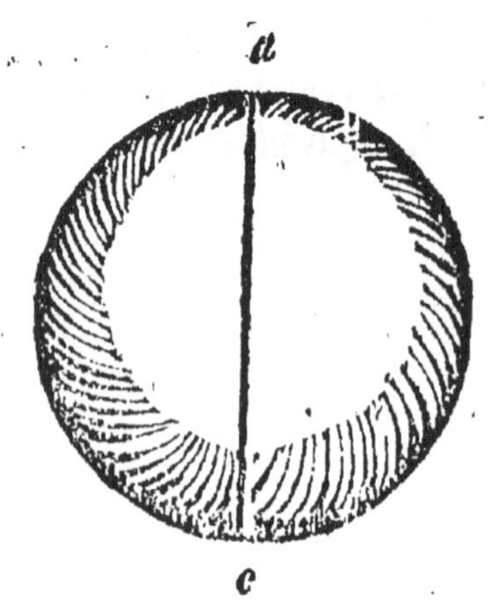

Et quotuplicia è ſuperficiebus ſunt ſolida?

Plana, & Gibba.

Defini Planum corpus.

Eſt quod comprehenditur à ſuperficiebus planis: quæ hic ἕδραι dicuntur. E.4,5,6,7.d.11.R.9.e.22.

Hujuſmodi autem quæ?

Pyramis, & Pyramidatum.

Pyramis quid?

Solidum planum, à baſi rectilinea ad verticem uſque æqualibus triangulis faſtigiatum. E.12.d.11. R.13.e.22.

Ut hic, è triangula baſi *e o i*, eriguntur triangula *a e o, a o i, & e a i*.

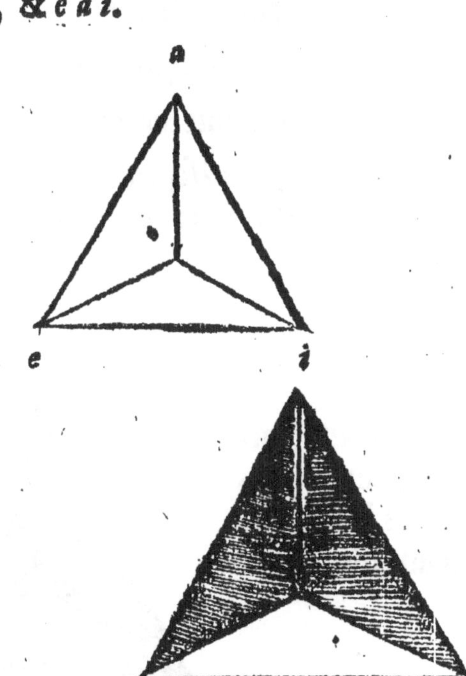

Quo-

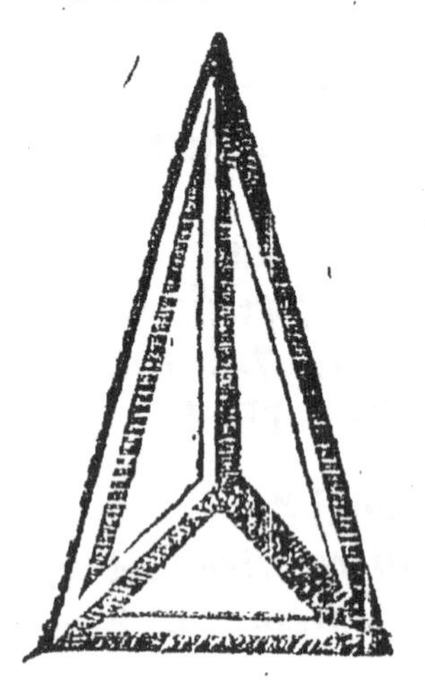

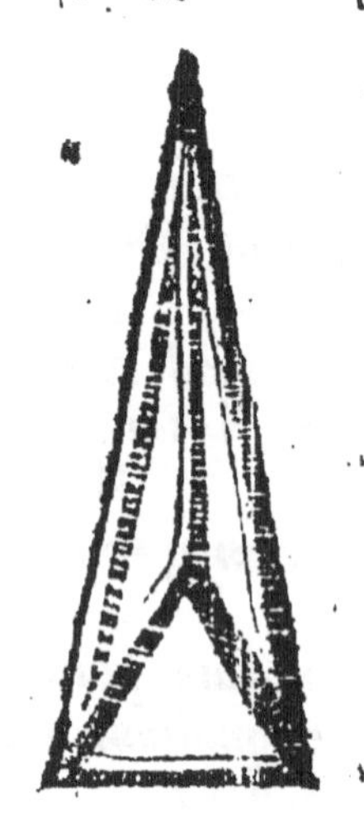

Quotuplex?

Vel æquitermina, vel inæquitermina.

Quæ Pyramis æquitermina dicitur?

Quæ à quatuor trigonis isopleuris comprehenditur. Inde Tetraedrum ordinatum vocatur. E. 26. d. 11. R. 14. e. 22.

Quale hic cernis: Compositum videlicet è quatuor triangulis isopleuris solidorum angulorum.

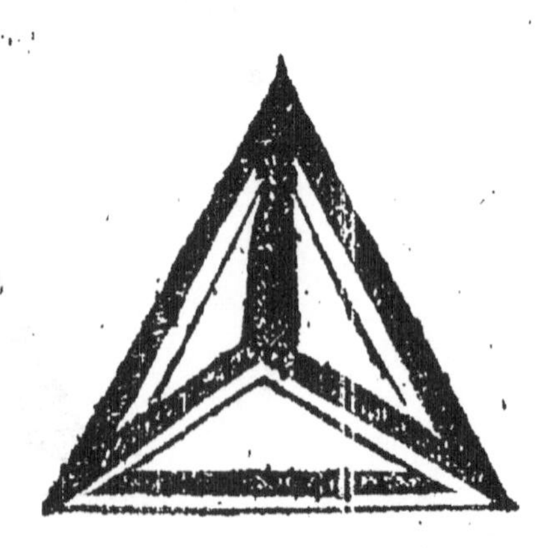

Inæqui-

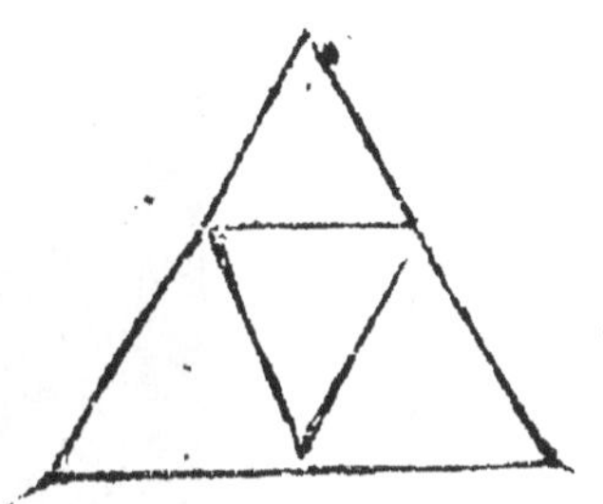

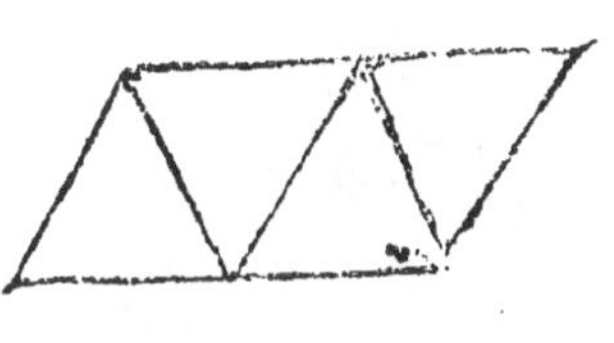

Inæquitermina quæ ?

Quæ quatuor quidem trigonis, sed non isopleuris continetur.

Ut hic cernis,

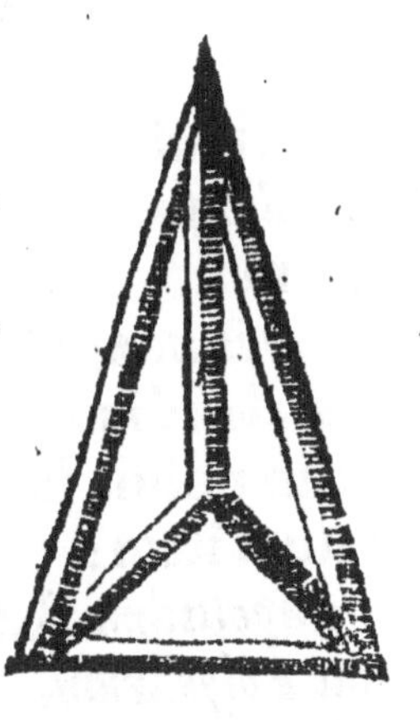

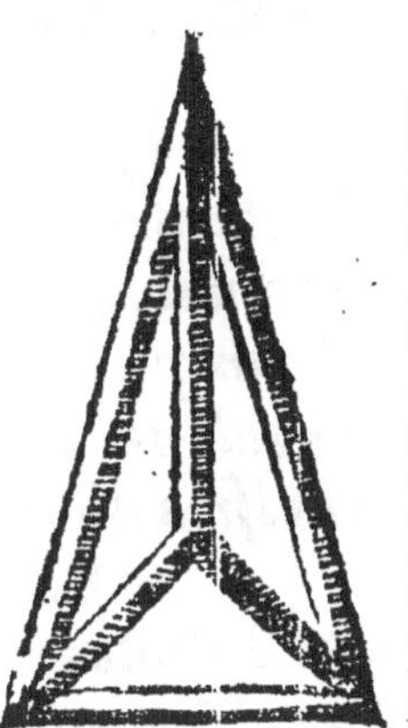

Tum vero quid Pyramidatum ?

Solidum planum, à pyramidibus comprehensum. R. I, c.23.

Quæ sunt talia ?

Prisma, & Polyëdrum mistum.

Prisma quid est ?

Pyramidatum, cujus duo opposita plana sunt æqualia

lis, similia & parallela; reliqua parallelogramma. E.13. d.11. R.3. e.23.

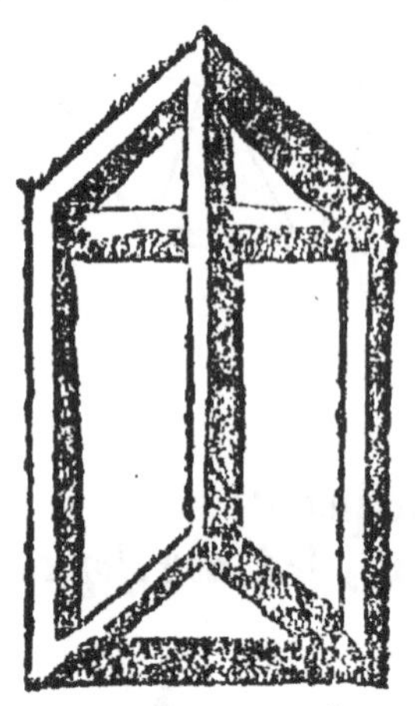

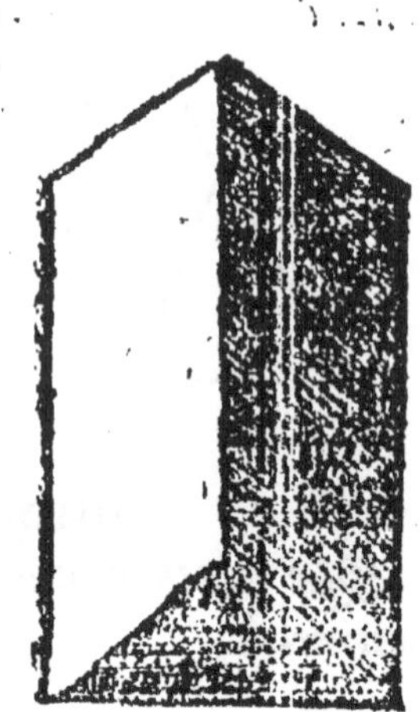

Quomodo distribuitur?

In Pentaëdra, & Pentaëdrata.

Definiatur Pentaëdrum?

Quod quinque hedris, binario nempe pluribus quàm sunt anguli in basi, comprehenditur. Simpliciter etiam Prisma dicitur. Ut in positis figuris liquet.

Pentaëdratum item?

Quod è Pentaëdris est compositum. R.8. e.23.

Estque Hexaedrum, aut Polyedrum.

Hexaedrum?

Quod sex hedris quadrangulis continetur.

Idemque aut Parallelepipedum, aut Trapezium.

Et quid Parallelepipedum?

Cujus opposita plana sunt parallelogramma. E.24. d.11. R.9. e.23.

Idque vel Rectangulum, vel Obliquangulum.

Quæ sunt Rectangula parallelepipeda?

Cubus, & Oblongum.

Quid

Quid sit Cubus?

Rectangulum æqualium hedrarum. Unde Isoedr vocatur. E.25, d.11, R,2. c.24.

Ut quod comprehenditur à sex quadratis æqualibus, sollidis angulis inter se cõpositis.

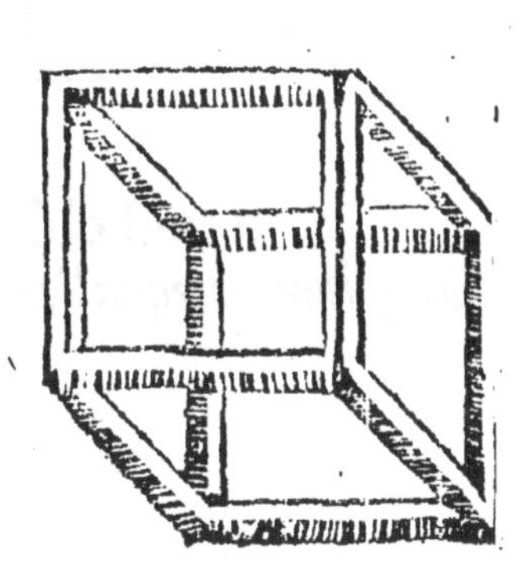

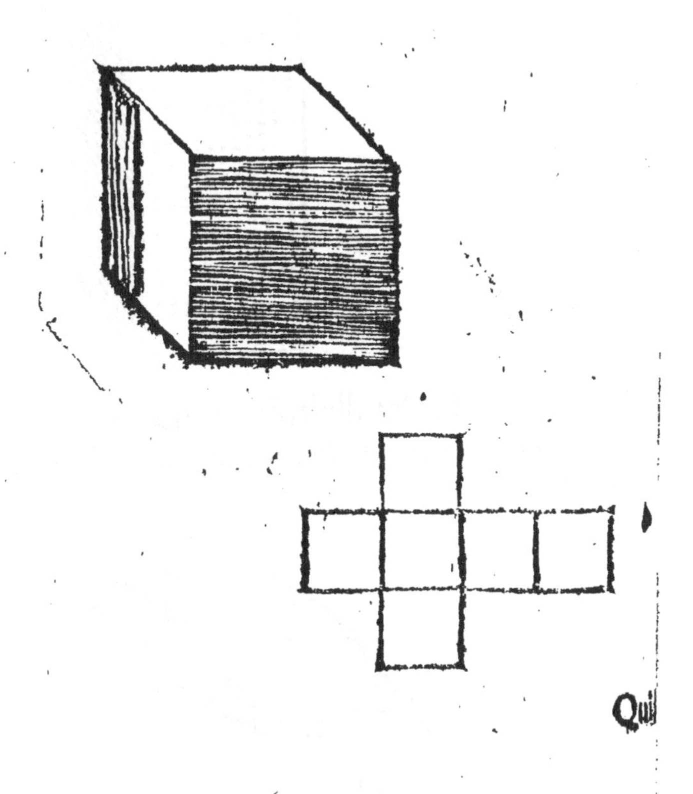

Qui

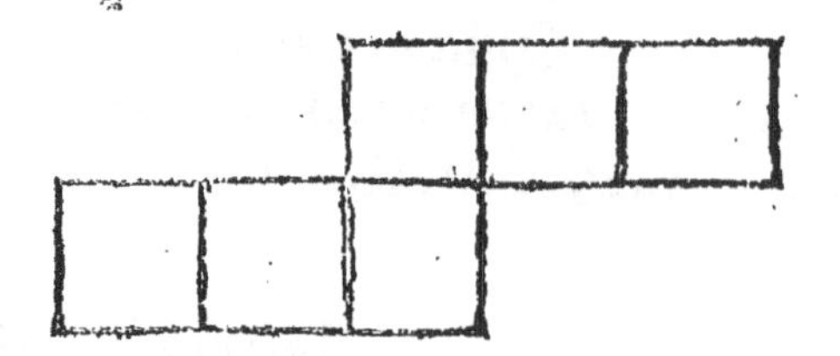

Quid oblongum?

Rectangulum in æqualium hedrarum.

Ut hic.

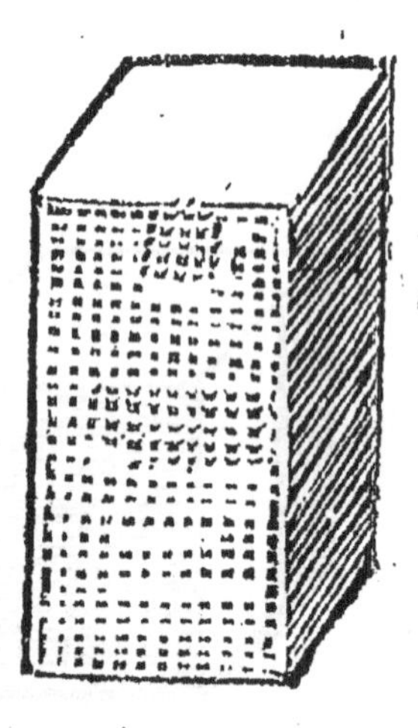

Obliquangula Parallelepipeda quæ?

Hedris obliquangulis comprehensis; ut Rhombis, Rhomboidibus.

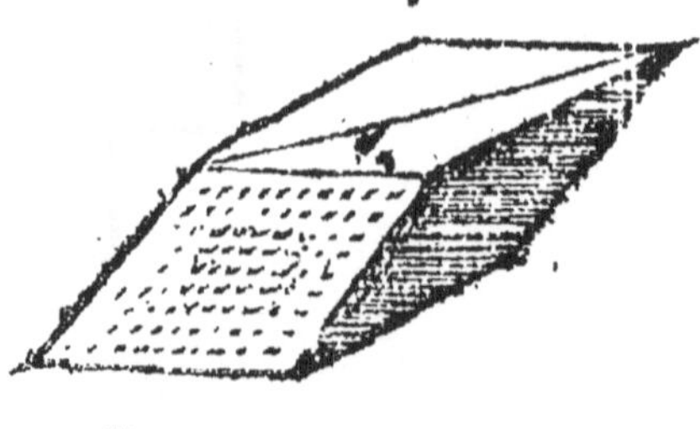

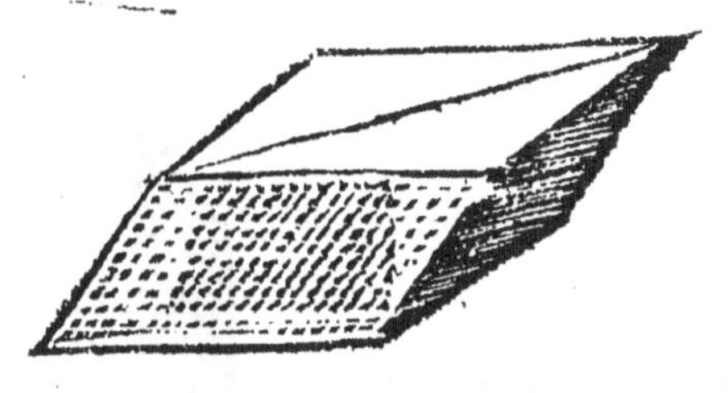

Trapezium tandem hexaedrum quod?
Cujus hedræ neque parallelæ, neque æquales sunt.

Ut hic vides.

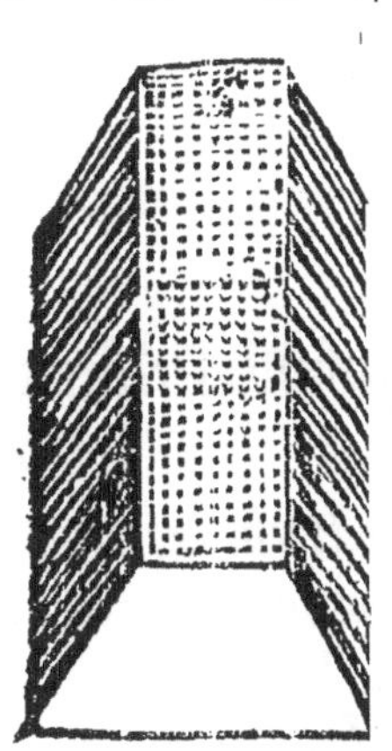

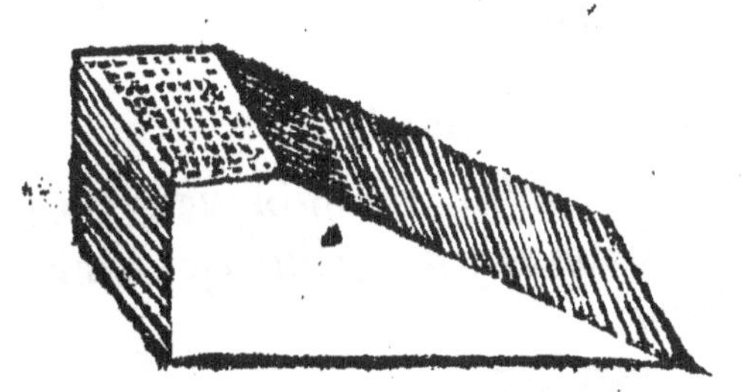

Dic etiam, quid Pentaedratum Polyedrum.

Quod pluribus, quam sex, hedris inaequalibus comprehenditur.

Quale hic vides Octaedrum sexangulæ basis.

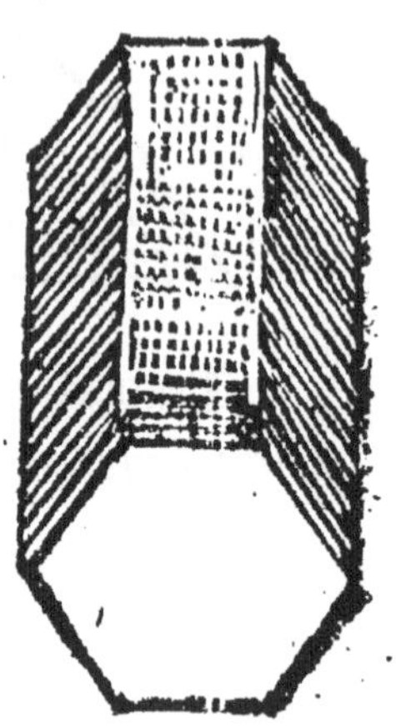

Exposuisti Prismata: nunc quoque de Polyedro misto age.

Polyedrum mistum voco pyramidatum, quod pluribus quam sex hedris, aequalium inter se terminorum, constat. R.1.c.25. Componitur e pyramidibus, vertice suo in centro coeuntibus, & sola basi aequitermina ordinataque eminentibus.

Quotuplex id statuis?

Duplex: vel triangulæ basis, vel quinquangulæ. Et triangulæ basis polyëdrum mistum, aliud est Octaedrum, aliud Icosaëdrum.

Explica Octaëdrum.

Octaëdrum polyëdrum mistum est, quod ab octo triangulis solidis comprehenditur. E.27.d.11. R.6. c.25.

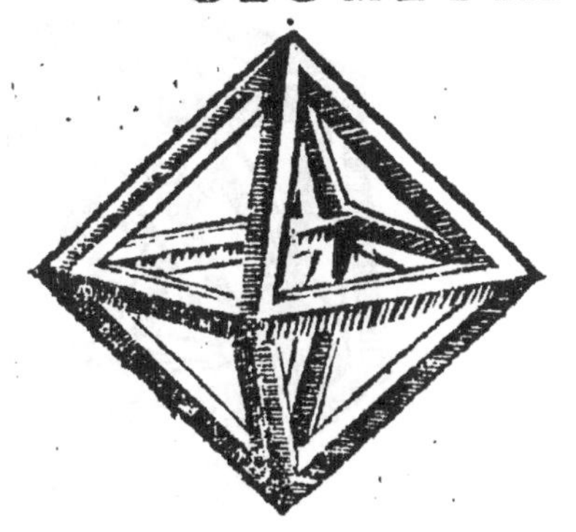

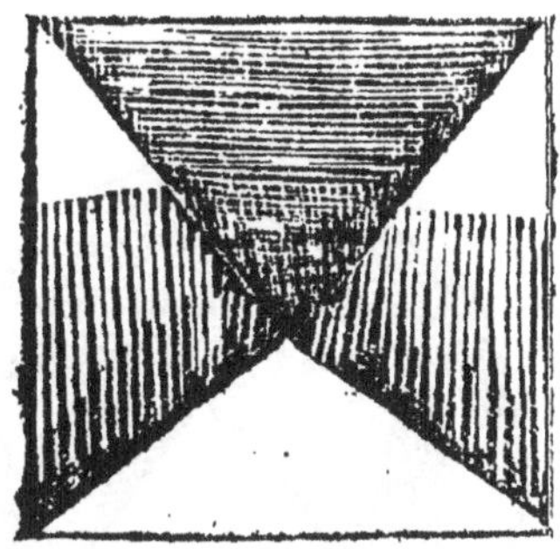

Construitur hujusmodi Octaedrum, si triangula octo isopleura, solidis angulis in vertice coeuntibus, & sola basi eminentibus, componatur. Ut hic

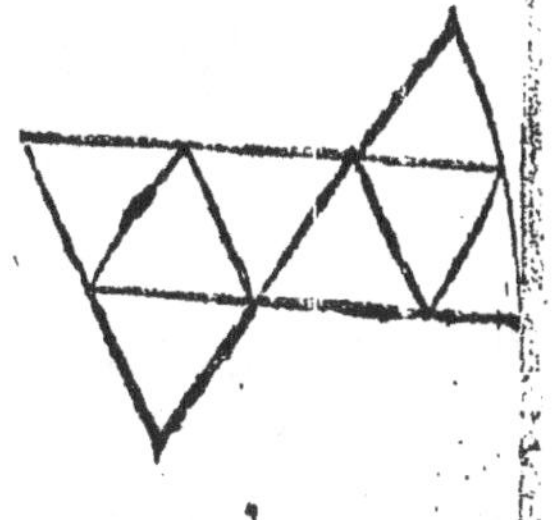

Etiam Icosaedrum?

Icosaëdrum polyëdrum mistum est, quod à viginti triangulis solidis comprehenditur. E, 29. d. 11. R. e. 25.

H

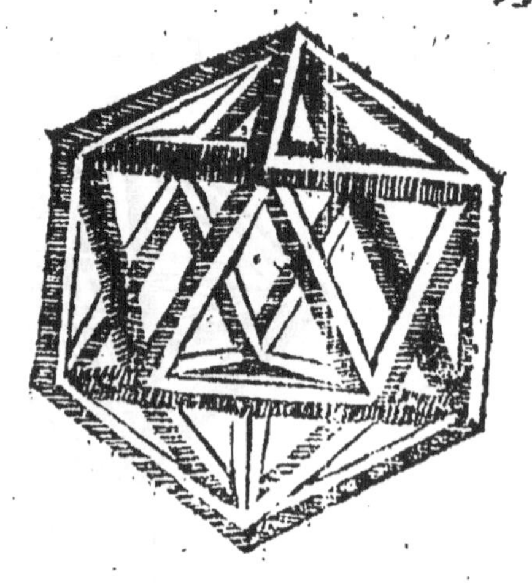

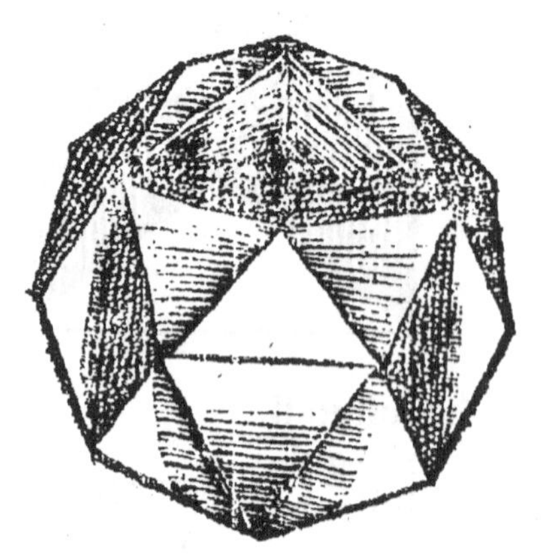

Hinc si vigenti triangula æqualia solidis angulis modo antè dicto componantur, comprehendent Icosaedrum. Ut hic vides:

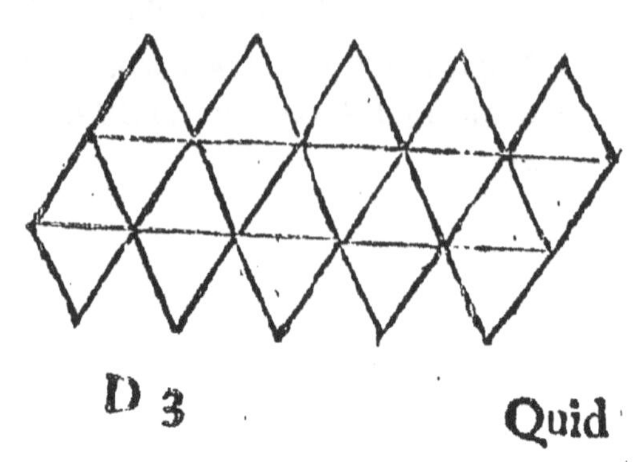

Quid dicis de Polyedro misto quinquangulæ basis?

Id vocatur Dodecaedrum: quod nimirum à duodecim quinquangulis æqualibus solidis comprehenditur. R. 12. e. 25.

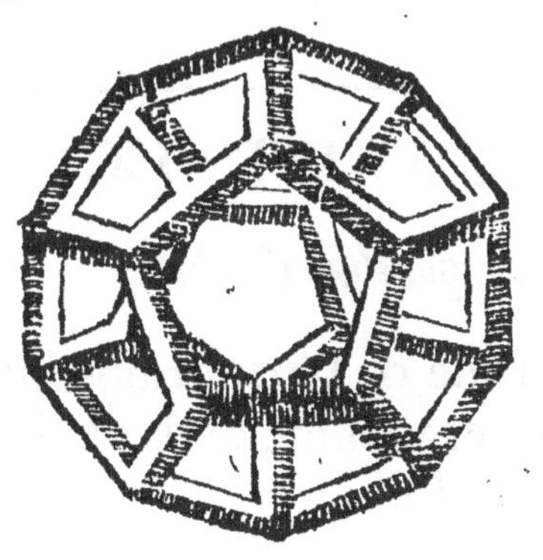

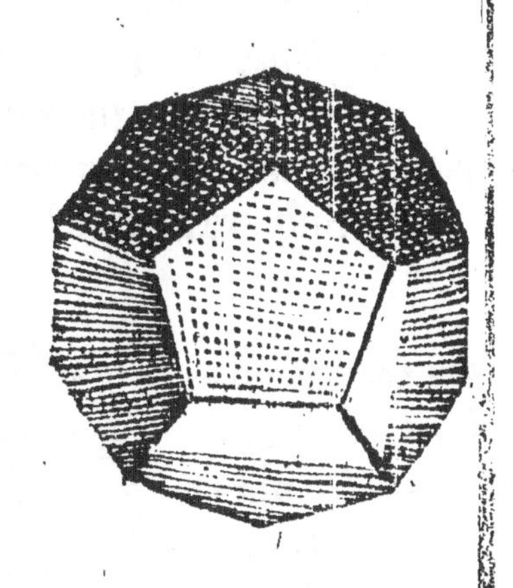

Quo

Quod si igitur
luodecim quin-
uangula æqualia
olidis angulis cō-
onantur, consti-
ıctur Dodecaë-
rum. Ut hic.

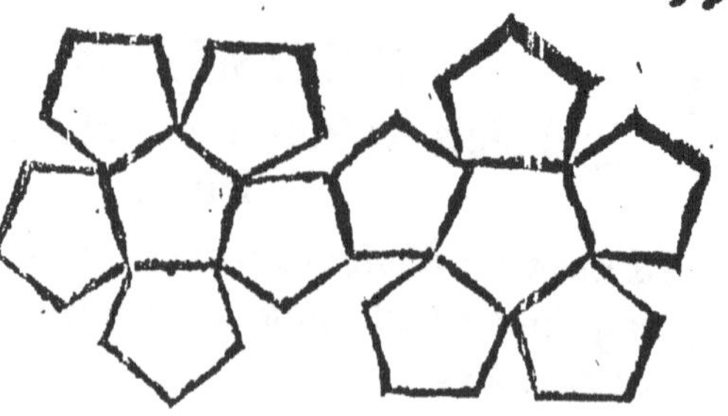

CAPUT IX.

De corporibus Gibbis.

Actum est hucusque de Corporibus sive solidis Planis: quid ergo nunc dicis de Solido Gibbo?

Corpus gibbum est, quod comprehenditur à superficie gibba. R.1. c.26.

Quotuplex est?

Duplex, Sphæra, & Varium.

Sphæram quid vocas?

olidum rotundum: quod fit conversi- semicirculi, ma- te diametro. E.14. l. R.7. e.26.

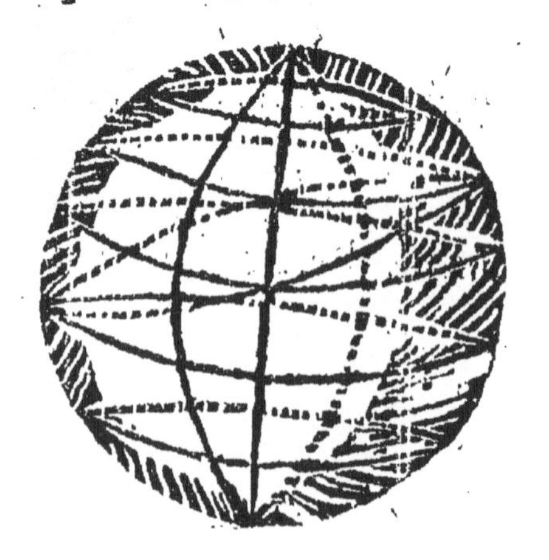

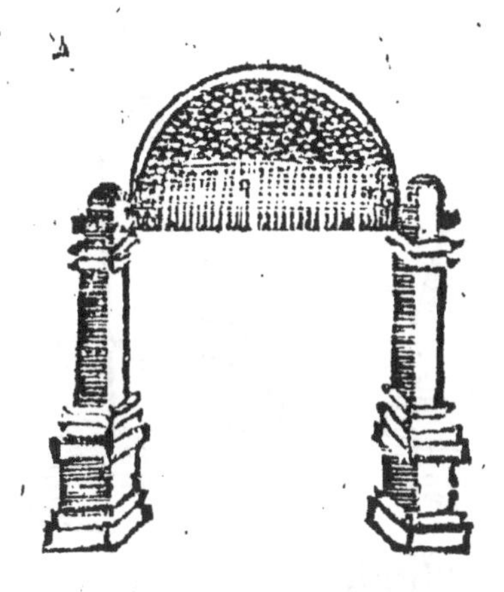

Diameter autem Sphæræ peculiariter Axis voc-
tur, circa quam ſphæra convertitur.
Et Axis extremitates Poli dicuntur.

Quod Solidum eſt Varium ?

Quod comprehenditur à ſuperficie varia, & b[illegible]
circulari, R.1. c.27.
Eſtque Conus, aut Cylindrus.

Conus qui dicitur ?

Solidum varium, à conica ſuperficie & baſi com-
prehenſum. R. 4. c. 27.
Ut quod fit converſione Trianguli rectanguli
manente altero crure circa rectum angulum.

Quale hic est.

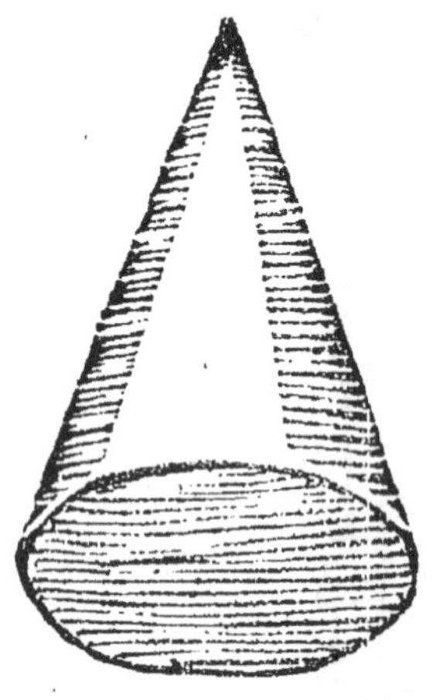

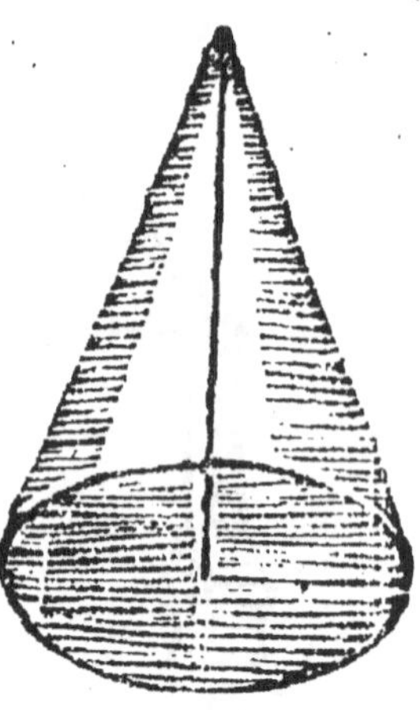

Cylindrus autem?

Solidum varium, quod à cylindracea superficie & ppositis basibus comprehenditur. R.5. e. 27.

Quale hic vides; factum videlicet, conversione arallelogrãmi rectanguli, altero latere quiescente.

Atque hactenus prior Geometriæ pars in expo-
nendis subjectæ Magnitudinis generibus
occupata fuit.

POSTE-

POSTERIORIS GEOMETRIÆ PARTIS IDEA.

CAP. I.

ars Geometriæ altera est ὧν ζητουμένων, uæsitorum empe attributorum ue affectionum agnitudinis. Sunt utem illa uplicia: lia

- Generalia *seu communia omni Magnitudini, in consideratione tum*
  - Uniuscujusque *magnitudinis per se & solitaria Hujusmodi sunt:*
    - Terminatio.
    - Sectio.
  - Plurimum inter se cõparatarum. *Et affectiones tales proveniunt ratione Quãtitatis, tum*
    - Discretæ *sive Numeri ut*
      - Symmetria.
      - Ratio.
    - Continuæ *seu Magnitudinis. Quales sũt:*
      - Congruentia
      - *Adscriptio tum*
        - Inscriptione.
        - Circumscriptione.
- Specialia *& cuique Magnitudini peculiaria. Sũtque vel*
  - CAP. II. Linearum, *in Euthymetria. Et vel*
    - Unius
      - Rectitudo.
      - Obliquitas.
    - Duarum inter se: *ut*
      - Perpendiculum *seu* Cathetismus.
      - Parallelismus
  - CAP. III. Lineamentorum: *tum*
    - Angulorum:
      - Æqualitas.
      - Inæqualitas
    - Figurarum: *vide* A.

CAP. IV.

A. CAP. IV. Figurarum *affectiones vel sunt*

- Generales *& communes in consideratione tum*
  - Uniuscujusque *figura per se. Ut*
    - Ordinatio
    - Primatus,
    - Ratio.
  - Duarum pluriumve *inter se comparatarum. Estque*
    - Isoperimetrarum & Primarum *vel* atquè multiplicium à primis — Ra
    - Similium Proportio.
- Speciales *ac propria: tum*
  - Superficierũ, *in Planimetria Earũque aut*
    - Planarum
      - Rectilinearum:
        - CAP. V. Triangulorum, *in*
          - Lateribus.
          - Angu
          - Spatii
        - CAP. VI. Triangulatorum:
          - Quadrangulorum
          - Multangulorum
      - Curvilinearum:
        - Simplicium *seu* Circulorum.
        - Variarum.
    - Gibbarum
      - Sphæricarum.
      - Variarum.
  - Corporum, *in Stereometria.*

QU

QUÆSTIONUM GEOMETRICARUM PARS POSTERIOR:

De Magnitudinis affectionibus.

CAPUT I.

De Magnitudinum affectionibus communibus.

Hactenus subjectam Geometriæ materiam, Magnitudinem cum suis speciebus, ordine in definitionibus ac distributionibus exposuisse videris: age, deinceps ita ut cæpisti, quid in magnitudine proposita & data quærendum & contemplandum sit, paucis quoque demonstra.

IN secunda hac Geometricarum quæstionum parte Magnitudinis subjectæ inquiruntur adjuncta; ut unt Variæ illius habitudines, proprietates & affectiones, quæ de ea ingeniose investigata utiliter prædicantur.

Et siquidem proprietates istæ per se claræ & manifestæ sint è suis definitionibus, ratæ habentur: sin obscuræ & ignotæ, syllogismis demonstrativis comprobantur, accersitis subinde datis definitionibus geometricis; axiomatibus logicis cognitioni huic inservientibus,

vientibus, postulatis item geometricis, quæ per actum quoque physicum intellectum de re proposita informant.

Non ergo omnia ilico vera apparent, quæ Magnitudinibus inesse dicuntur; sed talia illis inesse demonstrandum ais?

Sic est: uti Euclides quoque docet. Hic enim, antequam ullas ullius magnitudiniis affectiones proponat, definitiones illarum præmittit; per quas dein propositas dubias magnitudinum affectiones demonstrat. Axiomata pleraque è Comparatorum loco producit. Postulata verò è fontibus geometricarum definitionum elicit, in subsidium veritatis demonstrandæ: qualia sunt, eductiones linearum rectarum, earundem continuationes; peripheriarum descriptiones, &c. quo ex iis quæ cognita sunt, id quod latet ignotum, declaretur.

Quæ sunt affectiones illæ, quas Magnitudini inesse dicis?

Sunt illæ duûm generum: aliæ Generales sive omni omnino Magnitudini communes; aliæ vero Speciales & cuique Magnitudini propriæ.

Generales quas intelligam?

Sunt & istæ in duplici differentia: competunt namque vel unicuique solitariæ & per se consideratæ Magnitudini; aut è plurium inter se collatione eliciuntur.

Quæ

Quænam affectiones Magnitudini cuique per se & absolute consideratæ insunt?

Duæ hæ: Terminatio, cujusque Magnitudini genesin seu procreationem consequens; ut, quibus & qualibus terminis constet, intelligere queamus: & Sectio, ex analysi & magnitudinis in suos terminos resolutione promanans. Sic Linearum Terminatio duobus punctis, sectio in puncta; Angulorum terminatio duobus cruribus, sectio in crura; Triangulorum terminatio tribus lateribus, sectio in latera perficitur.

De plurium autem inter se comparatarum Magnitudinum affectionibus quid mones?

Quod si duæ pluresve inter se magnitudines veniunt contemplandæ; tum, an unius datæ magnitudinis quantitas ignota, cum alterius ejusdem generis quantitate cognita comparari, sicque unius affectio ex alterius affectione explicari possit, attendendum.

Quot vero modi ita quantitas unius quantitate alterius examinari, & ad mensuræ judicium revocari potest?

Duobus: aut per Numerum seu discretam quantitatem; aut per Magnitudines ipsas & continuas quantitates.

Discreta quantitas qua ratione continuam arguere potest?

Symmetria, & ratione.

Quæ igitur Symmetræ dicuntur magnitudines? quæ contra Asymmetræ?

Sym-

Symmetræ sunt magnitudines; quas data sive as-sumta eadem mensura, aliquoties distincte sumpta, exacte metitur.

Asymmetræ contra, quas eadem mensura exacte non metitur. E.1.2.d.10. R.7.e.1.

Geometra mensurans & Magnitudinem datam notam faciens, pro arbitrio certam quandam & sibi cognitam mensuram, tanquam causam adjuvantem instrumentariam, adhibet: utpote Granum, Digitum, Palmum, Pedem, Cubitum, Gressum, Passum, Stadium, Milliare, &c. Assumtum hujusmodi certum quoddam mensuræ genus, & Magnitudini propositæ aliquoties applicatum, si eam veluti numeratim mensurat, atque in secundam quoque aut tertiam propositam Magnitudinem exacte emetitur; tum Magnitudines tales inter se symmetræ dicuntur: licet non sint æquales. Ut Bipedalis & tripedalis Magnitudo symmetræ sunt quia longitudo Pedis utramque exacte metitur, ad priorem bis, ad posteriorem ter repetita.

E contra, quæ magnitudines mensuram ejusmodi communem, quæ omnes exacte metiri possit, non habent, Asymetræ sunt.

Sic Diagonius Quadrati, & Latus ejusdem, ad ipso asymmetra sunt; licet potentia per quadrat sua sint symmetra. E.3.4. d.10.

Sic longitudo digitalis pedali est asymmetra. Si quæ diversis mensuris, verbi gratia, Urnis & Ulnis mensurari solent, asymmetra erunt.

Nihil tamen prohibet, quo minus, quæ ratione unius mensuræ asymmetra sunt, alterius alicujus ratione symmetra esse possint, & contra. Ita longitud

do iteneris trium milliarium est asymmetra lon-
tudini itineris sesquimilliaris, si integrum milliare
o mensura adhibeatur: est tamen etiam symme-
a, si adhibeas dimidium milliare.

Rationales quinetiam quas intelligas magnitudines? quas irrationales, expone?

Rationales (ῥηταί) *sunt magnitudines, quarum bitudo est explicabilis rationali quodam numero,* 1:

Quarum ratio explicari potest numero certo & presso datæ definitæque mensuræ.

Irrationales contra ἄλογοι. E. 5. d. 10. & 11. p. 10. 8. e. 1.

Omnes proinde Magnitudines symmetræ sunt oque Rationales: siquidem ῥητὸν esse dicitur, od secundum certum numerum certamque men-am cognoscimus.

Hunc porro ut Magnitudinum datarum affectiones terminis geometricis, per alias quasdam notas magnitudines, cognosci possint, explica?

Duobus itidem modis: Congruentia & Asscripte.

Quid vocas Congruentiam?

ongruentia magnitudinum (ἐφάρμοσις ἢ ἐφαρμογή) *quando prima primis, media mediis, extrema emis, partes denique magnitudinis unius parti- alterius usquequaque respondent.*

Hinc Congruæ magnitudines dicuntur, quarum ini sive partes unius, applicatæ partibus sive ter- is alterius, æqualem ubique locum occupant.

Axioma 8. Geometricum est Euclidis : *Magnitudines congruas esse æquales.*

Inde fœcunda consectaria, è loco Logico Comparatorum, in hac schola ab Euclide recepta, deducuntur : Ut.

1. *Quæ uni & eidem sunt æqualia, etiam inter se æqualia.* E.1.ax.

Ut in tribus his lineis apparet: quarum prima *a e*, æqualis est *u y*, & *u y* æqualis est *i o*. Ergo cum *a e* & *i o* æquentur *u y* lineæ, inter se quoque æquales erunt.

In Numeris quoque res plana est. 4,4,4,4. Quilibet horum numerorum quatuor unitates in se continet : ergo & valor eorum cujusque inter se est æqualis ;

2. *Si æqualia æqualibus addantur, tota sunt æqualia.*

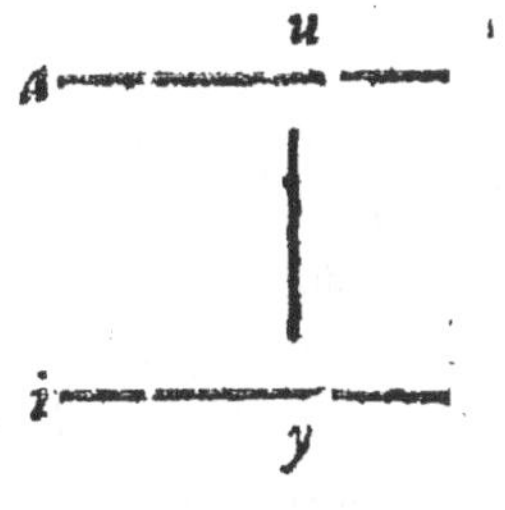

Ut hic *a u* & *i y*, æqualibus lineis, adjectæ æquales *u e* & *y o*, totam *a e* toti *i o* æqualem reddunt.

Sic in Numeris 6,6.4,4. si cuique senario unum quaternarium adjicias, tota inde effecta, 10,10 æquabuntur.

3. *Si ab æqualibus æqualia auferantur, quæ re-nquuntur sunt æqualia.*

Ut ex præcedenti diagrammate liquere poteſt.

4. *Si inæqualibus æqualia adjiciantur, tota inter ſunt inæqualia.*

Et contrà.

5. *Si ab inæqualibus æqualia ſubducantur, quæ re-nquuntur ſunt inæqualia.*

Ut hic, *a e* & *i o* æqualibus lineis, ljectæ æquales *c* & *f g*, totas red-int inæquales; iorē videlicet 8. ſteriorē 6. par-m. Idem evenit btractione.

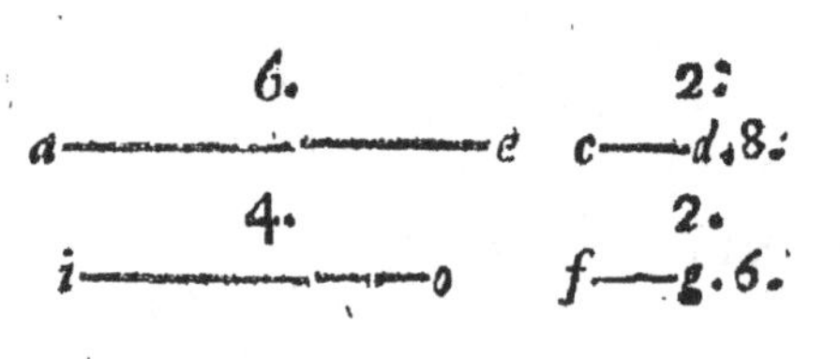

6. *Quæcunque ſunt ejuſdem dupla, ſive æque mul-licia æqualiterve majora ſunt inter ſe æqualia.* Et e verſa.

7. *Quæcunque ſunt ejuſdem dimidia, ſive æquali-minora, inter ſe quoque ſunt æqualia.*

Ut hic, *a* eſt du-ipſi *b* & *c*. Ergo *c* æquales. Sic *a* quadrupli ipſi *d*, & *g*. Ergo *d*, *e*, *g*, æquales ſunt. *b* & *c* ſunt ſe-

8.
a. ——————————————— 8.
4. 4.
b. ——————— ——————— c.8.
2. 2. 2. 2.
——————————————— 8.
d. e. f. g.

ſes ipſius *a*. Ergo *b* & *c* æquales. Item *d* vel *e*, *f*, *g*, adruplo minor ipſa *a*. Ergo *d*, *e*, *f*, *g*, inter ſe æ-ales eſſe neceſſe eſt.

8. *Omne totum est majus sua parte.*

Atque ita mensuramus cuncta solida & liquida, concrete & abstracte. Sunt enim axiomata hæc causæ instrumentariæ noëticæ, quibus magnitudines abstracte etiam mentis acie mensurari solent.

De Asscriptione Magnitudinum quid dicis?

Asscriptio est, quando magnitudinis unius termini terminis alterius terminantur quidem, sed non congruenter.

Quæque sic intra est, Inscripta dicitur: quæ autem extra, Circumscripta. E. dd.4. R.10. e.1.

Ut dum Circulo Diametrum inscribimus, quam illum mensuramus.

Tota siquidem Asscriptio per Latera & Angulos expeditur. Generales & communes omnis Magnitudinis affectiones hucusque proposuisti: nunc in specie cuique peculiares quæ sint, audire cupio?

Hæ vel Linearum sunt, quas Euthymetriæ nomi insigniunt: vel Lineamentorum, Superficierum & Corporum, quas ad Planimetriam & Stereometria referunt. Sicque unamquamque Magnitudinem ce tâ ratione mensurare docent Geometræ.

Quomodo?

Modus & ratio mensurandarum Magnitudinum hoc est, exprimendæ cujusque facultatis & affectionis est duplex: aut enim in materia concreta instrume to quodam physico magnitudo proposita mensuratur aut solo intellectu abstractè magnitudinis datæ affi

Et

io ratiocinatione ingeniosa colligitur, ac deinceps bus materiatis accommodatur. Actum priorem, eodæsiam; posteriorem, Geometriam simpliciter pellamus.

Abstractè & solo intellectu magnitudinis alicujus proprietatem concipi posse, dicis: id verò quomodo fit?

Ope Propositionum Geometricarum. Quæ sunt in- træ sententiæ & enunciationes, cujusque subjectæ ignitudinis peculiarem illi attributam affectionem quirendam proponentes: quarum veritas ex prin- iis supra dictis, definitionibus scilicet, axiomati- , postulatis, & propositionibus prioribus compro- tis, demonstratur.

Suntne hujusmodi propositiones uniusmodi?

Apud Euclidem quidem sunt duplices: ita ut quæ m Problemata, quæ nimirum Magnitudinis ali- us fabricam requirunt; quadam verò Theorema- quæ subjecti affectionem simul indicant, dican- .

Nos tamen, insequuti Ramum (qui Problematicas clidis propositiones in Theoremata redegit) propo- ones Theorematicas, utpote quibus simul inest fa- ca, memoriæ & perspicuitatis causâ, proponemus.

Quænam autem methodus, in demonstranda & explicanda Propositionis alicujus Geometricæ veritate, adhibetur?

Proclus, antiquissimus Euclidis interpres, quinque ita observanda præcepit.

1. Est ἡ ἔκθεσις; propositionis, hoc est, dati subjecti seu antecedentis in abaco, (τοῦ διδομένου ἢ ἡγουμένου) expositio.

2. ὁ διορισμὸς, determinatio, seu explicatio quæsiti attributi seu consequentis, (τοῦ ζητουμένου καὶ ἑπομένου.)

3. ἡ κατασκευὴ, delineatio ac præparatio subjecti, ad quæsiti investigationem, aut inventi demonstrationem.

4. ἡ ἀπόδειξις, demonstratio veritatis, & affectionis affirmatæ logica comprobatio.

5. τὸ συμπέρασμα, absoluta conclusio prædicati, & repetita propositionis totius affirmatio.

Verumtamen ista demonstrandi methodus non semper cunctas has partes seu capita requirit. Interdum namque nulla opus habemus ἐκθέσει, interdum nec διορισμῷ, aut κατασκευῇ; siquidem res per se evidentes ac manifestæ sint. Neque semper directe propositum syllogismis concluditur; sed quandoque τῇ ἀπαγωγῇ εἰς ἀδύνατον, sive ad absurdum deducendo adversarium, utimur. Nec denique semper integris syllogismis, aut harum partium ordine observato, verum sæpe Enthymematibus, &c. res absolvitur.

Atque ista quasi προλεγόμενα speciali affectionum Geometricarum magnitudinis explicationi præmissa sunto.

CAP

CAPUT II.

De linearum affectionibus primariis.

Quid igitur in Lineis maximopere cognitu sit necessarium, proponito.

N Lineis, præter communes affectiones, præcipuè spectamus, tum Rectitudinem aut Obliquitatem, im perpendiculum, & Parallelismum.

PROPOSITIO I.

De Lineæ rectæ terminatione.

Si linea sit recta, erit quoque brevissima intra eosem terminos. R. cons. 5. c. 2.

Est Consectarium Archimed. ex definitione Li- eæ rectæ.

ἐκθεσις. Esto hic da- a linea recta, *a e b* ex esi.

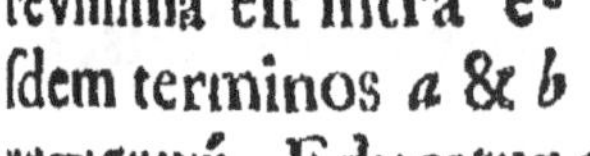

Διορισμός. Eadem hæc revissima est intra e- sdem terminos *a* & *b*

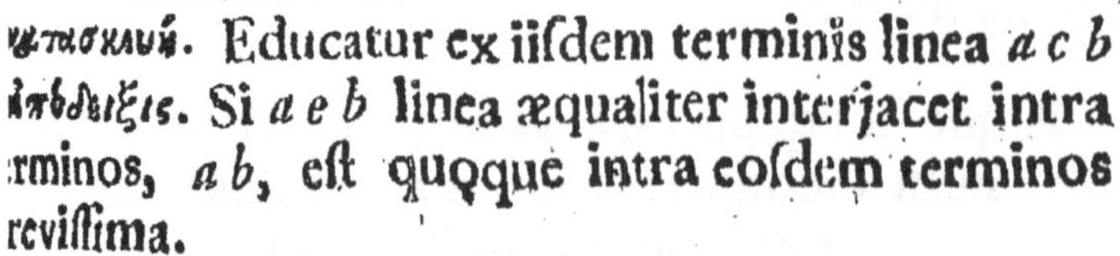

κατασκευή. Educatur ex iisdem terminis linea *a c b*

ἀπόδειξις. Si *a e b* linea æqualiter interjacet intra rminos, *a b*, est quoque intra eosdem terminos revissima.

Atqui æqualiter interjacet: quia est linea recta, thesi. Et siquidem linea quoque *a c b* esset recta, it brevior linea *a e b*, æqualiter itidem intra ter- inos *a b* interjaceret, adeoque congrueret cum

 linea,

linea, *a e b*: quod tamen repugnat thesi. Ergo linea *a e b* est brevissima intra terminos *a b*.

συμπέρασμα. Ergo, si linea est recta, est quoque brevissima intra eosdem terminos: ὅ περ' ἔδει δεῖξαι.

PROPOSITIO II.

De rectæ lineæ bisectione.

Si duæ æquales peripheriæ à terminis datæ rectæ utrinque concurrant, recta per puncta concursus dicta bisecabit datam rectam. E.10. p.1.R.7.e.5.

ἐκθ. Esto data linea recta *a b*.

διορ. Eadem recta est bisecanda.

κατάσκ. 1. à terminis datæ rectæ, *a* & *b*, utrinque æquales quãtæcunque peripheriæ describãtur, concurrentes in punctis *d* & *e*. 2. regulâ admotâ punctis *d* et *e*, ducta linea recta bisecabit *a b* in puncto *c*, 3. posito circini pede uno in puncto *c*, alteroque per *a* et *b* circumducto, peripheria describatur.

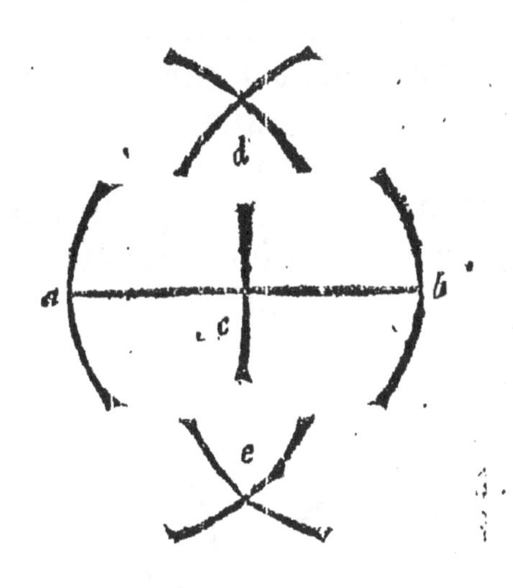

ἀπόδ. Omnes radii ejusdem circuli inter se sunt æquales.

At linea *c a*, et *c b*, sunt radii ejusdem circuli.

Ergo

Ergo inter se æquantur. Et per conf. Linea *a b* in puncto *c* est bisecta.

συμπ. Ergo, si duæ æquales peripheriæ à terminis datæ rectæ, &c. id quod erat demonstrandum.

PROPOSITIO IV.

De Obliquæ lineæ judicio.

Si duæ lineæ concurrant, quæ continuatæ non intersecentur, alterutram obliquam esse necesse est. E.2. 3.d.3. & 13. p.3. R.6. e.2.

Ut hic, recta *a e* cum *i o u* concurrit in puncto *i*, et neutra alteram secat, aut cum ea congruit. Ergo lineam *i o u* curvam esse oportet; quia neutra alteri est æqualis aut congrua. Hoc autem modo duntaxat concurrunt duæ obliquæ lineæ sive obliqua et recta: si quidem duæ rectæ nunquam concurrere possunt, quin se mutuo intersecent, aut una alterum continuet.

PROPOSITIO V.

De Linearum æqualitate inter se.

Si

Si linearum termini concurrant, & usquequaque congruant, lineæ interse sunt æquales. Et contra.

Ex axiomate Congruentiæ patet.

PROPOSITIO V.

De Perpendicularium natura.

Si recta sit perpendicularis rectæ, erit ab eodem termino & ex eadem parte singularis. E. 13. p. 11. R. conſ. 10. e. 2.

Demonſtratur ex definitione Perpendiculi. Nam ſi plures eſſent perpendiculares, omnes æqualiter interjacerent, nec inclinarent: quod eſt impoſſibile. Sic enim ſpatium *a e i* æquaretur *u e i*, majus minori; ut in poſita figura patet.

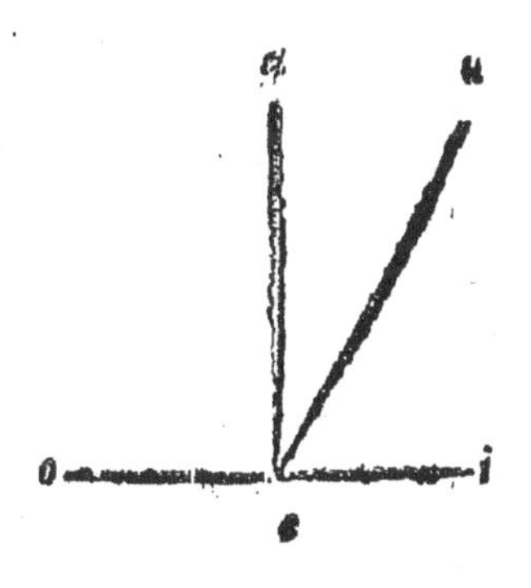

PROPOSITIO VI.

De excitanda Perpendiculari è puncto quodam in recta linea.

Si è dato datæ rectæ infinitæ puncto duæ partes utrinque ſecentur æquales, & à punctis ſectionum duæ æquales peripheriæ concurrant; recta à dato puncto in concurſum peripheriarum, erit perpendicularis ſuper datam. E.11.p.1. R.9.e.5.

Ἐκθ. Sit data recta *e i* cujuſcunque longitudinis (hanc enim per infinitam intelligunt Geometræ) & in ea punctum *a*.

Διορ. Ex puncto *a* datæ rectæ perpendicularis quædam educenda eſt.

κατασκ. 1. ab *a* puncto duæ partes æquales u-
inque circini ope abſcindantur, ſintque *a e* & *a i*.
ex *e* & *i* æquales pe-
)heriæ concurrentes
o deſcribantur. 3. ex
puncto in *a* ducatur
cta *o a* perpendicula-
s. 4. ex *e* in *o* itemque
i in *o* ducantur lineæ
ctæ.

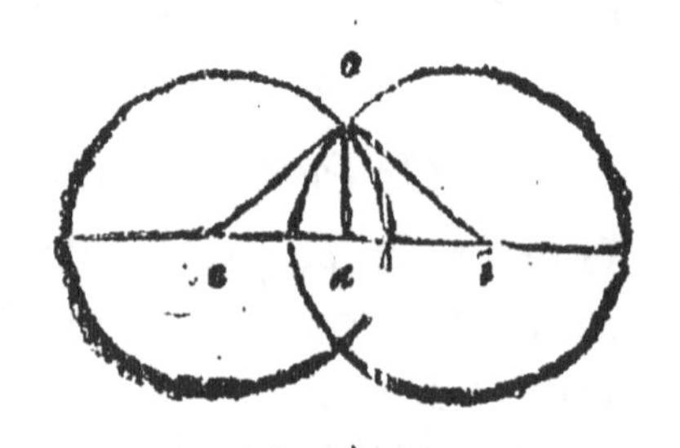

ἀπόδ. Linea *a o* æqualiter interjacet. Sunt et-
nim *a e* & *a i*. æquales ex prima fabrica ſeu κατασκευῇ: ſic et *o e* et *o i* æquantur, quia ſunt radii dua-
um æqualium peripheriarum. Unde exſurgunt
nguli æquicruri & congrui *o a e* et *o a i*, quorum
ommune latus eſt *a o*, quod proin nequicquam in-
linat.

Eſt ergo perpendicularis.

συμπ. Ergo, ſi è dato datæ rectæ infinitæ, &c.

PROPOSITIO VII.

De educenda Perpendiculari è puncto quopiam extra datam rectam.

Si pars datæ rectæ lineæ infinitæ ſecetur à periphe ria è dato extra eam puncto; rectam à dato puncto bi- ſecans portionem in peripheria, erit perpendicularis ſuper datam. E. 12. p. 1. R. 10. e. 5.

Ut, ſit data recta *a e*: punctum extra eam *i*.
Ex quo peripheria deſcribatur *a o e*, auferens portionem ex data recta *a e*: hæc portio dein per 2.
prop. hujus cap. biſecetur in *o*: eritque recta è
puncto

puncto *i* in *o* ducta perpendicularis datæ rectæ *a e*. Ductis etenim rectis lineis ex *i* in *a* & *e*, demonstratio procedit ut in præcedente 6. prop.

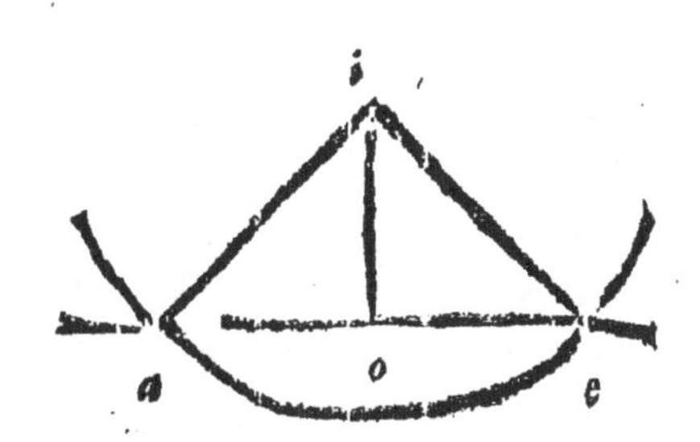

PROPOSITIO VIII.

De Parallelarum linearum natura.

Si duæ lineæ in eodem plano in continuum productæ nusquam concurrant, sunt inter se parallelæ. E. 35. d. I. R. II. e. 5.

Demonstratio est è definitione Parallelismi: in continuum namque & infinitum productæ hujusmodi lineæ perpetuò æquidistabunt.

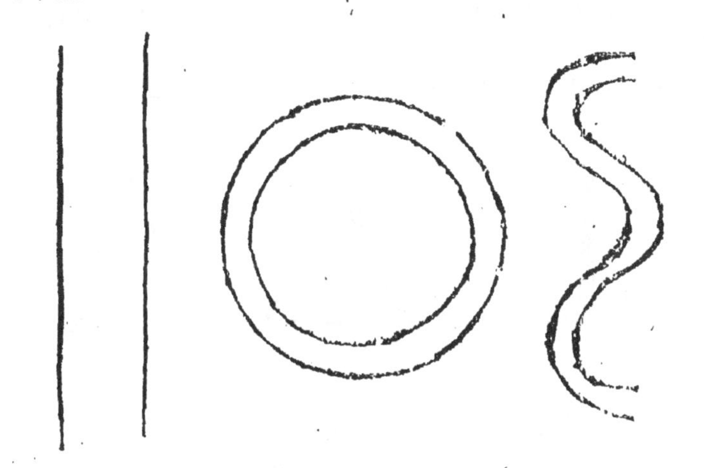

PROPOSITIO IX.

Lineæ eidem alteri parallelæ, inter e quoque sunt parallelæ. E.30.p.1. R. onf.11. e. 2.

Demonstratio pendet ex consect. 1. xiom. congr. Quæ uni & eidem sunt æqualia, &c. Vel etiam ex cons. 2. si æqualibus æqualia addantur, &c.

Et hæc breviter de Linearum potissimis affectionibus.

CAPUT III.

De Angulorum affectionibus.

PROPOSITIO I.

De ratione Angulorum inter se.

Anguli cruribus congrui, sunt æquales. E.4.p.1. R. 6. e. 3.

Demonstr: est ex Axiom. Congr. communi.

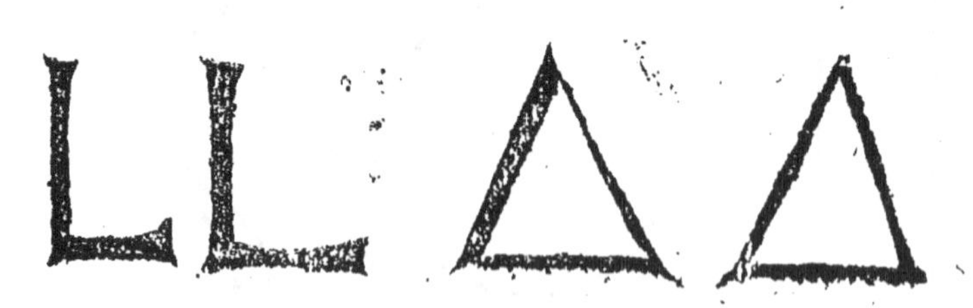

PROPOSITIO II.

Si angulus angulo sit æquicrurus & æqualis basi, æquantur inter se. Et vicissim: Si angulus angulo æqui-

æquicruro est æqualis, æquatur quoque basi. E.48.p.1. R. 1. cons.6. e.3.

Demonst. ex principio ἐφαρμόσεως; & est consectarium ex præcedente.

PROPOSITIO III.

De Angulotum æqualium fabrica.

Si dati anguli cruribus, ad datum quoddam punctum, crura homogenea æquentur æqua basi; æquabunt angulum dato. E.23. p.1.& 26.p. 11.R.5.e.3.

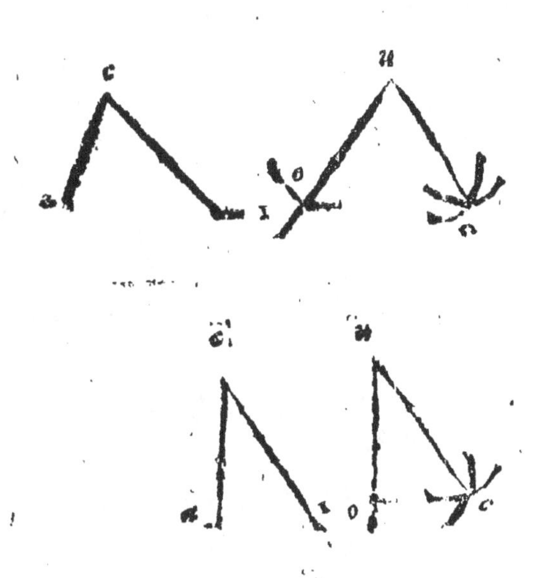

Ut hic. Esto Angulus datus *a e i*, & punctu datum *u*. Ab *u* sit recta ducta quantacunque *n* quæ circini ope æquetur cruri *e a* in *o*: quanti deinde basis *a i* transferatur ab *o* in *c*; itidemq cruris *e i* quantitas ab *u* in *c*; & ad *c* punctum, quo se peripheriæ duæ secant, ducatur recta *u c*. Sicque angulus *o u c*, æquatur angulo *a e i* dato. Demonstratio est ex Ax. Congr. & præcedente 2. prop.

PROPOSITIO IV.

Si angulus angulo æquicrurus est major basi, est quoque major angulus. Et vicissim, si est major, est quoque major basi. E.24. & 25. p.1. R.2. consf.6.c.3.

Ut hic: angulus *e a i*, æquicrurus angulo *u o y*; basis autem *e i* major basi *u y*.

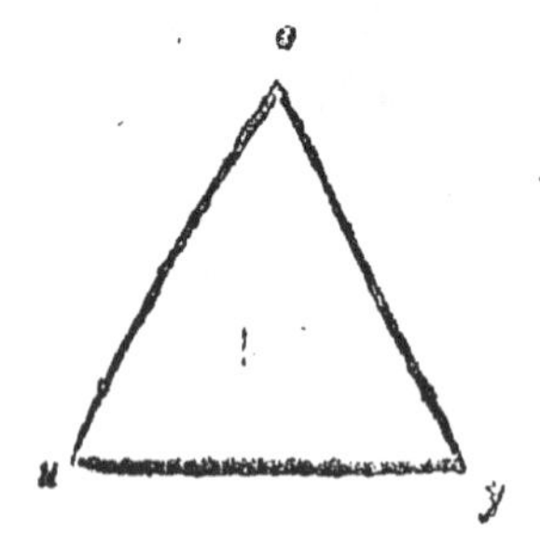

Demonst. Ax. Congr. 4. Si æqualibus inæqualia adjiciantur, &c.

PROPOSITIO V.

Si angulus angulo sit æqualis basi, minor vero utroque interiore crure, tunc cruribus minor majorem angulum continebit, & cruribus major angulum comprehendit minorem. E.21, p.1. R.4. consf.6. c.3.

Præ-

Præcedens docuit, angulos æquicruros per bases majores augeri, per minores minui: hic autem, dum bases manent æquales, crura autem interiora fiant inæqualia, contrarium contingit; nempe, quo majora fiunt crura æqualium basium, eo magis inverticem abeunt, angulumque acuunt: quo minora fiunt, eo magis dilatantur anguli, donec tandem cum basi coincidât: ut hic interior angulus *a o i*, major est exteriore *a e i*. Demonst. ex eodem ax. congr. 4. per Proclum ad 8. p. 1. & est consect. præcedentis.

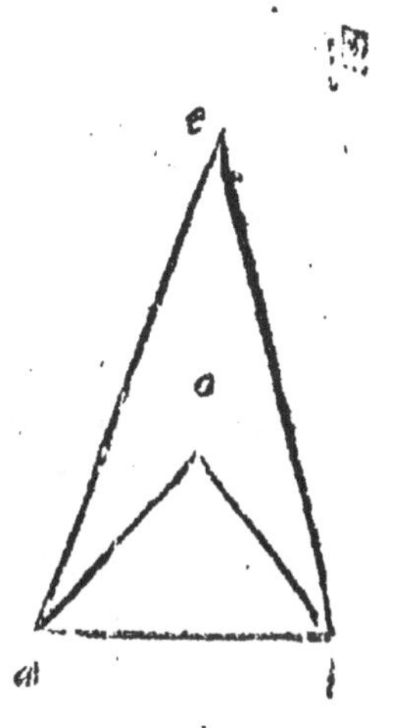

PROPOSITIO VI.

De Angulorum bisectione.

Si duæ æquales peripheriæ à terminis æqualium crurum dati anguli rectilinei ante concurrant, recta à concursu ad verticem bisecabit angulum. E.9.p.1. R.6.e.5.

Ut, esto datus angulus rectilineus æqualium crurum *a e* et *a i*; hinc duæ æquales peripheriæ ab *e* et *i*, terminis æqualium crurum, ante angulum concurrant in *o*: recta sic ab *o* in *a* ducta angulum datum bisecabit. Ductis etenim rectis *o e* et *o i*, anguli *o a e* et *o a i* æquicruri, ex

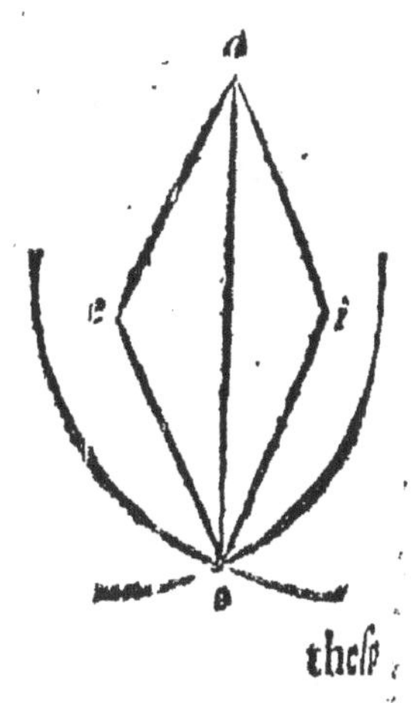

thesi,

PROPOSITIO VII.

De ratione Angulorum inter se, ab incidentibus & secantibus lineis.

Si recta perpendiculariter insistit rectæ, facit anlos deinceps rectos. Et contra. E. 11. p. 1. R. 8. 5.

Ut, *a e* rectæ insistit ex thesi pendiculariter *o i*: unde fit anguli ἐφεξῆς sive deinceps i, nimirum *a i o* & *e i o*, re-. Uterque enim æqualis est, definit. Perpendiculi, & ani recti def. consect.

PROPOSITIO VIII.

Si recta oblique insistit rectæ, anguli deinceps produobus rectis æquantur. Et contra. E. 13. 14. p. 1. consf. 8. e. 5.

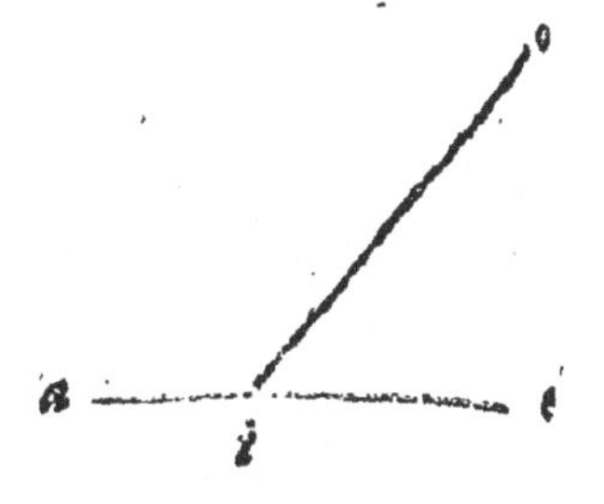

Duo namque tales anguli cum duobus rectis eundem locum occupant : ut hic, *a i o* & *e i o*. Quod item per impossibile sic cogi potest. Esto insistens *a e* perpendicularis facta per 6. vel 7. p. 2. cap. quæ proin duos angulos deinceps, *a e o*, & *a e i*, faciet rectos, per præced. 7. Atque ita ex sententia adversarii, anguli *a e u* & *u e i* duos facerent rectos æquales *a e i* recto, (cum omnes anguli recti, ex definit, æquales inter se sint) unde angulus *u e i* æqualis foret angulo *a e i*, pars videlicet toti, quod est impossibile.

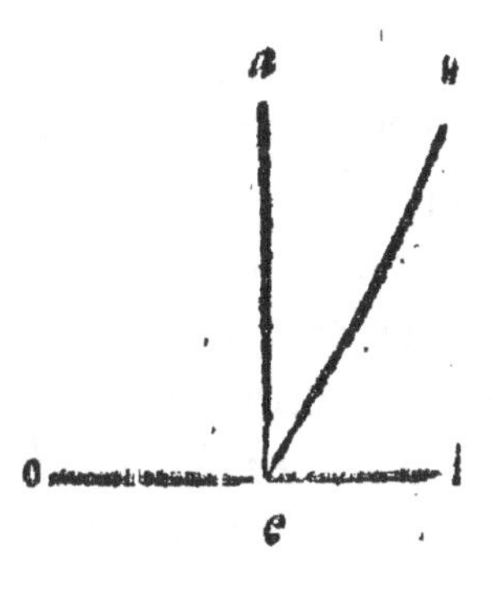

PROPOSITIO IX.

Si duæ rectæ intersecantur, æquant angulos verticales inter se, & omnes quatuor rectis. E. 15. p. R. 2. cons. 8. e. 5.

Anguli verticales, κατ' κορυφὴν, dicuntur, qui eodem puncto vertices oppositos habent.

Demo

Demonst. Quia inter-
ectæ sunt vel perpendicu-
ares, ut in priori figura;
c proin recti omnes &
quales, per præcedentem
. prop. vel sunt obliquæ,
umque verticales etiam
quantur. Ut *a u i* & *o u e*:
em *a u o* & *i u e*. Æqua-
es vero sunt *a u i* & *o u e*,
uia per præcedentẽ cum
ommuni angulo *a u o* æ-
uantur duobus rectis, id-
oq; etiam inter se æquan-
ur *a u i* & *o u e*. Detra-
to enim communi *i u e*,
qui cum *a u i* duos rectos
icit; itidemque cum *o u e*
ngulo duos rectos parit)
eliqui duo, *a u i* & *o u e*, verticales, per ax. congr. 3.
quales manebunt. Atque sic consequenter de re-
quis concludere licet.

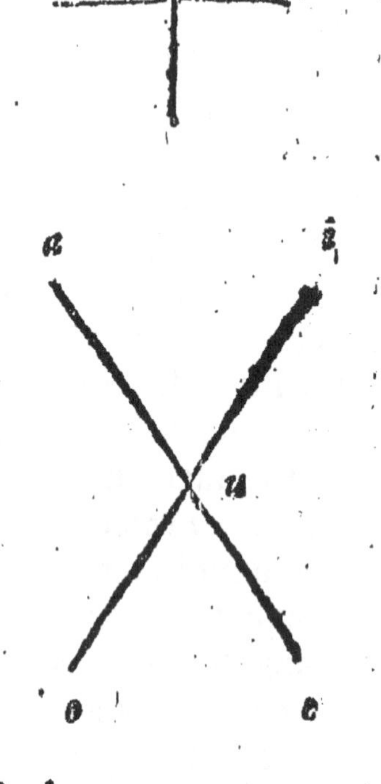

PROPOSITIO X.

*Si recta duas rectas parallelas secuerit, faciet an-
ulos coalternos inter se æquales: & extrinsecum in-
insecο ex eadem parte opposito æqualem: intrin-
cosque ex eadem parte duobus rectis æquales.* Et
cissim.

Si rectæ recta sectæ angulos olternos faciant æqua-

 les

les &c. sectæ inter se sunt parallelæ. Et contra, E.27.28.29. p.1. R.12. e.5.

Proclus, Parallelismus rectarum recta sectarum triplicem æqualitatem angulorum concludit; & ab earum qualibet vicissim concluditur.

Recta parallelas rectas aut recte secat, aut o lique.

Si recte, tunc omnes inter se perpendiculares; ac proin recti & æquales inter se erunt, per. 7. prop. hujus cap. Ut hic.

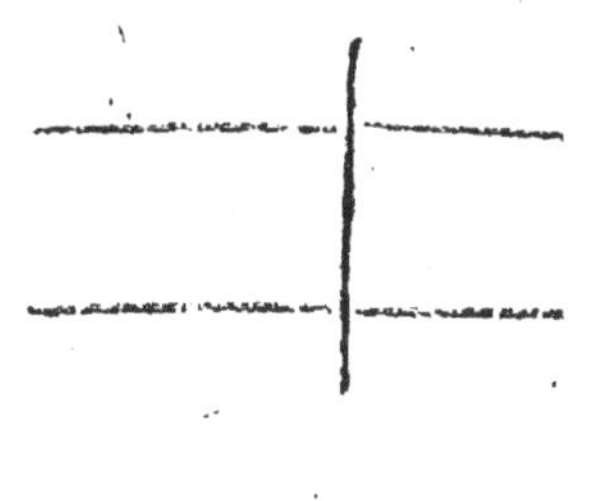

Si oblique, 1. angulos coalternos ἐναλλὰξ positos æquales inter se arguit: ut *u* & *y*. 2. extrinsecum intrinseco ex eadem parte opposito: ut *e u r* & *o y r*. 3. intrinsecos ex eadem parte duobus rectis æquales: ut *e u y* *o y u*.

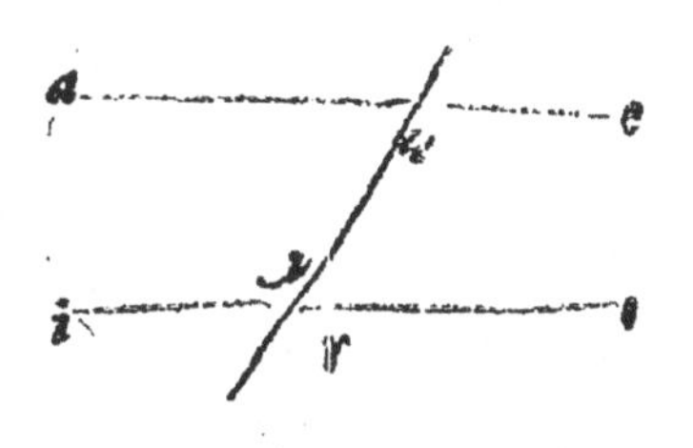

Demonstr. 1. Angulus *a u y* sit primo æquic rus angulo *o y u*, & basis ex *a* in *y*, æquetur basi *o* in *u*, per 3. prop. hujus cap. Erunt igitur ang cruribus homologis inter se congrui & æquales, 1. & 2. prop. hujus cap.

2. Angulus *r u a* est verticalis angulo *e u y*: p in per 9. præced. inter se æquantur. Angulo rem *e u y* est ἐναλλὰξ & æqualis *u y i*. Ergo & r æqu

qualis est $u\,y\,i$, extrinsecus intrinseco ex eadem rte sibi opposito, per ax. congr. 1.

3. Anguli ἐφεξῆς interiores ad u positi duobus ctis æquantur, per præced. 8. prop. Et sic quoque ad y positi duobus rectis æquantur, u vero anlus æqualis jam demonstratus est y coalterno. ique per ax. congr. 3. $e\,u\,y$ & $o\,y\,u$ duobus rectis uales sunt: quod erat demonstrandum.

PROPOSITIO XI.

De ducendis Parallelis.

Si recta à dato puncto ad rectam ducta faciat anlum, factoque alterno angulus æquetur; anguli alrni crus alterum erit parallelum ad datam rectam. 31. p. 1. R. 5. consf. 12. e. 5.

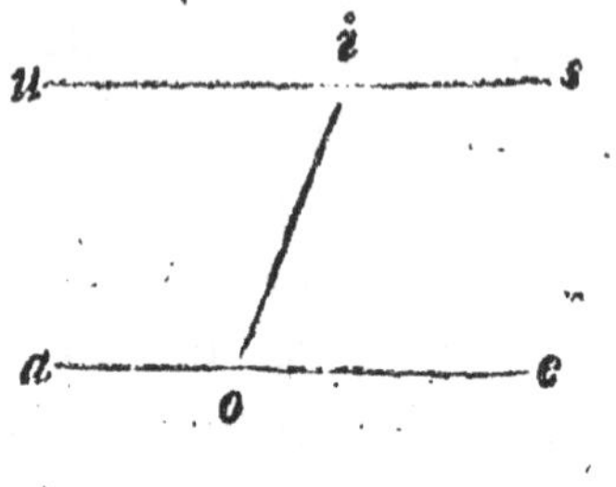

Esto data recta $a\,e$, & unctum i; à quo recta ucta sit $i\,o$, faciens cum ata $a\,e$ angulum $i\,o\,e$: cui l i alterne per 3. prop. ujus cap. æqualis fabricer $o\,i\,u$.

Recta igitur $u\,i\,s$ in continuum producta (quæ crus alterum) est parallela datæ.

Demonstratio est ex qualibet parte præcedentis; angulorum sc. alternorum æqualitate, vel reliis modis; si $o\,i$ producas, angulum exteriorem teriori sibi opposito æqualem feceris, &c. Totq; odis fabrica procedit Parallelismi.

vel alio modo.

Si in data recta diversa sumas centra, & ex iis peripheriis æqualium radiorum ducas; linea recta tangens peripherias erit parallela datæ.

Ut, sit data *a e* recta, in eaque centra diversa *i* & *o*, æqualiumque radiorum peripheriæ sive arcus, *c* & *d*. Tangens igitur *f g*, erit parallela datæ, *a e*: æquidistat enim ubique per æqualium peripheriarum radios.

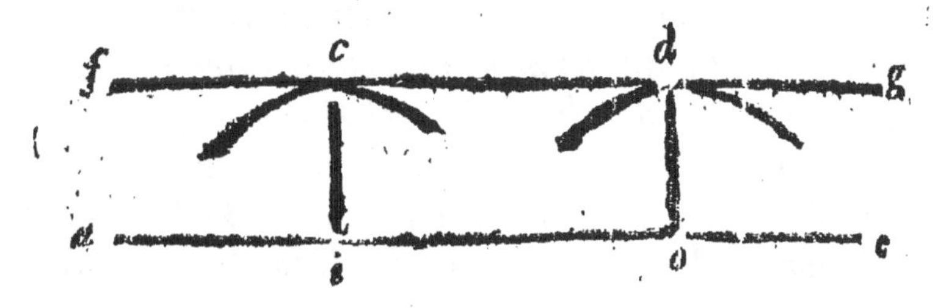

CAPUT IV.

De Figuris. Et primo, de Geometria Triangulorum.

Angulorum geometriâ expositâ, proximum est, ut de Figuris dicatur. Quas igitur Figuris affectiones tribuis?

H*Arum aliæ sunt generales, aliæ speciales.*

Qu

Quæ sunt illa generalia, quæ communiter in Figuris spectanda sunt?

Ad rem metricam spectantia potissimum hæc sunt. quamlibet figuram per se spectes, occurrit Figuræ Ordinatio, vel Primatus, vel Ratio.
Sin duas pluresve inter se compares, mutua eorunm ad se invicem observatur tum Ratio, tum Prortio.

Quas figuras Ordinatas dicis?

Figura ordinata est figura æquitermina & æquigula, Hoc est cujus termini & anguli inter se sunt uales: Tales figuræ sunt, in rectilineis. Trianlum æquilaterum, Quadratum, Pentagonum, Hexonum, &c. In obliquilineis, Circulus. In solidis, traëdrum, Cubus, Octaëdrum, Dodecaëdrum, Icodrum, Sphæra. E. 25. 26. &c. dd. 11. l. R. 7. 4.
Reliquæ figuræ pleræque omnes Inordinatæ dici sunt: Idque secundum magis & minus. Ut Isoles inordinata figura est respectu Isopleuri; ordinior tamen Scaleno.

Primas autem quas vocas?

Figura prima est, quæ in alias simpliciores est inidua. Sive; quæ in alias priores se ulterius reni non potest. Cujusmodi sunt in planis rectilineis. iangula: in solidis, Pyramis. R. 8. e. 4.

Rationales tandem quæ ſunt?

Figura rationalis eſt, quæ comprehenditur à baſi & altitudine rationalibus inter ſe. R.9. c.4.

Comprehendi hic idem eſt, quod in Arithmeticis multiplicari. E.1.d.2. Numeris enim laterum inter ſe multiplicatis, certo quaſi numero explicatur magnitudo figuræ: ſi nimirum duo latera, baſis & altitudo, inter ſe rationalia ſint, quorum ratio magnitudinis certo menſuræ numero explicari poteſt, tota inde figura rationalis dicetur.

Ut hic.

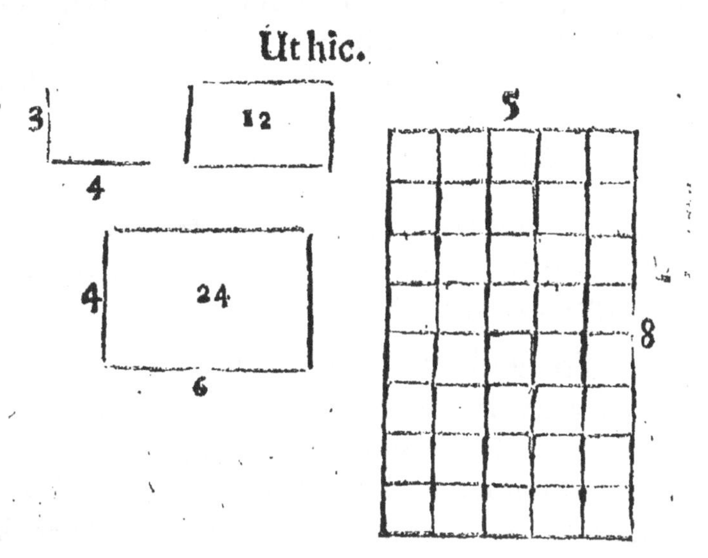

Et inde Numerus figuræ rationalis, Figuratus dicitur: & numeri, unde fit, Latera figurati.

Atque è tali laterum menſura nota, totarum figurarum magnitudines innoteſcunt, quaſi per ratiocinationem arithmeticam. E. 20. p.10. & 16. 17. dd. 7.

Tales figuræ erunt, in planis, Parallelogrammum rectangulum: in solidis, Prisma & Cylindrus. Unde omnium reliquarum figurarum mensuræ ratio capitur.

Quod si figuræ invicem comparentur, quænam tum Rationales dici possunt?

Figuræ Isoperimetræ, sive æquales ambitus obtinentes.

Utpote, Triangulum, Quadrangulum, Circulus, &c. quorum cujuslibet ambitus sit tripedalis. Eorum proin magnitudines non illico æquales, sed rationales duntaxat, inter se dici possunt. R. 10.

Harum ergo Ratio quænam est?

Ex Isoperimetris homogeneis, ordinatius est majus minus ordinato, Ex heterogeneis vero ordinatis, terminatius est majus. R. 11. e. 4.

Sic Triangulum æquicrurum isoperimetro isosceli, majus est; & isosceles scaleno, tanquam minus ordinato. Ex figuris heterogeneis, circulus, ut πολυπλευρότερος καὶ πολυγωνιότερος, omnium isoperimetrarum maximus erit: sicuti hic cernis.

Propor

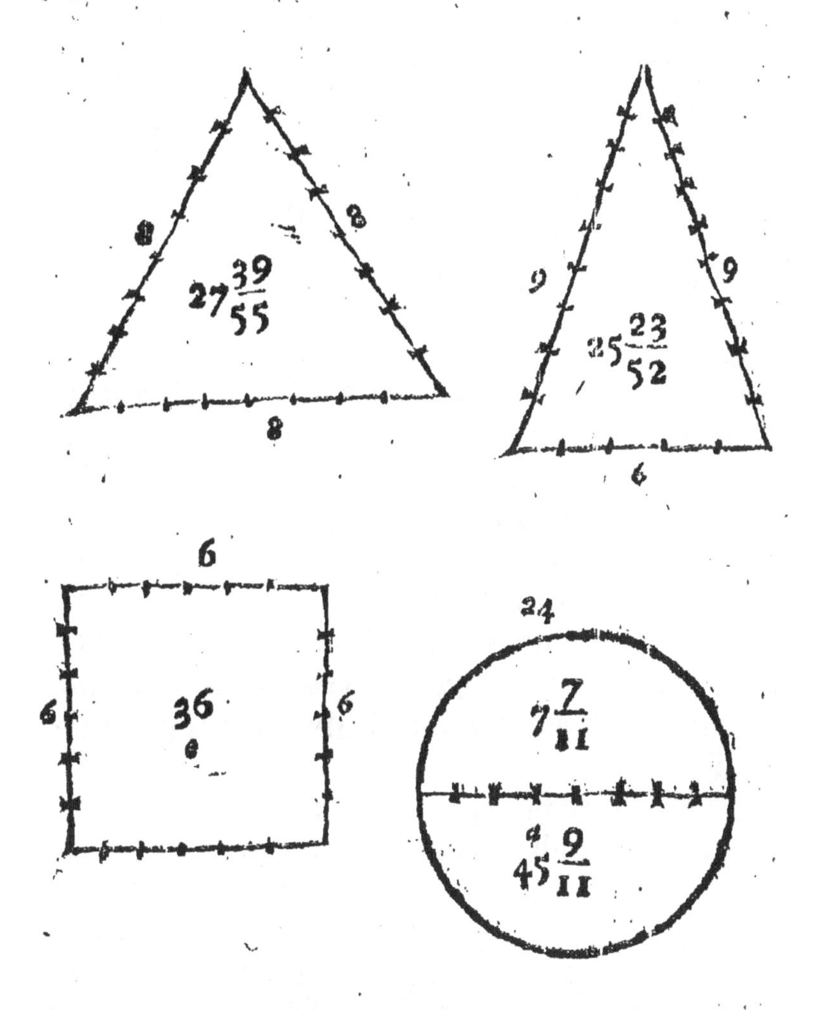

Proportionales porrò figuræ inter ſe comparatæ quæ ſunt ?

Figuræ primæ, ſeu æquè multiplices à primis, æque altæ, & figuræ ſimiles.

Illarum priorum proportionem oſtende ?

Figuræ primæ, ſeu æque multiplices à primis, æque altæ ſunt ut baſes illarum. Et contra. R.12. E.4.

Si

Si namque idem numerus alios quoslibet multiplices, facti fiunt proportionales multiplicatis. Ut hic altitudo utriusque parallelogrammi rectanguli (figurarum nempe à primis, triangulis, duplarum) est 4. partium, bases vero sunt 2. & 3. ut igitur se habent 2. ad 3. basis sc. unius ad basin alterius; sic totius figuræ magnitudo ad totam alterius. Idem enim numerus, 4. notans æquam altitudinem utriusque multiplicans 2 & 3. facit 8. & 12. proportionales, ut enim sunt 2. ad 3. sic 8. ad 12. Hinc demonstratur, Parallelogramma esse duplicia Triangulorum æqualium basium & æquè altorum: in solidis, Prismata esse triplicia Pyramidum. Et sic consequenter de æquè multiplicibus à suis primitivis judicandum.

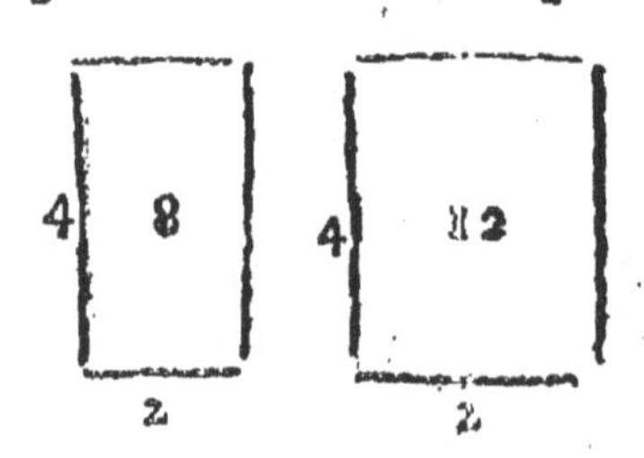

Deductio hæc figurarum primarum æque altarum ad æque multiplices æquè altas, immensam fœcunditatem peperit per totam Geometriam: ut liquet ex. E. 35, 36, 37, 38, 39. 40, 41. pp. 1. item 1. p. 6. item 25, 29, 30, 31, 32. pp. 11. item 2, 4, 5, 6, 11, 13, 14, 18. pp. 12. Hinc doctrina Sinuum prodit: siquidem diameter circulorum æqualium pro basi habeatur.

Atque ut directa procedit proportio vi Aureæ regulæ; sic quoque reciproca. Si nimirum figuræ primæ, vel æque multiplices à primis, sint reciprocè æquales sive æqualiter magnæ basi & altitudine, sunt quoque proportionales. *Et contra.*

E. 14.

E. 14. 15. p. 6. R. 13. e. 4. & 8. e. 7. & 14. e. 10. Ut in figuris liquet rationalibus. Hic ternarius, alti-

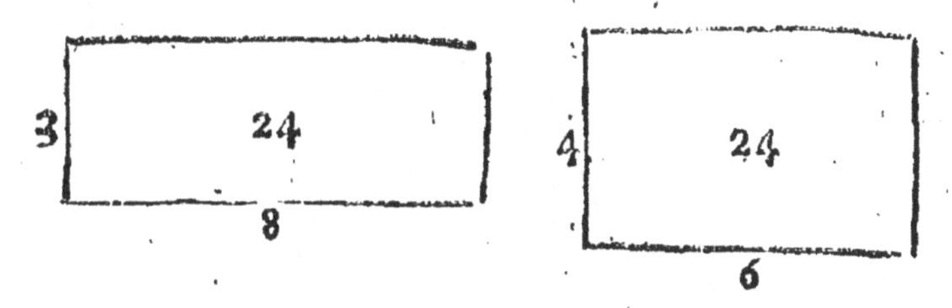

tudo unius, ad senarium, basin alterius, æqualiter magnam, cum sua altitudine & basi alterius (utrobique enim reciprocè sumptis terminis ratio est dupla) proportionem eandem concludent. Eadem siquidem est ratio 3. ad 6. quæ est 4. ad 8. Termini proinde primo reciproce considerati, ac proportionales deprehensi, directe postea sumti, ac inter se multiplicati, æqualitatem rationum vel factorum efficient.

Similes figuras quomodo definis?

Figuræ similes sunt, quæ æquales angulos, sub homologis terminis comprehensos, habent. Sive: sunt figuræ æquiangulæ homologoterminæ. E. 1. d. 6. R. 14. e. 4. *Ut sunt quælibet Triangula isopleura, circuli item cujuscunque magnitudinis, &c.*

Quæ his inest Proportio?

1. *Similium figurarum termini homologi, æqualibus angulis subtensi inter se sunt proportionales.* Ut hic:

In-

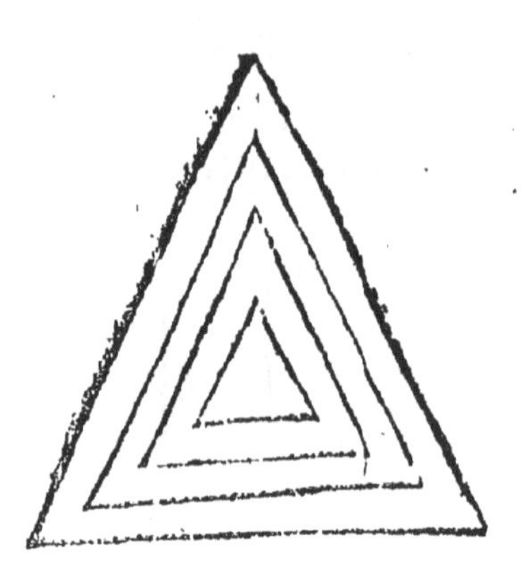

Ingens est fœcunditas hujus elementi, & fulcrum totius Geodæsiæ. Sunto enim, verbi gratia, Triangula *a e i* & *o i u*; æquiangula & similia cum toto triangulo *y e u*; ita quidem, ut anguli *y*, *a*, *o*, æquales sint similiterque siti; ut & anguli ad *e* & *i*; itemque anguli communes ad *u* positi cum angulo *i*, æquales, per 10. p. 3. cap. sunt enim *y u* & *a i* parallelæ, sicut *y e* & *o i*: dicimus hic, terminos homologos sive crura homologa æqualium angulorum inter se esse proportionalia; ita ut, quæ est ratio inter *y e* & *e u*; eadem sit inter *a e* & *e i*: sic eandem esse rationem inter *y e* & *e u*, quæ inter *o i* & *i u*. Sic quemadmodum se habet *u i* ad *i o*, sic *u e* ad *e y*: ut suo loco demonstratur.

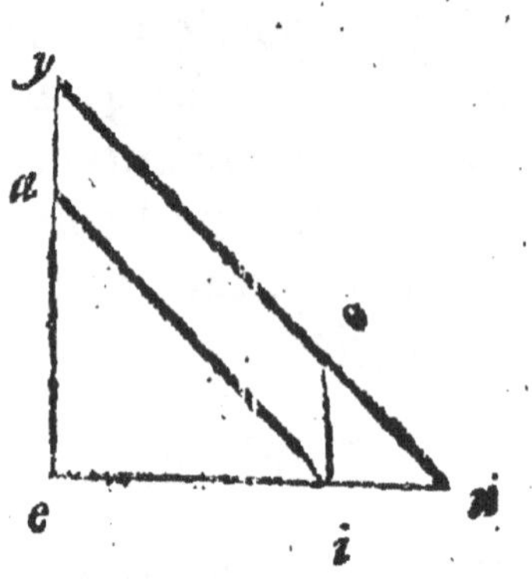

2. *Figuræ similes habent rationem homologorum laterum æquè multiplicatam dimensionibus; & medium*

dium proportionale, unâ dimensione minus. E.2.p.6. item. 11. & 18. p.8. R.15. e.4.

Hujus elementi duæ sunt partes: altera de ratione homologorum laterum, altera de medio proportionali.

Figuræ planæ duarum sunt dimensionum, solidæ trium. Itaque habebunt illæ duplicatam rationem homologorum laterum; hæc triplicatam. E. 18, 19. p. 8.

Ut hic, Figuræ planæ 8. & 18. partium à lateribus suis 2. & 4. 3. & 6. factæ. Harum figurarum areæ factæ eandẽ rationẽ invicem habent, quam facti ab homologis terminis. Ut $\frac{18}{8}$ ($2\frac{2}{8}$ subdupla est & sesquiquarta: quam eandem rationem custodiunt inter se facti homologorum terminorum; ut

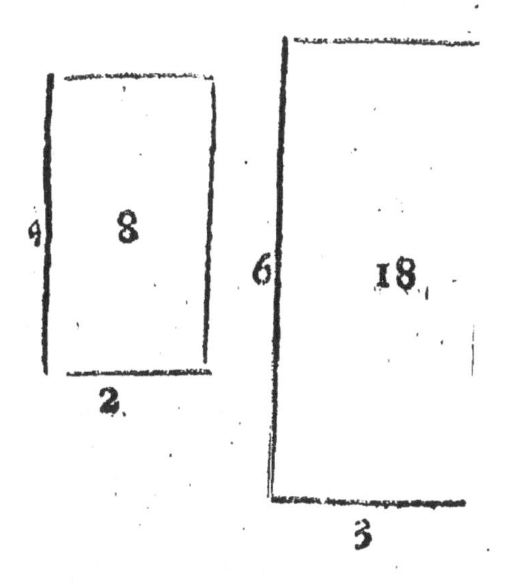

2 3 | $\frac{4}{9}$ ($2\frac{1}{4}$ item: 4. 6 | $\frac{36}{16}$ ($2\frac{1}{4}$
2 3 | 4 6
4 9 | 16 36

Solido-

Solidorum; ut hîc 60. & 480. ratio triplicatur, à triplici dimenſione homologorum laterum: ut,

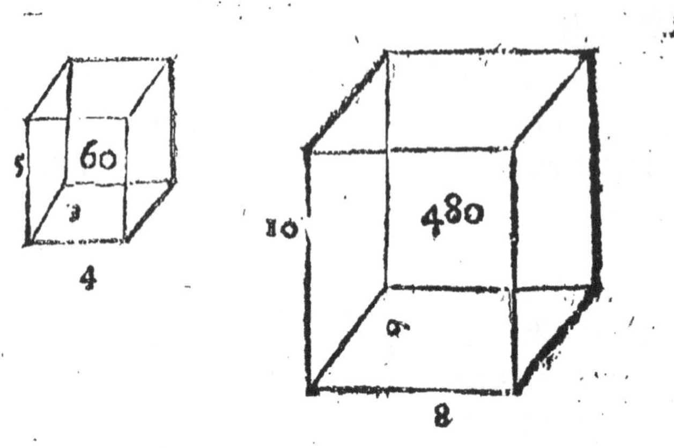

4. 4. 4—64. | 512(8.
8. 8. 8—512 | 64

Sic & è reliquorum homologorum laterum ſolida multiplicatione, factorumque diviſione per factorum alterum, quotiens ſemper octuplam rationem proferet: ut,

3.3.3.–27. / 6.6.6.–216. | 216/27 (8. Item: 5.5.5.–125. / 10.10.10.–1000. | 1000/125 (8.

Sequitur de Medio proportionali. Inter duas figuras planas ſimiles (ubi duplicata eſt ratio ſeu dimenſio terminorum) una eſt media proportionalis: inter duas ſolidas, duæ. Ut in dictis planis, inter 8. & 18. intereſt unus numerus proportionalis, qui efficitur à mediis vel extremis ſimilium figurarum lateribus: verbi gratia, 12. è 2. & 6. vel è 3. & 4. medius inter 8. & 18. Termini ſic ſunt. 2.4.3.6.

In ſolidis autem, quia triplicata eſt ratio, duplex intereſt proportionalis. Sic 30. & 240. ſunt in, octupla

octupla ratione : itemque latera eorum, 3. & 6. triplicata: $\frac{3}{6}:\frac{3}{6}:\frac{3}{6} = \frac{27}{216}$ | $\frac{216}{27}$(8.

Media autem proportione æquationis ordina[illegible] fiunt. Duorum namque illorum solidorum, 30. & 240. latera, secundum æquationem ordinatam, proportionalia sunt hæc : $\frac{5}{10}:\frac{2}{4}:\frac{3}{6}$: solidus nunc, factus è lateribus, secundo, tertio, quarto, scilicet e, 3. 10. erit primus medius : factus autem è tertio quarto et quinto, sive è 3. 10. 4. erit secundus.

Aurum purissimum & pretiosissimum harum re gularum emicat in Comparatione figurarum simi lium. Similitudo siquidem hæc non modo est fi gurarum primarum et à primis multiplicium ; [illegible] omnes respicit, quibus inest æqualitas angulorum et proportio crurum. E.21. d. 7. et 1. d.6. et 10 d.3. et 7. 8. 20. d. 11. R. 15. e. 4.

CAPUT V.

De communibus Figurarum affectionibus dixisti hactenus : quæ nunc cuilibet figuræ speciatim conveniant ; monstrari mihi cupio.

INter figuras rectilineas primatum sibi vendica Triangula : quorum in metiendo præcipuè obs vamus, tum latera, quibus constant ; tum Anguli qui illis insunt : illorum tam Rationes quam Prop tiones ; & in unoquoque Triangulo separatim, & i pluribus conjunctim & comparate, explicando.

PRO-

PROPOSITIO I.

De Ratione Laterum dati alicujus Trianguli.

In omni Triangulo duo quælibet latera simul sumtsunt majora tertio. Æ.2. p.1. R.7. e.6.

Esto triangulum *a e i*. Dio, lateribus *a e* et *e i*, verigratia, simul sumtis breius esse latus *a i*: quia, er consect. Archim. defiit. rectæ lineæ, *a i* linea ntra eosdem terminos *a* et erit brevissima: & per onf. *a e* et *e i* simul sumta runt majora.

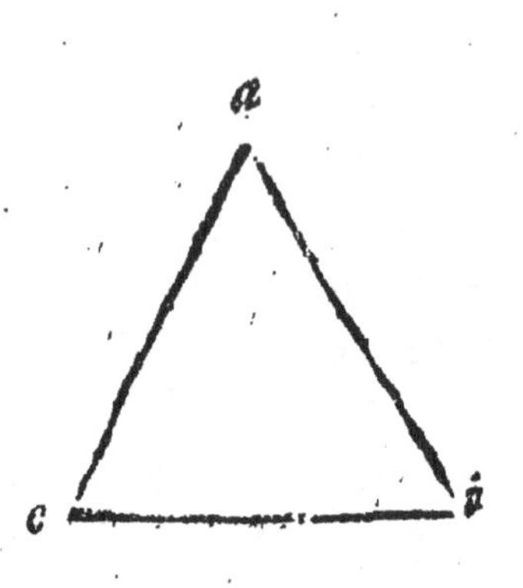

PROPOSITIO II.

De fabrica Triangulorum quorumlibet.

Si tres sunt rectæ, quarum duæ quælibet sint maores reliqua peripheriæque à terminis unius, interallis reliquarum, concurrant; radii à concursu ad ictos terminos constituent triangulum, laterum datis ctis æqualium.

Vel sic:

Si tres sint rectæ, quarum duæ quælibet majores requa, & earum termini in recta quadam infinita ontinue notentur, & secundum extremorum spatiom intervalla, à terminis mediæ, peripheriæ descrintur; radii à concursu peripheriarum, ad dictos ntermediæ terminos, constituent triangulum laterum atis rectis æqualium. E.22.p.1.R.1.conf.7.e.6.

Ut, optetur Triangulum è tribus rectis, *a e i*: & recta infinita sit *o i*, inqua tres notentur continuè æquales datis, *o*, *u*, *u y*, & *y s*. si nunc è terminis *u* & *y* intermediæ, intervallis verò *o u* et *y s* extremarum, peripherias in puncto *r* concurrentes descripseris: radii ab eorum concursu ad terminos *u* et *y* constituent Triangulum *u r y*, æqualium laterum datis rectis. Erunt enim æquales radii *u o* et *u r*, itemque *y r* et *y s*: intermedia per se remanet. Conclusio absolvitur Ax. congr. 1.

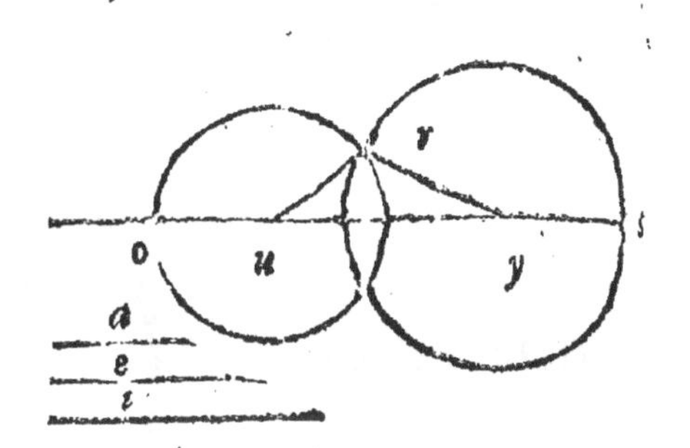

PROPOSITIO III.

De fabrica Trianguli æquilateri.

Si duæ peripheriæ æquales, à terminis datæ rectæ ejusque intervallo, concurrant: rectæ à concursu ad dictos terminos constituent triangulum æquilaterum super datam. E.1.p.1. R. 2.conf.7. e.6.

Ut hic, super *a e* triangulum constituitur æquilaterum *a e i*: & demonst. ut præcedens, ab æqualitate radiorum æqualium peripheriis æqualibus.

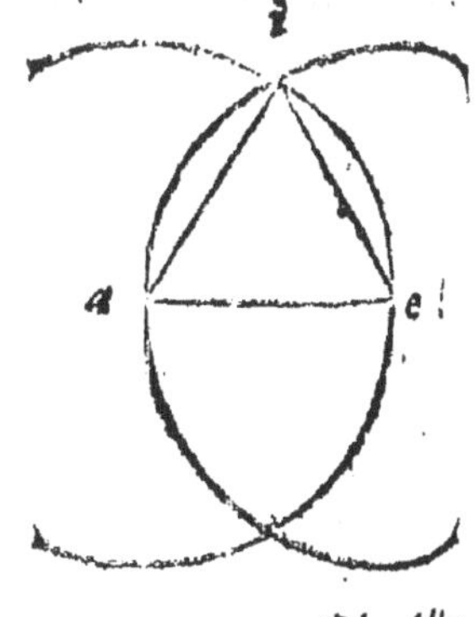

Similiter

Similiter institui potest fabrica Isoscelis, è communi radio, non æquante datam rectam: Scaleni item, è tribus inæqualibus radiis.

Ut hic patet:

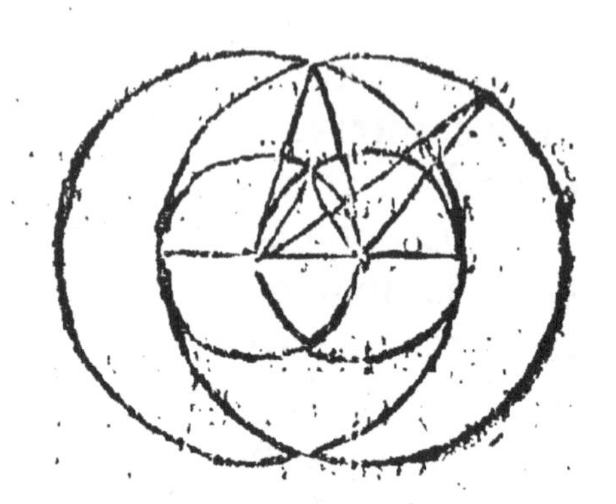

PROPOSITIO IV.

De fabrica Trianguli rectanguli.

Si duæ perpendiculares rectâ quadam connectantur, constituent triangulum rectangulum. R. 1. conf. 2. c. 8.

Demonstratio est ex definitione Trianguli rectanguli.

Ut hic:

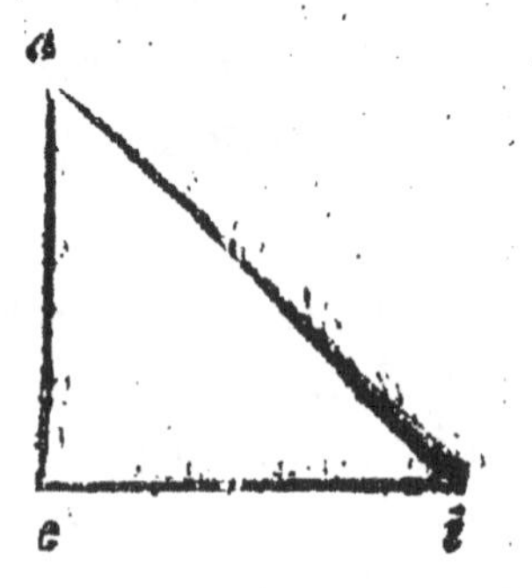

PROPOSITIO V.

De Proportione segmentorum Laterum dati trianguli.

Si recta in triangulo est parallela basi, secat crura proportionaliter. Et contra. E.2. p.6. & 17. p.11. fundamentum est 4,5,6,7,8,9,10,11. et 12.p.6. R.13. e.5. et 8. e.6.

Ut, in Triangulo *a o u*, basi *o u* sit parallela *e i*. Dico, crura *a o* et *a u* secta esse per *e i* lineam proportionaliter, ita ut *o e* sit ad *e a*, sicut *u i* ad *i a*; et alternè, ut *o e* ad *u i*, sic *e a* ad *i a*.

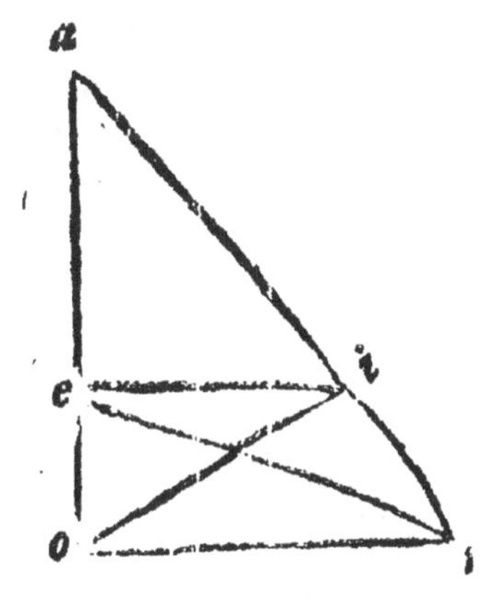

Demonst. procedit à communi proprietate figurarum primarum æquè altarum, quam habent à basium inter se rationibus, ex cap.4. Ab *i* etenim in *o*, et ab *e* in *u* ducantur rectæ: fientque triangula *e o i* et *e i a* æqualis altitudinis: erunt proin inter se ut bases *oe* et *e a*. Similiter cum *u e i* et *i e a* sint quoque duo triangula æquè alta inter se et cum prioribus duobus; erunt et illa inter se ut bases. Atqui eandem inter se rationem habentia esse proportionalia, demonstrant elementa Arith. è 7. p. 5. Ergo ut trianguli *e o i* basis sive segmentum *o e*, ad basin seu segmentum *e a*; sic *u i* ad *i a* segmentum reliquum.

Ter-

Termini igitur alterni erunt quoque proportiona-
es, è communi affectione quatuor terminorum
roportionalium: nempe, ut *o e* ad *u i*, sic *e a*
d *i a*.

*Si triangula pluribus rectis parallelis intersecan-
tur; intersegmenta erunt proportionalia.* E. 3. p. 6.
17. p. 11. R. 13. e. 5.

Consect. est præcedentis. Ut hic:

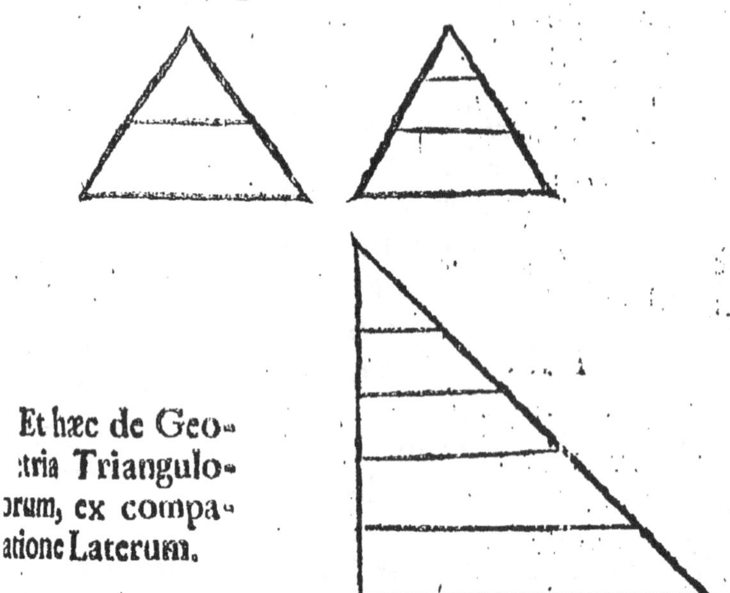

Et hæc de Geo-
tria Triangulo-
rum, ex compa-
atione Laterum.

Quasnam verò Triangulis angulorum ratione proprias affectiones inesse statuis?

PROPOSITIO VII.

*In omni triangulo tres anguli simul sumpti sunt
duobus rectis æquales.* E. 2. p. 1. R. 9. c. 6.

Est primum inventum Pythagoreum, ut in triangulo *a e i*, cujus basi *e i* sit parallela *u o*, angulus *u a e*, coalterno *a e i*, per 10. p. 3. cap. est æqualis: similiter etiam *o a i*, coalterno *a i e*, per eandem est æqualis: & relinquitur *e a i* communis. Jam vero *u o* rectæ insistit *e a*: angulus igitur *u a e*, et *o a e* totus, æquales sunt duobus rectis, per. 8. p. 3. cap. sunt porrò angulus *e a i* & *i a o* partes anguli *e a o* totius: ac proinde tres anguli hi, *u a e*, *e a i*, et *o a i*, duobus rectis æquantur. Itaque tres interiores simul sumti duobus quoque rectis æquabuntur: quod erat demonstrandum.

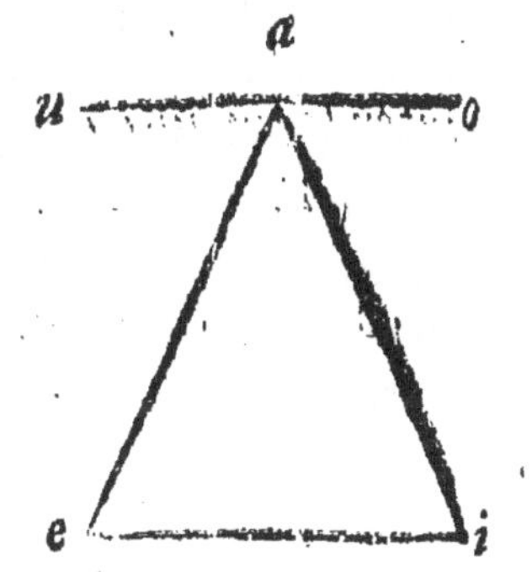

PROPOSITIO VIII.

In omni triangulo, duo quilibet anguli simul sumpti sunt duobus rectis minores. E. 17. p. 1. R. 1. conf. 9. e. 6.

Est consect. præcedentis. Nam si tres duntaxat sunt duobus rectis æquales, duo proin sunt minores.

PROPOSITIO IX.

Si triangulum rectangulum est isosceles, uterque angulus ad hypothenusam est dimidius recti. Et contra. R. 3. e. 8.

Ut

Ut in triangulo *a e i*, an- lus ad *e* rectus est: reli- i duo ad *a* et *i* æquales, r definit. trianguli isosce- unum rectum per præ- l. prop. 7. constituentes. erque igitur dimidius sit i necesse est.

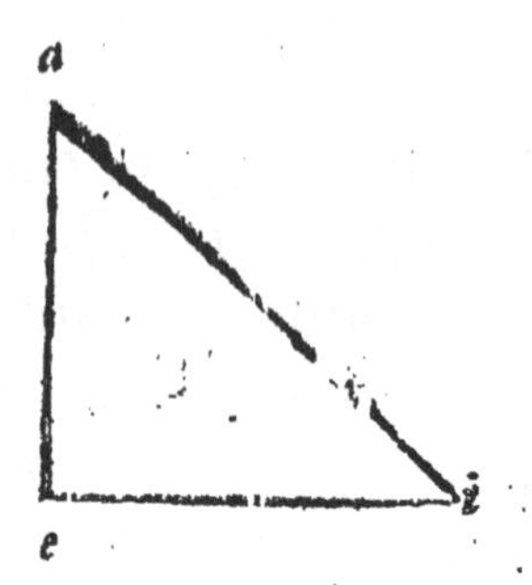

PROPOSITIO X.

Si trianguli angulus quidam æquatur duobus reli- is, est rectus. Et contra. E. 31. p. 3. R. 1. nf.3. e.8.

Consect. ex præced. Talis namque angulus æqua- r dimidio duorum sectorum.

PROPOSITIO XI.

Continuato quodam latere trianguli, exterior an- lus duobus interioribus sibi oppositis est æqualis. 32.p.1.R.2.consf.9.e.6.

Ut in triangulo *a e i*, con- ato latere *e i* in *o* usq; duo guli deinceps positi, *a i o*, & e, per. 8. p.3. cap. æquan- r duobus rectis; quibus iti- m æquantur omnes tres in- iores simul, per. præced.7. blato itaque communi an- lo *a i e*, exterior *a i o* re- iquetur æqualis duobus reliquis interioribus & positis ad *a* et *e*.

PROPOSITIO XII.

Cujuscunque trianguli uno latere producto, externus angulus utrolibet interiore & opposito major est. E.16.p.1.R.3.conf.9.c.6.

PROPOSITIO XIII.

Triangulorum isoscelinum anguli ad basin sunt inter se aequales. Et contra. E.5.6.p.1. R. 10.c.6.

Hæc propter anxietatem demonstrandi, juxta Campanum, Fuga miserorum in scholis appellata fuit: cum tamen veritas illius satis è 9. præcedente patêre possit.

Demonstratur item facile ex 2. p. 3. cap. si angulus angulo æquicrurus æquatur basi, est æqualis. Crura siquidem *a e* & *e i* sunt æqualia cruribus *a i* & *e i*; quibus æquales bases ex thesi subtenduntur *a i* et *a e*. Angulus itaque *a e i* æqualis angulo *a i e*.

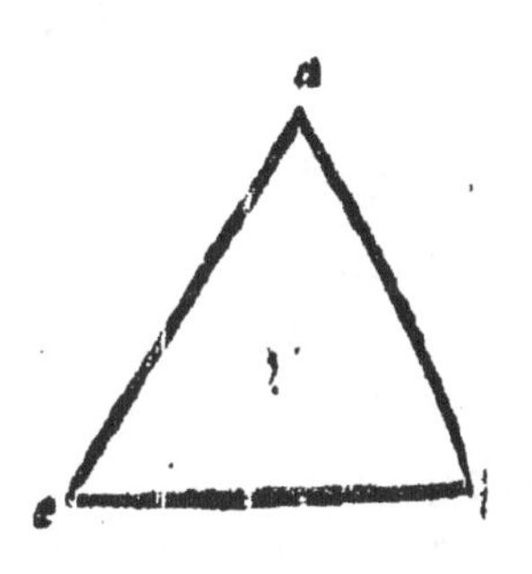

PROPOSITIO XIV.

Si trianguli isoscelis crura continuentur, anguli quoque infra basin sunt aequales. E.5. p.1. R.1. con. 10. c. 6.

Ut hic, Anguli namque
ei et *i e o* æquantur du-
bus rectis; itemque *a i e*
t *e i u* duobus rectis æ-
quatur, per 8.p.3.cap. igitur
& inter se æquantur. De-
tractis nunc interioribus æ-
qualibus per præced. ad ba-
in exteriores infra basin æ-
quales relinquuntur.

PROPOSITIO XV.

Si triangulum est æquilaterum, est quoque æquiangulum. Et contra. R.2. consf.10. c.6.

Triangulum namque *a e i*, quoquo modo consideratum, semper ad basin erit æquiangulum, per 13. p. præced. Et quia quodlibet latus basis esse potest, erit proin æquiangulum.

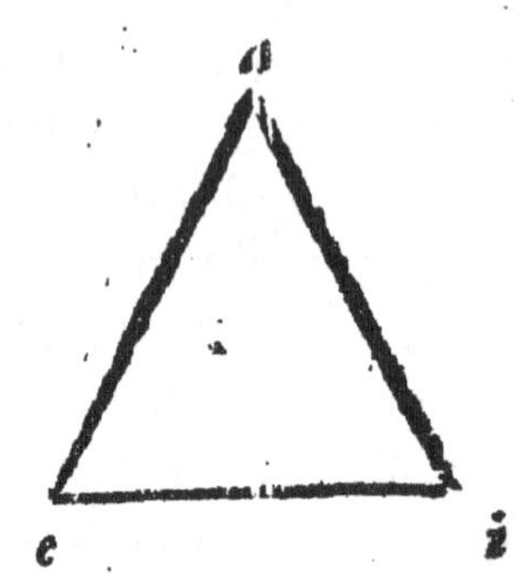

PROPOSITIO XVI.

In quocunque triangulo, majori angulo majus quoque latus subtenditur: & majori lateri vicissim major angulus opponitur. E.18,19.p. 1.R.11.c.6.

Ut hic, *a i* majus esto latus quam *a e*, major quoque erit angulus ad *e*, quam ad *i*. Secetur namque ex *a i* æqualis ipsi *a e*, sitque *i o*, tum angulus *a e i*, æquicrurus angulo *o i e*, major erit basi per thesin, ideoque major, per 4. prop. 3. cap. Sic quoque conversa patet: ut *a e i* angulus sit major angulo *a i e*: itaq; per eandem 4.p.3.c. major est basi.

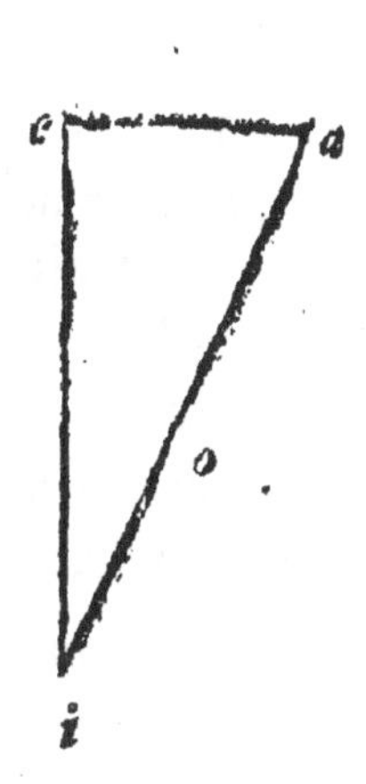

PROPOSITIO XVII.

Si recta in triangulo bisecat angulum, eademque secat basin: tunc segmenta basis eandem rationem obtinebunt, quam reliqua trianguli latera. Et contra. E.3.p.6.R.12.c.6.

Ut, esto triangulum *a e i*, & bisectus sit angulus *e a i* per rectam *a o*. Dico, ut *e a* est ad *a i*, sic *e o* esse ad *o i*. Erigatur enim parallela *i u*, per 11.p.3.c. ipsi *o a*, & producatur *e a* in *u*. Hic per 5.p.3.c. ut est *e a* ad *a u*, sic *e o* ad *o i*, sed *a u* æquatur ipsi *a i*, per convers. 13. præced.

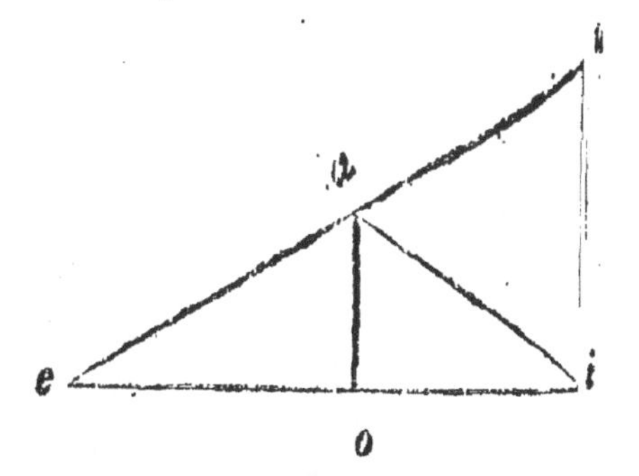

angulus namque *u i a* æquatur angulo coalterno *o a i*, per. 10. p. 3. c, & per thesin angulo æquali

o a,

e, qui per eandem 10. p. 3. c. æquatur interior ...gulo sibi opposito *a u i*, & per conclusum æqua- ... *i a*. Itaque per 13. p. præced. *a u* & *a i* æquan- ... Ergo ut *e a* ad *a i*, sic *e o* ad *o i*.

Conversa similiter demonstratur. Nam ut *e a* ad ... sic *e o* ad *o i*; & sic *e a* ad *a u*, per 5. p. 5. c. ...que *a i* & *a u* æquantur: itemque anguli *e a o* ... *a i* æquantur angulis ad *u* & *i*, per 10. p. 3. c. æ- ...libus inter se, per 13. præced.

Atque ista de uniuscujusque per se trianguli ratione, in lateribus & angulis ipsius.

Quod si autem duo plurave triangula inter se comparentur; quam in illis rationem sive proportionem observari putas?

PROPOSITIO XVIII.

Triangula æquilatera sunt æquiangula, & inter ...qualia. E. 4. 8. 26. p. 1. R. 1. 2. e. 7.

Et ratione æqualitatis laterum, æqualitas angulo- ...m inducitur. Ut hic: latera *a e* et *e i*, æqualia ... lateri... *o u* et *u y*; ...ra item *a* ... *i e*, late- ...is *o y* et *y* ...ualia. Cũ ...ur basis *a* ...etur ba- ..., angulus ...que *e* æ- ...bitur angulo *u*. Et sic consequenter de reliquis ...cludere licet.

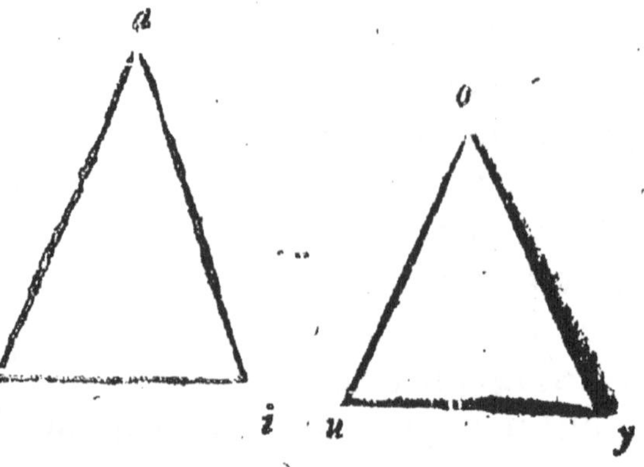

Demonst.

Demonstr. est è principio Congr. e. 2. p. 3. c. per inductionem angulorum singulorum; per æqualitatem laterum, ut supra 15. p.

PROPOSITIO XIX.

Si duorum triangulorum unum duo latera duobus lateribus alterius æqualia habuerit, angulusque unius angulo alterius sub æqualibus illis lateribus contentus, æquetur; tum basis basi, & reliqui anguli reliquis angulis æquantur. Et contrà.

Si duorum triangulorum duo anguli unius æquentur duobus angulis alterius; tum reliquus reliquo æquabitur.

Consect. est præcedentis: ut ex eadem patet figura.

PROPOSITIO XX.

Si triangulum triangulo æquicrurum est majus basi, est quoque majus angulo. Et contrà. E. 24, 25, p. 1. R. 4. e. 7.

Ut hic, *e a* et *a i*, æquantur *u o* et *o y*: *e i* verò major ex thesi quam *u y*. Ergo angulus *a* major erit angulo *o*.

Demonst. ex 4. p. 3. cap.

PRO-

PROPOSITIO XXI.

Si triangulum triangulo in eadem basi est minus [i]*nterioribus cruribus; est majus angulo crurum exterioris.* E.21.p.1.R.5.c.7.

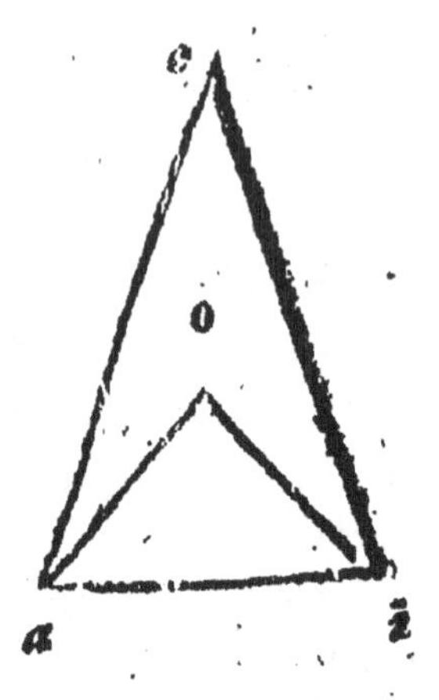

Demonst. ex. p. cap. 3. Ut hic vides:

PROPOSITIO XXII.

Triangula æquè alta sunt ut bases illorum. E. 1. .6. R.6. c.7.

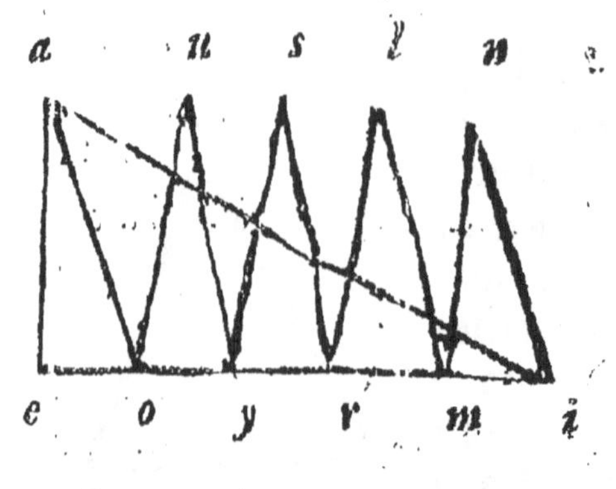

Ut hic vides [t]riangulum *a e i* [æ]quari triangulis *e o, u o y, s y r, r m, n m i.* Quēdmodum enim [b]asis *e i*, triangu[li] *a e i*, quintu[p]lo major est ba[si] *e o*, trianguli *e a o*: sic etiam triangulum *e a i* [q]uintuplo majus erit triangulo *e a o*. Item, ut basis trianguli

trianguli *o a i* est quadruplo major basi trianguli *e a o*: sic & triangulum *o a i* quadruplo majus e
Demonstr. pendet à communi proprietate figurarum primarum æque altarum.

PROPOSITIO XXIII.

Trianguli in basi æquali sunt æqualia. R.1 conf.6. c.7.

Consect. est præcedentis: ut in eadem figur patet.

PROPOSITIO XXIV.

Si triangula sunt æqualia, sunt quoque reciproc sive reciproce proportionalia, cruribus æqualis an guli. Et contra. E.15.p.6.R.8.c.7.

Ut hic vides *e o i* & *o e u* triangula æque alta æquâ basi. Quod si auferas *e a o* commune triangulum, relinquentur *e a i* & *o a u*, reliqua duo inter se quoque æqualia: in quibus anguli ad *a* verticales, per 9. p.3.c. æq les sunt. Ergo ut *i a* ad *a o*, sic *u a* ad *a e* erit.

PROPOSITIO XXV.

Si recta à vertice trianguli bisecat basin, bisec quoq; triangulum; & diameter est trianguli. R. c.6. c.7.

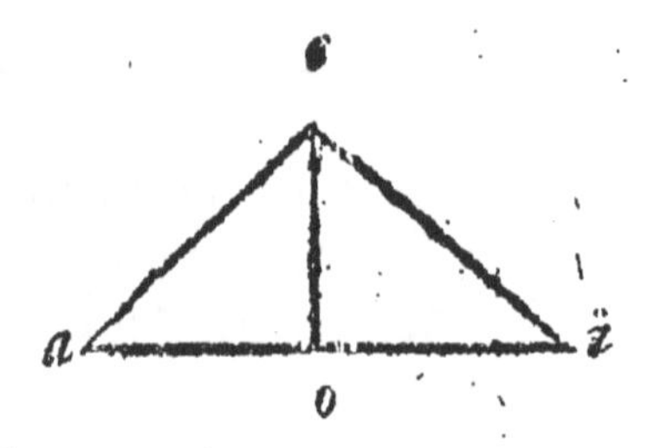

Ut hic vides. Bisegmenta enim sunt triangula que alta, nempe communis verticis intra easdem quasi parallelas, & in basius æqualibus. Ergo æqualia inter se. Recta pro n a o est diameter, quia per centrum agitur.

PROPOSITIO XXVI.

Si triangula sunt æquiangula seu similia; sunt cruribus homologis proportionalia. Et contrà. E.4, 5,6, & 7. pp.6. R.9,10,12. c.7.

Et ratione angulorum nunc proportio crurum colligitur & è contra. Ut, sunto triangula *a e i* *y e u*, & *o i u*, æquiangula similia; ita ut *a i* sit parallela *y u*, & *o i* parallela *y e*; per 11.p.3.cap. Angulus igitur *e a i* exterior quasi interiori *e y u* sibi opposito æqualis est: & si æqualis, ergo *a i* & *y u* sunt parallelæ, per 10.p.3.cap. Et quoniam *a i* est parallela basi *y u*; per 5. p.5.cap. segmenta crurum sunt inter se proportionalia, ita ut *u i* ad *i e*, sic *y a* ad *a e*: item, ut *a e* ad *e i*, sic *y e* ad *e u*. Eadem enim semper est ratio totius homologi ad totum, quæ partis ad partem, per 15. p.5. Eucl.

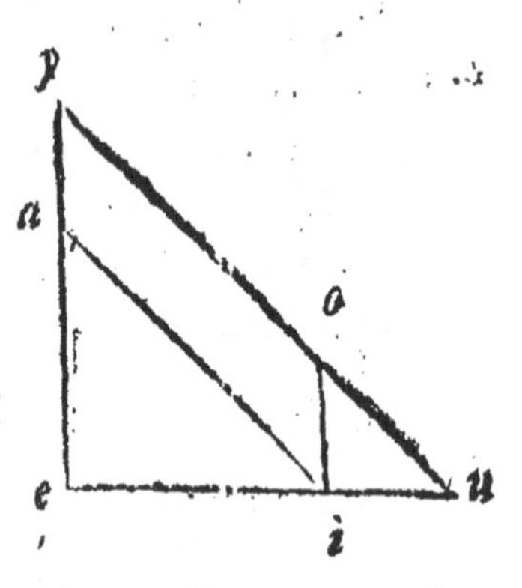

Item, sunto triangula *y e u* & *o i u* similia, & angulus

gulus *y e u* ex thesi æqualis *o i u*: ergo *o i* quoque parallela est basi *y e*, per convers. 10. p.3.c. Itaque per 5.p.5.c. crura binorum triangulorum homologa inter se sunt proportionalia: ita ut *y e* ad *e u*, sic *o i* ad *i u*: &, ut *u i* ad *u o*, sic *u e* ad *u y*; ut item *u i* ad *io*, sic *u e* ad *e y*: &c. ut *u i* ad *u e*, sic *io* ad *e y*. Termini siquidem quatuor proportionales, & directe, & inverse, & alterne sumpti proportionales manent.

Magisterium Geodæsiæ peperit Theorema hoc in Triangulo rectangulo: per instrumenta namque geodætica, triangulum rectangulum repræsentantia, è triangulorum similitudine, quæ in res mensuranda diriguntur, crura redduntur proportionalia.

In Radio geometrico res omni difficultate caret,

Ut, si data sit longitudo *o u* mensuranda, adhibito Radio; ut est *y e*, ad *e i*, sic *y o* ad *o u*: vel, ut est *a e* ad *e i*, sic *a o* ad *o u*.

Vide Fig. 1.

Sit item altitudo mensuranda *a u*: hic ut *a e* ad *e i*, sic *a o* ad *o u*: vel alternè; ut *a e* ad *a o*, sic *e i* ad *o u*, &c.

Vide Fig. 2.

PROPOSITIO XXVII.

Si in triangulo rectangulo, è recto angulo in hypothenusam perpendicularis ducatur, facit triangula similia toti & inter se. E.8.p.6.R.4.e,8.

Ut

Ut in triangulo rectangulo *a e i*, perpendicula- *a o* facit duo triangula *a o e* & *a o i*; similia toti nter se; quia toti secundũ mologos an- os æquiangu- & proin cru- as quoq; ho- logis propor- nalia sunt, per ced. 26.

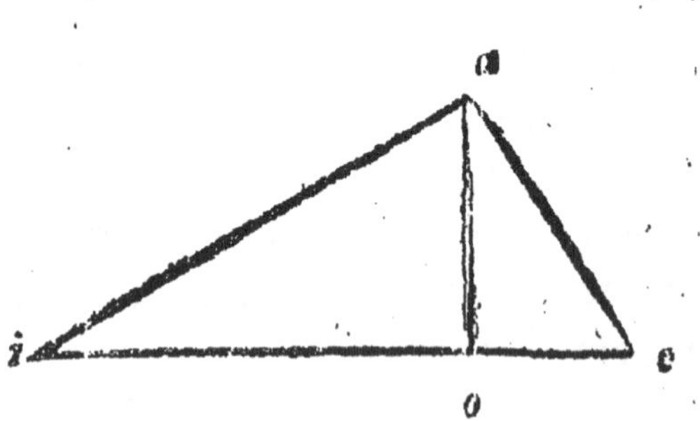

Ita triangulum *a o i* simile erit *e a i*, emque *a o e* simile *e a i*, toti sc. triangulo. Cum n recti anguli, à perpendiculari *a o* facti, utrin- in *a o e* & *a o i* sint æquales recto *e a i* ex thesi i; & uterque in *i* et *e* communis cum toto, n si triangulum *a e o* sumas, tunc *e* angulus com- is est cum triangulo *a e i*: (sin triangulum *a i o* lligas, *i* angulus communis est cum *a i e*) reli- s igitur *i a o*, reliquo *e a o*, per convers. 19. c. æquabitur. Et per cons. si æquiangula sunt, it quoque similia; per defin. figurarum simili- : & per præced. 26. termini triangulorum si- um homologi proportionales inter se sunt.

t quemadmodum præcedens Theorema usum Ra- geometrici introduxit: ita hoc Quadrantis u- invenit.

Ut hic habes triangula *a e i*, *o y i*, *o u i*, & *o u s*, similia totis & inter se, per hanc & præced. ac pro. in proportionalia cruribus homologis. Si ergo ponatur altitudo *e a* mensuranda; ut erit *i u* (vel, quod idem est, *i s*) ad *u o* (vel *s o*) sic *i e* ad *e a* quæsitam altitudinē. Sicut enim 70. gradus peripheriæ *i s* (totus namque quadrans circuli 90. continet gradus: & semidiameter ejus *o i*, vel *o s*, 60. gr.) se habent ad 60: ita se habebit *i e* longitudo ad *e a* altitudinem. Si itaque 70. gr. dant 6. pedes 60. gr. dabunt $5\frac{1}{7}$. ped. quæsitam videl. altitudinem,

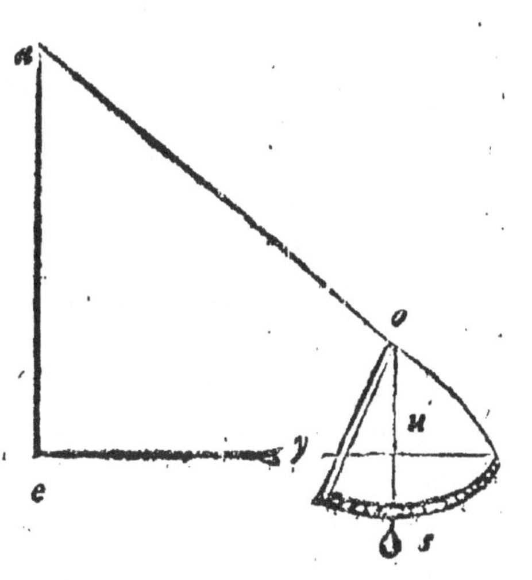

PROPOSITIO XXVIII.

Perpendicularis in triangulo rectangulo ab angulo recto in basin, est proportionalis, sive proportionale medium, inter segmenta basis: Et crus utrumlibet est proportionale medium, inter basin & basis segmentum conterminum ipsi cruri: Et segmenta basis erunt proportionalia cruribus. E.11,12, et 13. p.6. R.1,2.cons.4.e.8.

1. Ut *i o* ad *a o*, sic *o a* ad *o e*: Crura namque *a o* et *o i* angulum æqualem comprehendunt angulo

llo crurum *o a* *o e*, per 7. p. 3. Ergo per præd. 26. æqualin angulorũ cru. in triangulis similibus sunt proportionalia. Hinc atonis mesographus inventus, tertii videl. lateris ntinuè proportionalis.

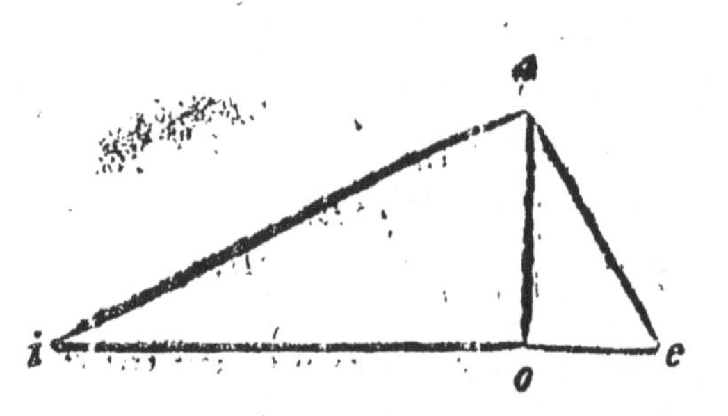

2. Ut etiam *e i* basis majoris trianguli, ad *i a* us alterum trianguli majoris (quod est basis mioris) sic *a i* ad *i o*, basis segmentum conterminum pri *i a*. Et ut *i a* ad *e a*, sic *a e* ad *e o*, homologa im sunt latera triangulorum similium, æquos anlos subtendentium, per primam communem affionem figurarum similium.

3. In proportione quoque disjuncta, ut *i o* ad ; sic *o e* ad *e a*, per præcedentem 17. p. Et sic artam proportionalem è tribus reliquis profilitem deprehendere licebit.

lactenus Triangulorum rationes & proportiones, in eorundem lateribus & angulis, tam per se, quam inter se, quam inter se consideratis, percepi: nunc quomodo eorundem areas sive spatia investigare liceat, intelligere velim?

Recte hoc mones, ad Triangulorum geometriam. ficiendam. Ut enim ex Triangulis reliquæ figuaut triangulatæ, constent; ex illorum quoque geometria hæ mensuras suas capiunt. *Ramus porro,* lib. 12. el. 3, 5, 8, 9, 10. *item* lib. 14. el. 8, 9, 10, 12. *Trianguli, & inde omnis triangulati, multanguli ordinati, geodæsiam duobus modis absolvi tradit: quorum unus est generalis, alter specialis.*

Priorem illum modum explica.

Generalis cujuscunque trianguli geodæsiæ modus est apud Heronem, perficiturque laterum additione, dimidiatione, subductione, multiplicatione, & quadrati lateris sive radicis inventione: juxta sequens Theorema.

Si dati trianguli latera sigillatim inventa colligantur; & ab hujus collecti dimidio latera singula subducantur: latus continuè facti è dato dimidio & reliquis, erit area trianguli.

Latera hujus trianguli collecta sunt 24. part. harum dimidium sunt 12. à quo duodenario subductis sigillatim lateribus, 6. 8. 10. remanent, 6. 4. 2. fiant jam continuè, primum è 12. & 6. 72. secundò è 72. et 4. 288. tertiò, è 288. et 2. 576. Hujus continuè facti. 576. extractum latus seu radix constituit aream seu capacitatem totius trianguli, 24.

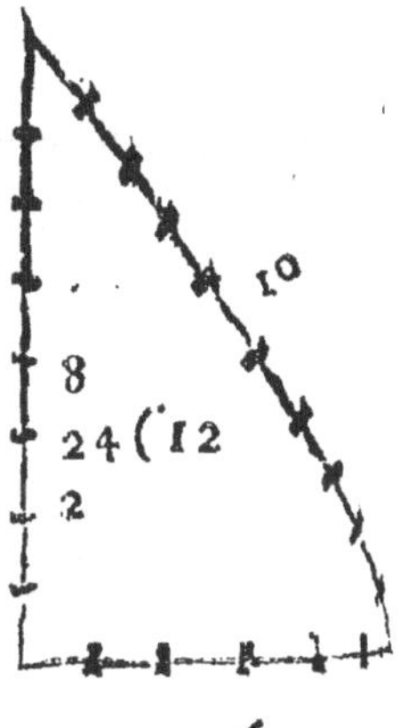

Demonstrationis ratio est in fine Scholarũ Mathem. Rami.

Et Geodesia hæc generalis facillima est expeditissimaque si latera numero integro numerentur.

Atque

Atque ita etiam mensurantur. Triangulata, ut
iombi, Rhomboides, Trapezia, Multangula, &c.
rius in sua Triangula fuerint resoluta.

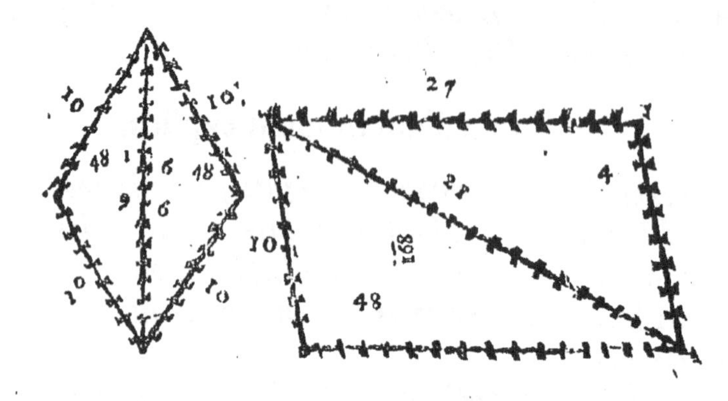

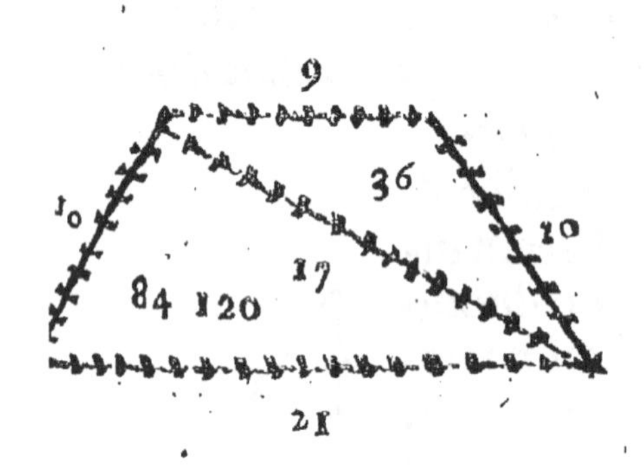

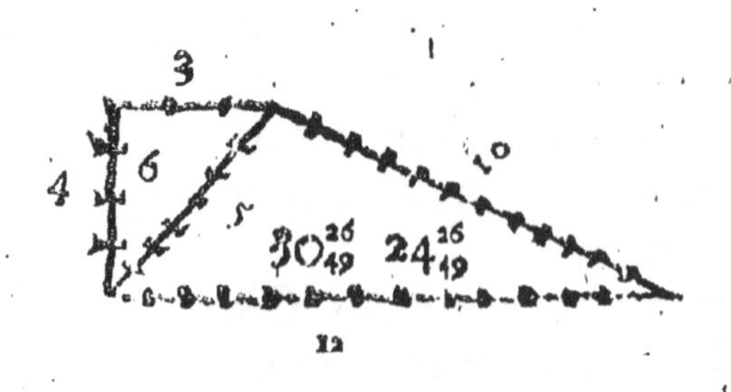

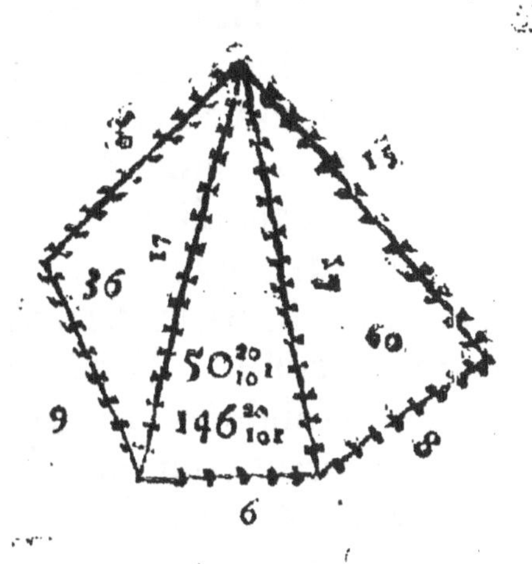

Breviter etiam posteriorem modum declara?

Alter hic modus geodesiæ trianguli, est specialis, trianguli rectanguli natura: ex E.34.& 41.p.1.& 1.d.2. *trianguli item obliquanguli*; ex E. 12. & 13. p.2. & R.5.e.13.ejusque consect. & 8.e.13. *si ex eo fiant triangula rectangula, ut par est: tali Theoremate.*

Si duo trianguli latera contermina, angulum rectum comprehendentia, separatim sive conjunctim, in latus angulos utrinque rectos faciens ducantur; & facti sumatur dimidium: illud constituet aream trianguli rectanguli.

Ut, triangulum esto *a e i* obliquangulum, quod in duo triangula rectangula, perpendiculati *a o*, 12. partium, reduca-

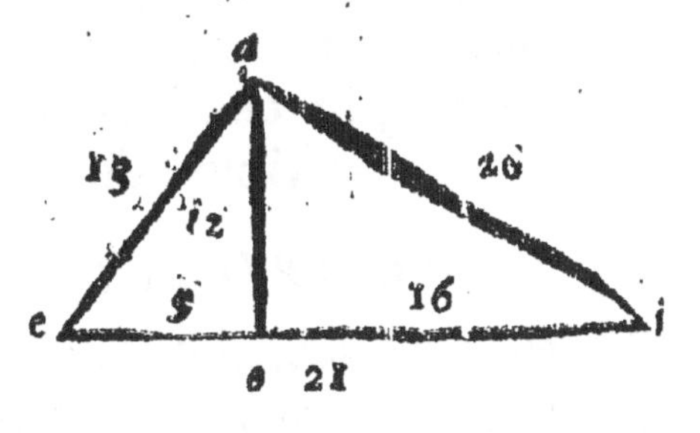

tur,

. Hujus conterminale latus unum sit 16. alte- n 5. part. Latera hæc duo in 12. ducta, faciunt ,. & 60. quæ conjunctim constituunt 252. hu- dimidium 126. erit area amborum triangulo- n; totius verò obliquanguli *a e i.*

Quod si latera totius trianguli, 13. 20. 21. colli- itur, & operatio instituatur secundum prius eorema, res eodem redibit. Dimidius namque lecti erit 27. à quo subducta, 13. 20. 21. reli- i erunt, 14. 7. 6. Ductus continuus facit 15876. jus latus extractum 126. area est trianguli.

Nota.

Si trianguli rectanguli basis cum altitudine ratio- li seu symmetrâ multiplicetur, factique sumatur di- dium; semper area dati trianguli obvia erit. Sint ationales & asymmetræ fuerint inter se basis & itudo, tunc (quia reductioni huic obliquanguli ad langula sæpe multæ fraudes accidunt) satius & fa- ius erit priori & generaliori modo rem perficere.

CAPUT VI.

De Geometria Triangulati.

Absolutâ Triangulorum geometriâ; quæ Tri- angulatorum, Quadrangulorum & Multan- gulorum, sit consideratio instituenda, brevibus edoceto?

PROPOSITIO I.

Ujuscunq; triangulati latera sunt binario plura triangulis, è quibus constat. R. 1. c. 1. e. 10.

Hoc inductione patet facile. Sic Quadranguli latera sunt quatuor; triangula duo. Quinquanguli latera quinque; triangula tria. Sexanguli latera sex; triangula quatuor. Et sic deinceps.

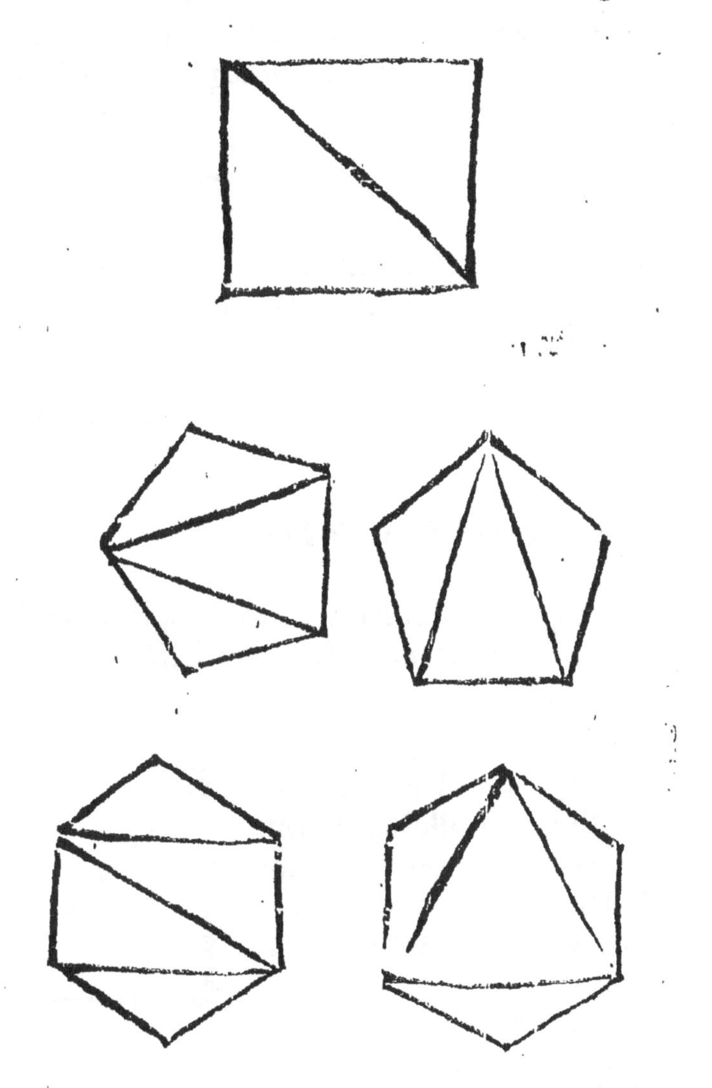

P R10

PROPOSITIO II.

De Parallelogrammi judicio.

Si duæ lineæ rectæ æquales parallelas eâdem parte conterminent, constituent Parallelogrammum. E. 33. p. 1. R. 1. c. 6. e. 10.

Erunt enim & ipsæ æquales & parallelæ, per definitionem Parallelogrammi.

PROPOSITIO III.

Parallelogramma æquantur oppositis, & lateribus & angulis, & segmentis à diametro factis. E. 34. p. 1 R. 2. c. 6. e. 10.

1. Ut *a e* & *i e* opposita latera æquantur, ex definitione & constructione Parallelogrammi, quod duæ rectæ conterminant æquales parallelas παραλλήλους: sic & *e i* & *a o* eâdem ratione æquantur.

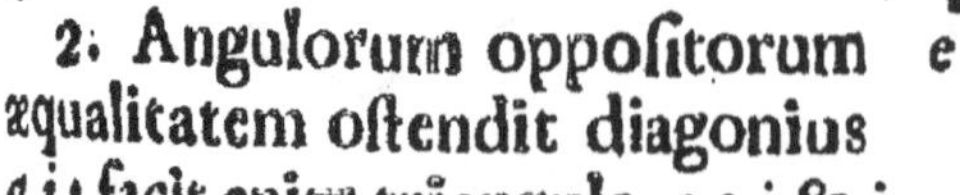

2. Angulorum oppositorum æqualitatem ostendit diagonius *a i*: facit enim triangula *a e i* & *i o a* æquilatera, per primam partem hujus; ideoque æquiangula, per

per 18.p.5.c. Et sic *e a o* angulus æquabitur opposito *e i o*.

3. Parallelogrammũ esse bisectum à diametro *a i*, constat: quia particulares anguli ad *a* & *i* coalterni, per 10.p.3.c. sunt æquales, & *e* angulus opposito sibi *o* æqualis, ex secunda parte hujus: totum igitur *a e i* toti *a o i* æquatur, per 19. p. 5. cap. vel 2.p.3.c.

PROPOSITIO IV.

Parallelogrammum est duplum trianguli, basi & altitudine æqualis. E.41.p.1. R.4.c.6.e.10.

Demonstratio peti posset è communi affectione figurarum primarum & æque multiplicium à primis æquè altarum. Quod sic patet. Parallelogrammum *a o i u* bisectum est à diametro *a i*, in duo triangula æqualia, per præced. æqualium basium & altitudinis, ex 23.p.5.c. Atque sic Parallelogrammum *a o i u* duplum est ad quodlibet horum triangulorum, basi & altitudine æqualium.

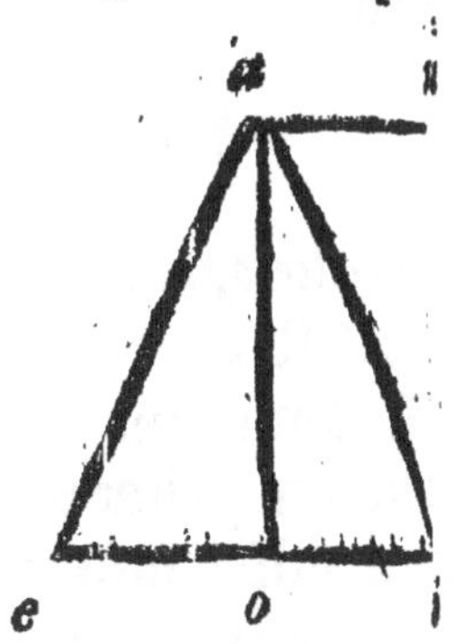

PROPOSITIO V.

Si parallelogrammum dimidiam partem trianguli habuerit; tum æquale erit parallelogrammum triangulo in iisdem parallelis. E. 42. p.1. R.5.c.6. c. 10.

Ut in præcedenti figura patet. Triangulo enim *a e i* æquatur parallelogrammum *a o, i u*; quia dividium parallelogrammi, sc. *a u i* triangulum, æquatur triangulo, *a o i*, reliquo dimidio; cui etiam p. 25. per 5. c. æquatur *a o e*. Totum igitur *a e i* triangulum, toti *a o i u* parallelogrammo æquabitur.

Ita quoque *a e i y* parallelogrammũ, erit duplum trianguli *a e i*: & *u o i y* parallelogrammũ æquale *a e i* triangulo; huicq; in angulo *u o i* æquatur, dato angulo in *s*.

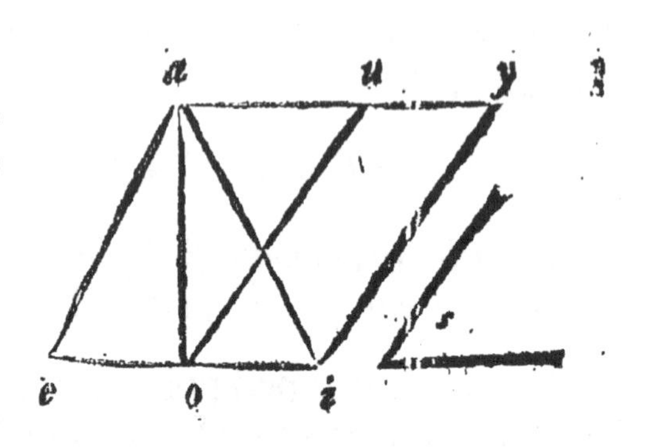

PROPOSITIO VI.

Parallelogramma æque alta sunt ut bases illorum. E.1.p.6.R.13.e.10.

E communi affectione figurarum primarum & æque multiplicium à primis æque altarum. Sunt enim dupla triangulorum parallelogramma, ut figurarum primarum.

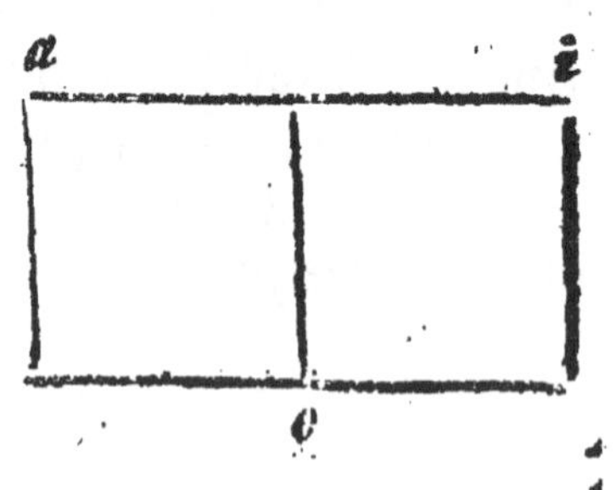

PROPOSITIO VII.

Parallelogramma æquè alta, sive in iisdem parallelis, æqualium basium, sunt æqualia. E. 35, 36. p. 1. R. c. 13. e. 10.

Ut patet in præcedente figura, in qua bases sunt æquales. Quod si basis major foret, majus quoque parallelogrammum: sin minor, minus. Con-sect. præcedentis.

PROPOSITIO VIII.

In omni parallelogrammo, Diagonalia sunt similia, similiterque sita, toti, & inter se: Complementa quoque æqualia inter se. E. 24. p. 6. & 43. p. 1. R. 9 11. e. 10.

Similitudo hic parallelogrammi cum suis diagonalibus spectanda datur; æqualitas scil. angulorum, & per cons. proportio crurum, è communi affectione figurarum similium. Ut in *a e i o* parallelogrammo; cui diagonalia & particularia parallelogramma, *a u y s* & *y l i r*, similia similiterque sita sunt. Angulus enim ad *a* communis est; eíq; æqualis oppositus ad *y*, per præced. 3. p. cui etiam per 9. p. 3. c. verticalis *l y r* æqualis; & huic *l i r* oppositus per præced. 3. æqualis, Cumque in *a o* & *u r* parallelas cadat *ae*,

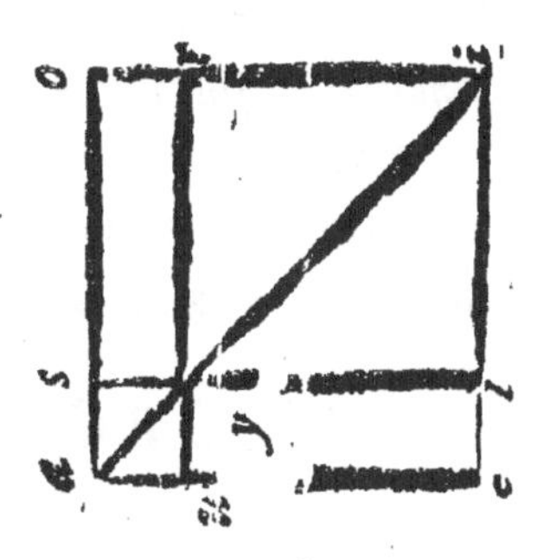

erit

rit *a u y*, per 10.p.3.c, æqualis *a e i*: ita etiam *s y* æqualis eſt *a o i*. Diagonale igitur *a s u y* ſimile eſt toti *a e i o*.

2. Cum *l y r* verticalis *u y s* ſit æqualis, ut etiam *e a o*, & ad *i* ſit communis; item *y l i* interi- exteriori *a e i* ſibi oppoſito per 10. p.3.c. æquetur, itemque *y r i* æqualis *a o i*. Erit proin diagonale quoque alterum ſimili ſimiliterque ſitum toti.

3. Cum ambo diagonalia uni & eidem ſint ſimilia; erunt itaque etiam inter ſe ſimilia ſimiliterque ſita.

4. Et cum *a e i o* parallelogrammum diametro *i* in diametra, per 3. præced. ſecetur æqualia; itenus ſic quoque bina complementa æquabuntur. Aufer namque bis bina triangula æqualia à toto parallelogrammo; & relinques *s o y r* & *u e y l* complementa inter ſe æqualia.

PROPOSITIO IX.

Parallelogrammum æquatur ſuis diagonalibus & complementis; partibus ſc. totum conſtituentibus. R. .c.11. e.10.

Demonſtr. eſt è conſect. definitionis Parallelogrammi: ut in eadem patet figura.

PROPOSITIO X.

Parallelogramma æqualia, vel etiam ſimilia, ſunt reciproce proportionalia cruribus æqualis anguli. Et contra. E.14,15.p.6,R.14.e.10.

De-

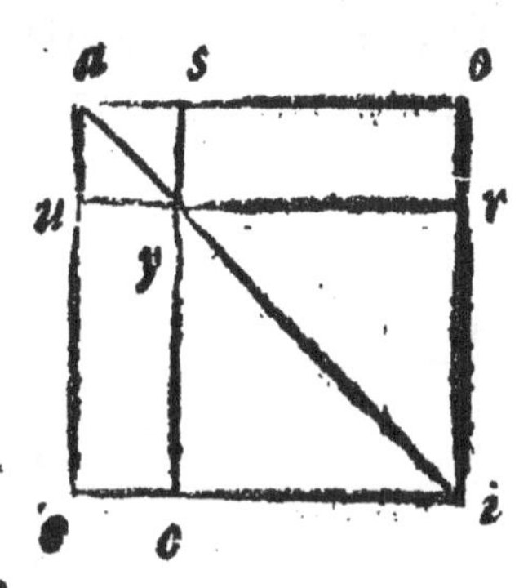

Deducitur ex 24. p.5. c. Ut, *o y* & *y e* parallelogrammorum, per præced. æqualium & æquiangulorum, latera reciproca quoque sunt proportionalia, Sicuti enim se habet *r y* ad *y u*, ita se habebit *c y* ad *y s*, sive, ut *u y* ad *y r*, sic *s y* ad *y c*. Eandem enim ad idem rationem habentia, inter se sunt æqualia vel similia; ac proin proportionalia: per ax. congr. & 7. p. 5. E. Sicut enim se habet *o y* ad *s u* parallelogramınum, ita *y e* ad *s e*: sunt enim parallelogramma æque alta, proindeque ut bases. Ut igitur *r y* ad *y u*; sic *c y* ad *y s*. Eadem namque semper est ratio totius ad totum, quæ partis ad partem, per 15. p.5. E.

PROPOSITIO XI.

Si quatuor rectæ sunt proportionales, parallelogrammum rectangulum mediarum æquatur æquiangulo extremarum. Et contra. E. 16. p. 6. & 19. p. 7. R. 1. c. 14. e. 10. & 5. e. xi.

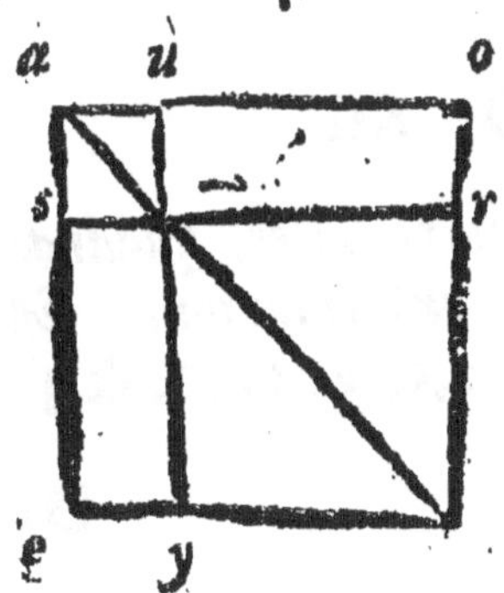

Fundamentum Aureæ regulæ Arith. delitescit hic.

Ut reciprocè primò ponatur *s l*, 2. partium; secundo *l r*, 4. part. tertio *u l*, 3. part. & quarto *l y*, 6. part. Ex ductu secundi termini in tertium, scil. 4. in 3. fiunt 12. Idem numerus fit ex ducto ductu primi termini in quartum, sc. 2. in 6. In numeris manifesta est ratio. Si enim factus à mediis æquetur facto ab exterminis, numeri sunt proportionales; per 19. p.7.E.

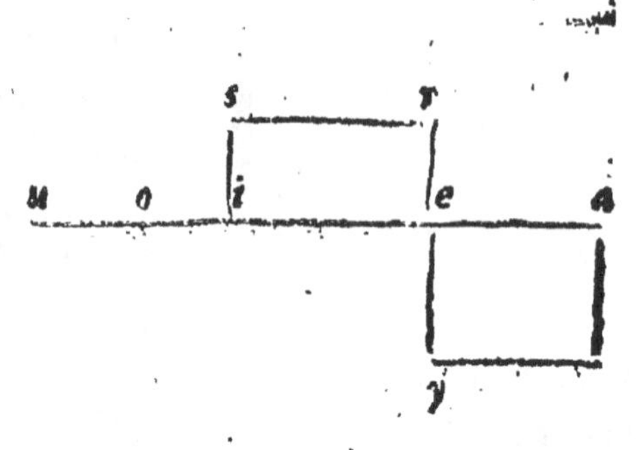

Ut hic, sunt quatuor proportionales, *ae*, *ei*, *io*, *ou*. Esto factum rectangulum *ay* ab extremis, æquum rectangulo *es*, à mediis facto; ita ut *uo* sit 4. *oi*, 2. *ie*, 6. & *ea*. 3. part. Factus à 2. & 6. nempe 12. æquabitur facto à 4. & 3. itidem 12.

Demonstratio procedit è cõmuni proprietate basium in figuris primis vel æque multiplicibus à primis, æque altis, & à proprietate similium inter se. Eductu namque bis binarum linearum in se, fiunt rectangula parallelogramma duo æqualia vel similia inter se, ac proinde proportionalia terminis reciproce sumptis, per præced. qui termini et jam directim positi proportionales sunt. E.16.d.5. & 13. p.7. Facti proin eorum ab intermediis & ab extremis inter se æquantur.

PROPOSITIO XII.

Si tres rectæ sint continuè proportionales, quadratum mediæ æquatur rectangulo extremarum. Et contra. E.17.p.6. & 20. p.7. R.2.c.14. c.10. & 4. c. 12.

Ut

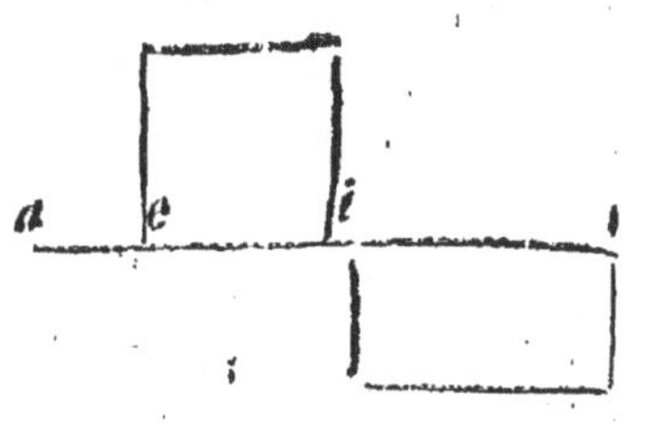

Ut hic, sit *a e*, 2. part. *e i*, 4. *i o* verò 8. si primò ducatur *e i* in seipsum, 4 4 16 dein *a e* in *io*, 8 2 16 æquabuntur facta.

PROPOSITIO XIII.

Si duæ conterminæ perpendiculares æquales claudantur parallelis, constituent Quadratum. E. 46. p. 1. R. 3. c. 2. e. 12.

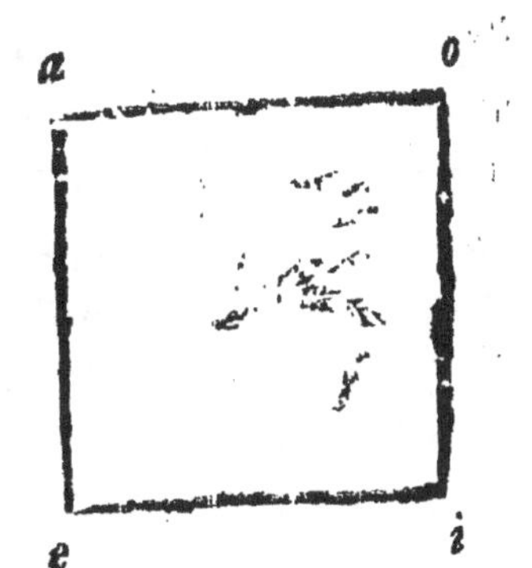

Ut hic, in *a e i o*, perpendiculares *a e* & *e i* æquales, claudantur parallelis, *a o* contra *e i*, & *o i* contra *a e*; & constituent quadratum. Quadratus namque fit à numero sive termino inseipsum ducto.

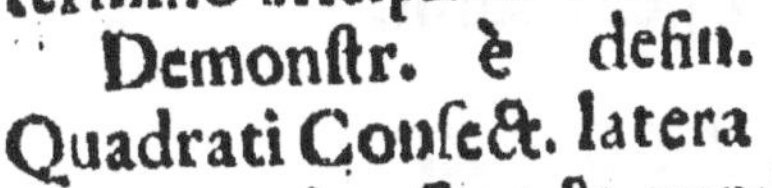

Demonstr. è defin. Quadrati Consect. latera namque ejus sunt & parallela & perpendicularia: proin æquilatera & rectangula.

PROPOSITIO XIV.

Parallelogrammum rectangulum à duabus rectis factum, æquatur rectangulis, ex ipsius uno latere reliqui segmentis, factis. E. 1, 2, 3. p. 2. R. 4. e. 11.

Mul-

Multiplicationi Arith. inservit. hoc.

It hic, rectangula quatuor particularia toti æ-ntur, quæ fiunt ex *a e* uno ipsius latere, & seg-ntis reliqui, *e i*, *i o*, & *y u*. Cujus de-nstr. è congruentia quia totum parti-congruit. Eadem o in numeris est cla-, ex inductione par-n. Ut *a e* sit 4. &

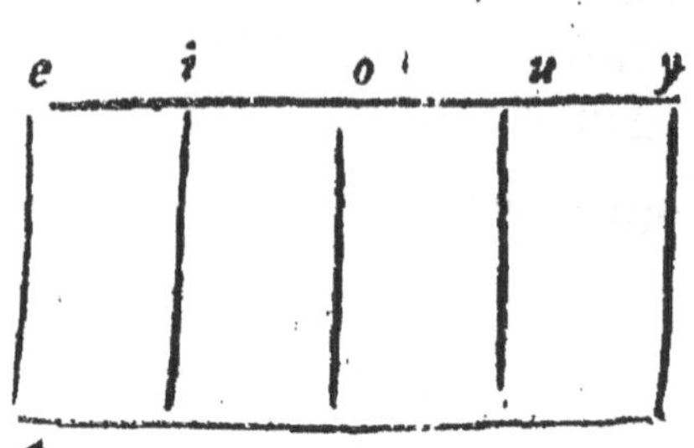

8. part. quater octona sunt 32. rectangulum icet à duabus *a e* & *e y*, factum. Quod si latus rum, scilicet 8. partium, secetur in quatuor tes æquales; quarum quælibet sit duarum par-n de 8. partibus lateris *e y*: sic bis quaterna fa-nt 8. quæ quater repetita factum collectum ite-n proferunt 32. Itaque si duorum numerorum r in quotlibet partes secetur, factus à totis æ-itur factis è toto in singulas partes: idem enim numerare per partes, & per totum.

PROPOSITIO XV.

Si latus trianguli subtendit rectum angulum, qua-tum subtensæ æquale erit quadratis crurum angu-li: Et contra. E.47,48. p 1. & 31. p. 6. R.5. 2.

Pythagoram Musis hecatomben immolasse, pro us inventione refert Apollodorus apud Laërti-, lib.8.

Aliquando rationale est hoc Theorema, numeroque explicabile; sed in triangulo vario tantum: ut hic vides.

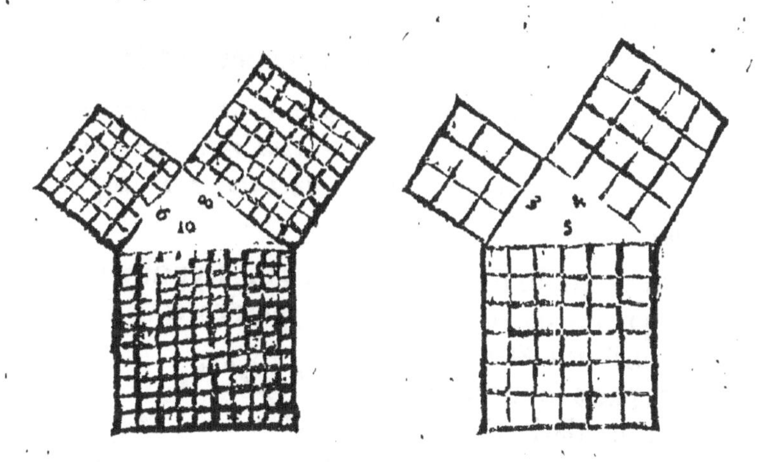

Nam trianguli rectanguli æquicruri latera sunt irrationalia: varii autem quandoque rationalia: & quidem modo duplici: altero Pythagoræ, altero Platonis. Ut autor est Proclus, ad 47. p. 1. E.

Pythagorea ratio sic est, ex impari numero:

Si quadratus imparis numeri, pro crure primo & minimo dati anguli recti, minuatur unitate: dimidius reliqui, erit crus alterum; auctus unitate erit subtensa.

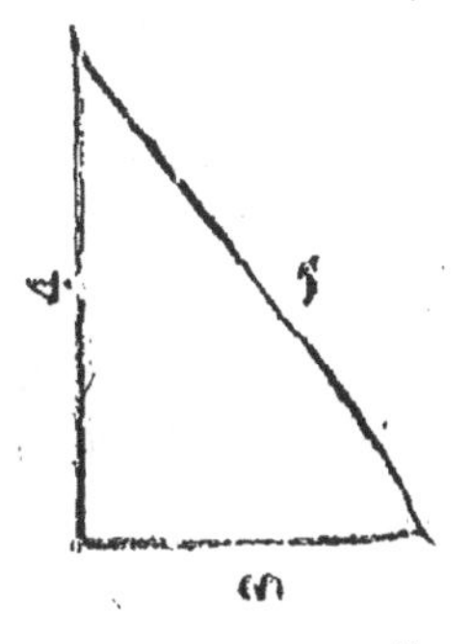

Ut in exemplo laterum, 3.4.5. Quadratus subtensæ est 25. æqualis quadratis 16. et 9. è cruribus 4. et 3. angulum rectum comprehendentibus. Itaq; sic 3. imparis, pro crure anguli recti primo dati, quadratus 9. minuatur unitate, & fiant 8. dimilius hujus reliqui, scil. 4. erit crus alterum, idemque ille dimidius, 4. unitate auctus, dat hypothenusam 5. partium.

Platonica vero ratio sic est, è numero pari:

Si dimidius paris numeri, pro crure primo & minimo dati, quadretur: quadratus minutus unitate, erit crus alterum; auctus unitate, erit hypothenusa.

Ut in exemplo laterum, 6. 8. 10. hypothenusæ 10. quadratus 100. æquatur quadratis 36. & 64. è cruribus 6. & 8. Itaque si 3. paris numeri, pro crure primo dati, dimidius, 3. quadretur, & fiant 9. hic unitate minutus, erit crus alterum; 8. auctus unitate, erit hypothenusa, 10.

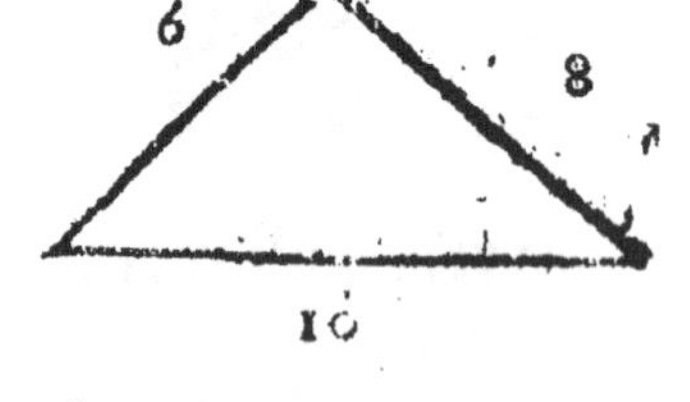

Demonstratio geometrica sic institui potest.

Esto triangulum *a b c*, cujus angulus rectus sit *a*. Quadratum igitur lateris *b c*, æquale erit quadratis lateris *a b* & *a c* simul sumtis. Ducatur enim ex *a* linea *a l*, parallela ipsi *b d* et

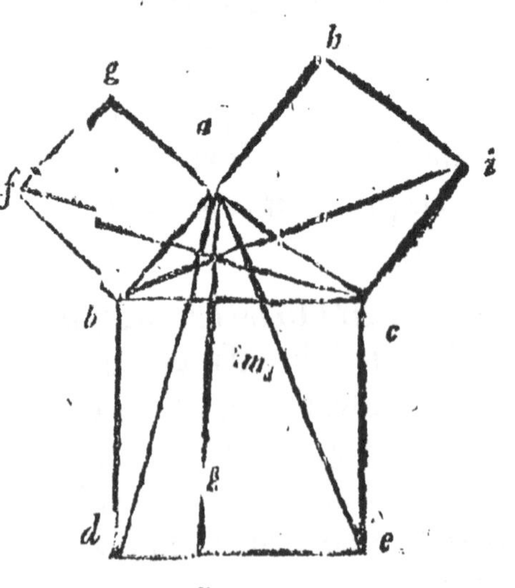

c e: itidemque ex *a* in *d* & *e*, ducantur rectæ: atque ita ex *b* in *i*, & ex *c* in *f* rectæ. Hic quia primò parallelogrammum *g b*, & triangulum *b f c*, in eadem basi & iisdem parallelis sunt: erit parallelogrammum *g b* ad triangulum *b f c* duplum, per 4. præced. hujus cap. At *b f c* est æquale *b a d*, per 18. & 19. p. 5. c. quia *f b* et *b c* latera hujus, sunt æqualia *a b* et *b d* lateribus illius; constat enim uterque ex angulo recto, & angulo *a b c* communi. Ergo & parallelogrammum *g b* erit duplum ad triangulum *a b d*. Jam parallelogrammum *b d l m* est duplum ad idem triangulum, per 4. præced. ut quæ sunt in eadem basi iisdemque parallelis. Ergo per consect. 6. ax. congr. quadratum *g b* æquale est parallelogrammum *b d l m*.

Eodem modo, mediantibus triangulis *i b c* & *a e c*, probatur quadratum *b c* æquale parallelogrammo *c e lm*. Et inde totum quadratum *b c d e* æquale erit binis *g b* & *b c* quadratis.

Et cum supra, ad p. 26. c. 5. Triangulum rectangulum Magister Geodosiæ dictum fuerit; illius magisterio ex hac prop. ista annecti possunt consect. geometrica.

Cognitis per Geodæsiam quantitatibus duorum trianguli rectanguli laterum, tertium seu reliquum ita facilè investigabitur.

1. *Si nota sit quantitas perpendicularis atque baseos (duorum sc. laterum angulum rectum comprehendentium)*

ndentium) utriusque lateris quadrata compone, & odibit quadratum hypothenusæ.

2. *Si nota sit perpendicularis & subtensa; quaatum catheti seu perpendicularis à quadrato subsæ subducito, & remanebit quadratum baseos.*

3. *Si nota fuerit subtensa & basis, similiter quaatum baseos à quadrato subtensæ aufer, & relin-tur quadratum perpendiculi.*

Quod si postmodum quadrati hujusmodi inventi eris quantitatem simplicem desideres; illius quaati radicem extrahito, & prodibit quæsitam.

Ut in exemplo ante dicto, laterum 3,4,5. quaata erunt, 9,16,25. Quod si per Geodæsiam gnitæ essent magnitudines catheti & baseos, utrique quadratis junctis fierent 25. quadratum l. hypothenusæ; cujus radix 5. esset quantitas pothenusæ. Et sic de cæteris.

PROPOSITIO XVI.

Si recta linea est secta in duo quantacunque segnta; quadratum totius æquatur quadratis segntorum, & duplici rectangulo ab utroque segmencomprehenso. E.4.p.2. R.8.c.12.

Artificium habet theorema hoc analyseos Quaati & cubi, sive extractionis radicis & lateris adrati, in datis numeris rationalibus. Consect. : potest 9. præced. Quia parallelogrammum æatur suis diagonalibus & complementis.

Ut in figura adjecta, *a y* & *y i* diagonalia sint quadrata segmentorum *a s* & *s o*; item complementa *o y* & *y e* rectangula sunt ex ducti æquali *a s* & *s o*. Sit exempli causa secta *a o*, 6. partium, in 2. & 4. Quadratum totius *a o*, scil. 6. sunt 36. & quadrata è 2. & 4. sunt 4. & 16. duoque rectangula ab utroque segmento facta sunt, 8. & 8. Additis nunc 4. 16. 8. 8. redditur totus 36. part.

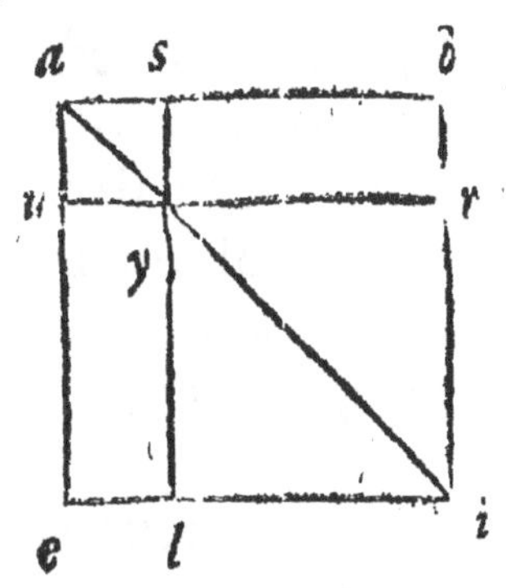

PROPOSITIO XVII.

Si recta sit bisecta, secusque; oblongum in æqualium segmentorum, cum quadrato intersegmenti, æquatur quadrato bisegmenti. E. 5.p.2.R.6.e.13.

Ut hic, recta *a e*, 8. partium, sit bisecta, in *a i*, 4. & *i e* 4. partes; secusque, in *a o*, 7. & *o e*, 1. partis, Oblongum ex 7. & 1. cum 9. quadrato intersegmenti *i o*, 3. partium, scil. 16. æquatur 16. quadrato bisegmenti *i e* 4. partium. Quod etiam geometrice patet in completo diagrammate. Nam *a s* parallelogrammum ipsi *i u* parallelogrammo, per 6. p. hujus cap. ipsi *o y*. Jam complementis æ-

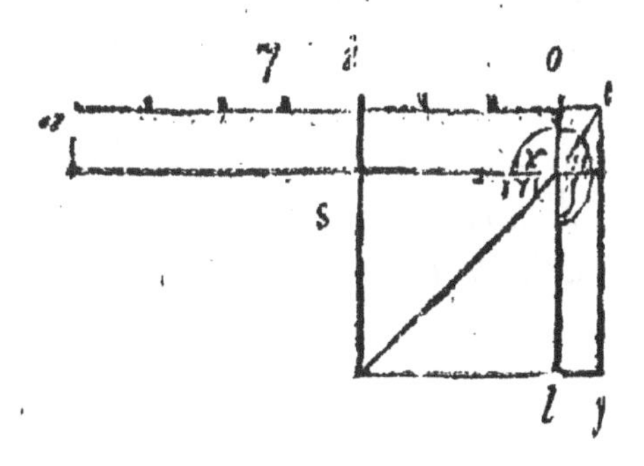

qualibus

libus commune est *o u*. Itaque si commune *s o* latur utrique, oblongum *a r* æquabitur gnomni *i m n i*. Quadratum autem intersegmenti, est Quare oblongum segmentorum inæqualium, cum quadrato intersegmenti *s l*, æquatur quadrato bisegmenti *i y*.

tque hæc de ratione & comparatione Parallelogrammorum, inter se & cum triangulis, introductionis loco dicta sufficiant.

Ostende nunc etiam, qua ratione triangulata reliqua mensurari soleant?

Triangulata quævis, tam Quadrangula, quam ltangula (ordinata quidem facilius, difficilius inlinata) è suis triangulis, ex quibus constant & quæ resolvi possunt, mensuram capiunt: superria, demensione simplici; solida vero, duplici. 8,9,10. e, 14.

Cujus rei exempla require supra, fol. 35.b.

Multanguli tamen ordinati (Pentagoni sc. Hegoni, &c.) dimensio, speciali hoc theoremate peretiam potest:

Si fiat planus, è perpendiculari à centro in latus dimidio perimetri; factus est area multanguli ornati. R. I. e. 19.

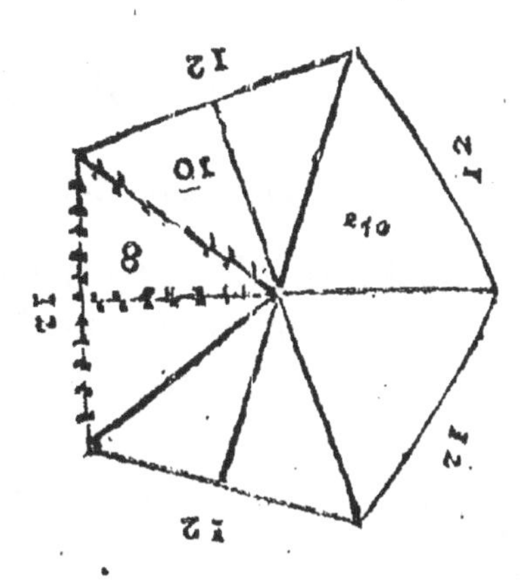

Ut in isto Pentagono, perpendicularis à centro in latus est 8. part. latera duo cum dimidio faciunt dimidium perimetri, 30. part. Factus ergo ab 8. & 30. sunt 240. area pentagoni ordinati.

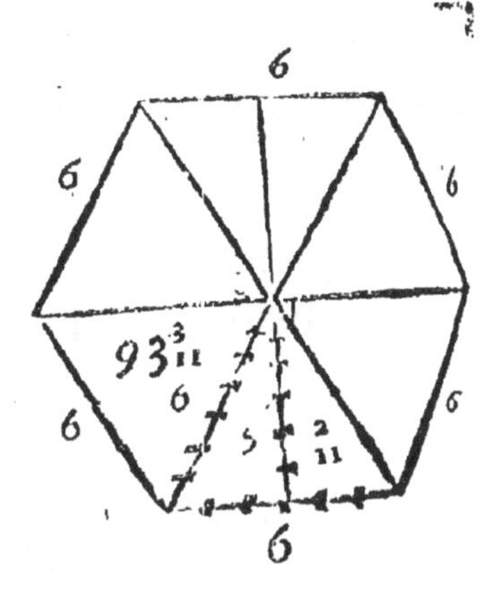

Ita etiam in Hexagono, perpendicularis à centro in latus est $5\frac{2}{11}$ p. dimidium perimetri ex tribus lateribus 18. Factus à $5\frac{2}{11}$ & 18. sunt $93\frac{3}{11}$ area hexagoni. Et sic in cæteris.

Hactenus igitur fuerit Geometria figurarum rectilinearum.

CAP.

CAPUT VII.

De Geometria Rotundi.

Expositâ rectilineorum geometriâ : quid porrò in curvilineis potissimum spectandum proponis?

INter figuras obliquilineas seu curvas præcipuus est Circulus : cum sit planorum ordinatissimus ; ex defin. Circuli & figurarum ordinatarum*: ideoque figurarum isoperimetrarum heterogenearum maximus.* Ex ratione propria isoperimetrarum. R. *6*.e.2.e.19.

Circulorum igitur geometria, in lineis adscriptis, secantibus, tangentibus, & segmentis, est per sequentia Theoremata.

PROPOSITIO I.

*Circuli sunt inter se, ut à diametris quadrata : Diametri autem sunt ad invicem, ut periphæriæ.*E.2. p.12. R.2.e.15.

Inscriptarum secantium in Circulis coryphæa est Diameter : ostendit namque inventionem centri : genesin item & rationem omnium reliquarum inscriptarum.

Ut hic, 1. Sunt circuli plana inter se similia, quorum quasi latera homologa sunt diametri : ideoque inter se comparati, sunt ut quadrata ad invicem ex diametris facti. Circulus proinde *a e i* ad ad circulum *o u y* est, ut 25. ad 16. quadrata à diametris 5. & 4.

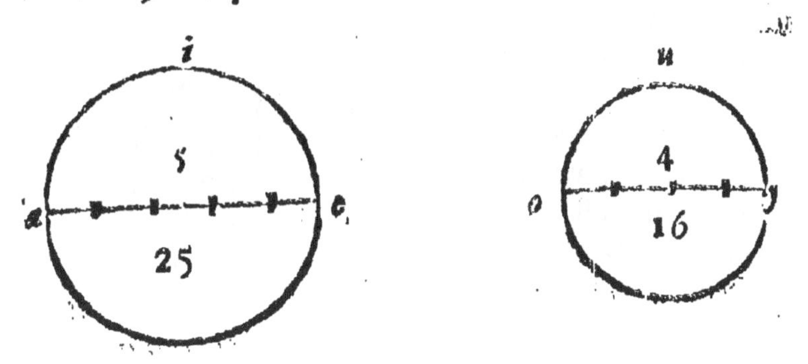

2. Unde pendet diametrorum inter se ratio. Ut igitur peripheria *a e* est ad peripheriam *i o*; sic diameter *a e* ad diametrum *i o*, in ratione videl. subduplâ.

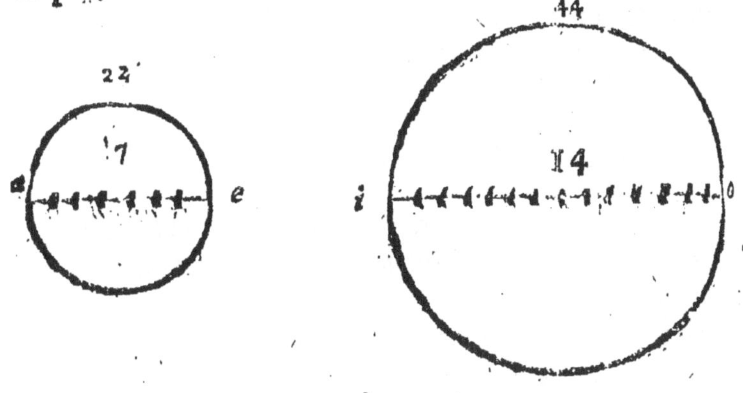

PROPOSITIO II.

De genesi Diametri, & inventione Centri.

Si inscripta recte bisecat inscriptam, est Diameter circuli: ejusque medium est centrum. E.1.p.3.R.6. e.15.

Esto

ßsto inscripta *a e*, & hanc per 2. & 6. p. 2.c. ad
ulos rectos bisecet in-
ipta *i o u* in *o*. Dico bi-
antem esse diametrum;
isq; medium, per 2. p.2.
in *y*, esse circuli cen-
im. Causa est è defin.
ntri & diametri figura-
m. Euclydes per impos-
ile sic cogit. Si *y* non
centrum, sed *s* punctum,
m pars æquabitur toti. Ducantur enim lineæ
, *s o*, *s e*; sic triangulum *a o s* æquilaterum erit
s: æquantur enim *a o* & *e o* ex thesi; item *s a* &
radii ejusdem circuli, & communis est. Itaque
nguli deinceps ad *o*, per 18. & 19. p. 5. c. æqua-
s sunt; & per 7. p. 3. c. uterque rectus: Igitur re-
us *s o e* æquales ex thesi recto *y o e*, pars toti:
uod est absurdum.

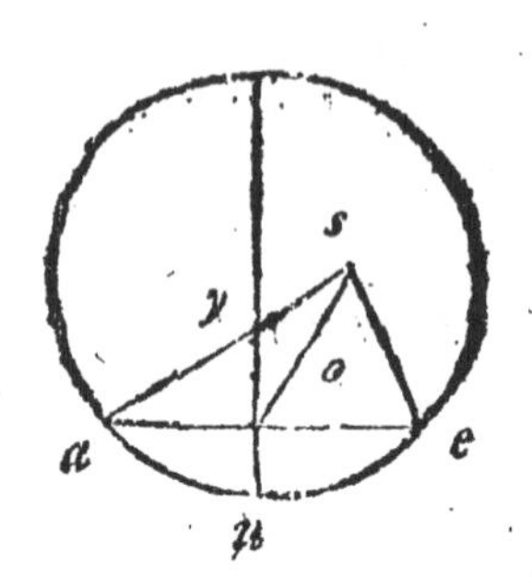

PROPOSITIO III.

Si duæ rectæ duas inscriptas non parallelas recte isecent; concursus bisecantium erit centrum circuli.

.25.p.3.R.1.c.6.e.15.
lt hic, *a e* & *i o* bisecant
ectas *u y* & *y s*;

Demonstr. ex consect. de
in. diametri: Centrum est
n concursu diametrorum.

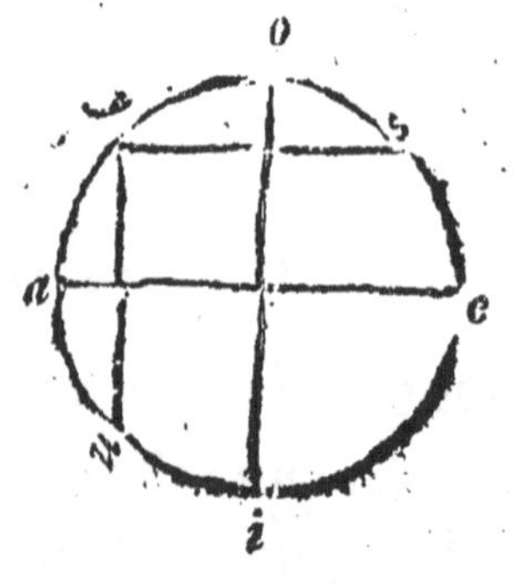

Atque

Atque hinc peripheriam describere licet per tria puncta, in rectam noncadentia, E. 5. p. 4. R. 2. c. 6. c. 15.

Hoc duplici modo fieri potest:

Vel, ab uno puncto ad alterum rectam ducendo, quæ una cum altera, ex binis item punctis ductâ, bisecta concurrat.

Ut hic per puncta *a e i*

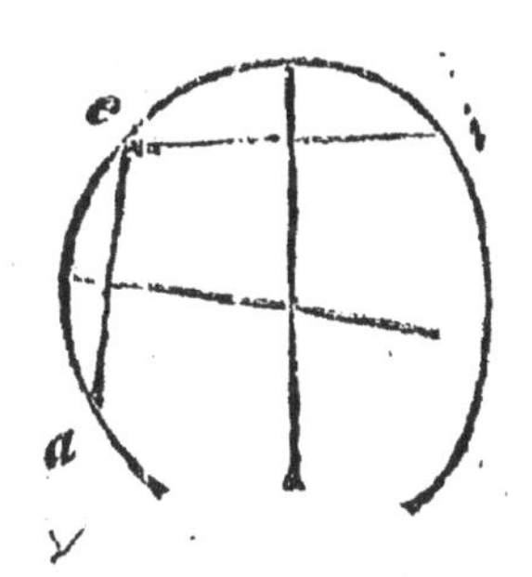

Vel, inter bina puncta binas peripherias se invicem secantes ducendo, per quarum concursus rectæ eductæ & se mutuo secantes centrum exhibeant.

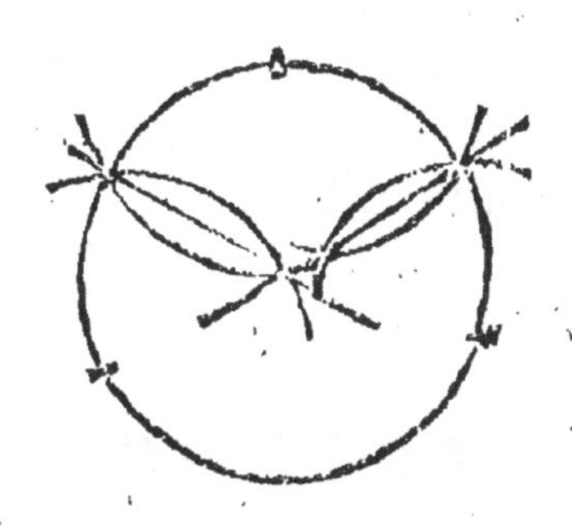

PROPOSITIO IV.

Si diameter bisecat adiametrum, recte secat. Et contra. E. 3. p. 3. R. 7. c. 15.

Consect.

Consect. est præced. Ut, Diameter a e bi- at adiametrum i o in Sint enim radii u i & : eruntque per 18. 19. p. 5. c. triangula quiangula: & per 7. p. c. anguli ad y deinceps siti recti: quod erat monstrandum.

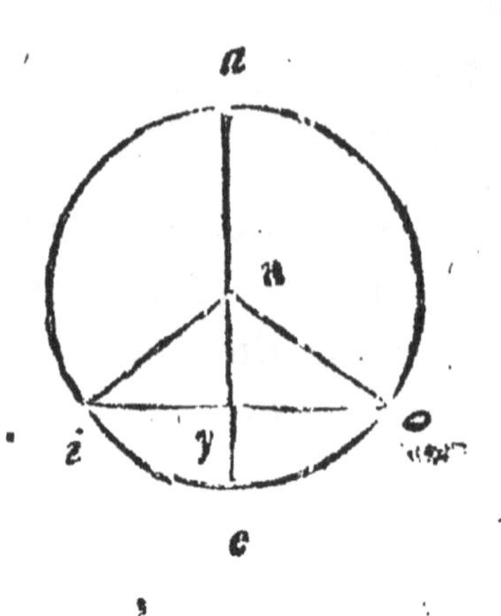

PROPOSITIO V.

Si adiametri intersecantur, segmenta sunt inæqualia. E. 4. p. 3. R. 8. e. 15.

Consect. est è defin. irculi consectario. Nam inscriptæ essent bisectæ, aut essent diametri, ut alterutra per centrum ageretur: quod est contra thesin.

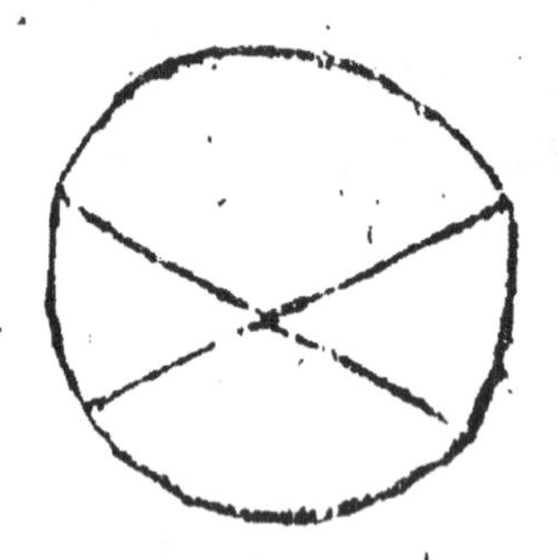

PROPOSITIO VI.

Si *inscriptæ sunt æquales, æquidistant à centro.* Et contra. E. 14. p. 3. R. 11. e. 15.

Ut

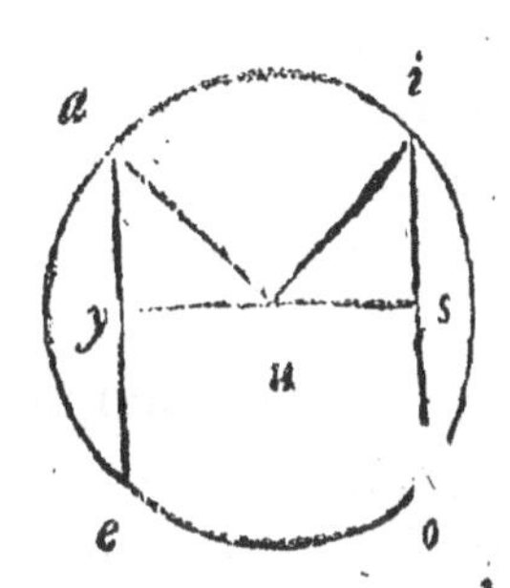

Ut hic patet in lineis *a e* & *i o*, in quas ex centro *u* perpendiculares *u y* & *u s* ductæ, sunt æquales; inscriptasque bisecant; per. 4. præced. Cum igitur *ua* & *u i* sint æquales radii, & rectorum angulorum subtensæ; eorum proin quadrata erunt æqualia; & quodlibet eorum æquabitur quadratis ab *a y* & *y u*, item *i s* & *s u*, factis. Quadratorum autem æqualium æqualia sunt latera. Ergo *u y* æquabitur *u s*: totaque *a e* & *i o* æqualiter distant à centro.

PROPOSITIO VII.

Inscriptarum inæqualium, diameter est maxima: diametro propior: major remotiore: remotissima, minima: minimæ propior, minor remotiore: & binæ utrinque à diametro solæ æquantur. E.15.p.3. R.12. e. 15.

Diameter norma est hujus universæ æqualitatis & inæqualitatis: Omnes enim quinque partes theorematis patent ex eodem illo æqualitatis argumento, hoc est, centro, decrescendi principio, & crescendi fine. Nam quo magis à centro receditur, aut ad centrum acceditur, tanto minor aut major efficitur inscripta.

Euclidis

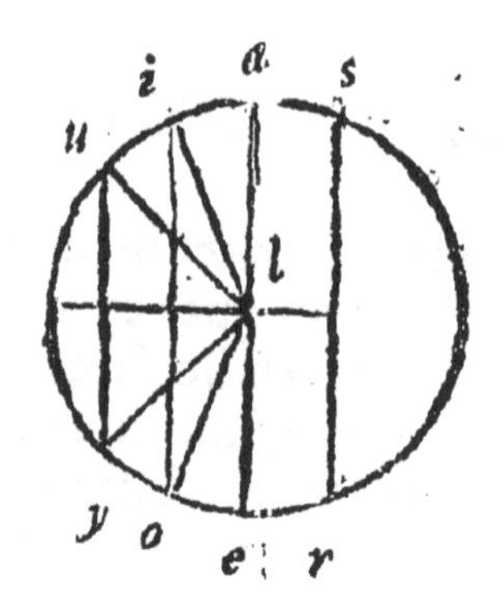

uclidis demonstratio est triangula, de duobus ribus maioribus reli-o, deque maiore angulo. pars patet: quia diameter æquatur radiis *i l* & *o l*, ioribus quam *i o*, per 1.p. c.

2. pars, de propiore, tet per conuers. 20. p. 5. quia triangulum *i o l*, triangulo *u l y* æquicrurum aius est angulo (est enim continens contenti) ergo basi.

3. & 4. pars sunt Consect. primæ.

5. patet per 2. Nam si præter *i o* & *s r* statuatur qualis tertia, erit eadem etiam inæqualis: quia iametro propior & remotior.

PROPOSITIO VIII.

Si à diametri puncto, non exsistente centro, rectæ uedam lineæ in peripheriam cadant; quæ per centrum, est maxima: propiorque maximæ, est major remotiore: reliqua maximæ, minima: minimæq; propior, minor remotiore: & binæ utrinque à maxima vel minima solæ æquantur. E. 7. p. 3. R. 13. e. 15.

1. pars, de *a e* & *a i*, patet, ut antea, per 1. p. 5. cap.

2. de *a i* & *a o*, item *a o* & *a u*, per convers. 20. p. 5. cap.

2. Quod

3. Quod *a y* minor quam *a u*: quia *s y*, æqualis ipsi *s u*: minor est rectis *s a* & *a u*, per 1. p. 5. c. sublato igitur communi *s a*, relinquetur *a y* minor quam *a u*.

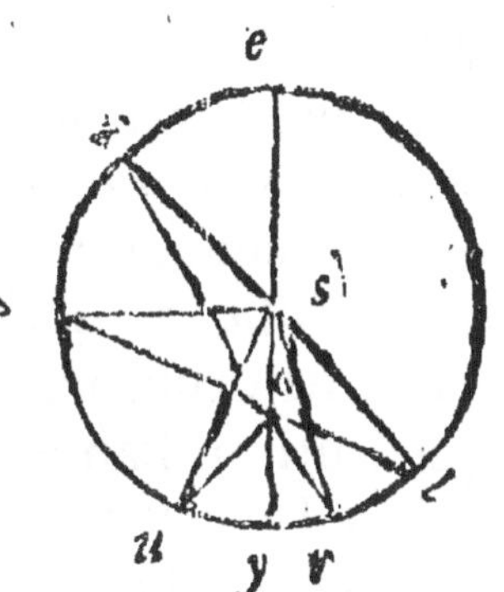

4. pars est 3. consect.

5. sic patet. Esto *s r*, æquans angulum *a s r* angulo *a s u*: bases *a u* & *a r* æquabuntur, per 19. p. 5. c. His si tertia ponatur æqualis, ut *a l*, sequetur per 18. p. 5. c. angulum totum *l s a*, particulari *r s a* æquari.

Atque è quinta hac parte consectarium est:

Si punctum in circulo est terminus trium rectarum in peripheriam æqualium, est centrum circuli. E. 9, p. 3. R. c. 13. e. 15.

Alioqui non tantum duæ ex puncto non centro utrinque æquarentur.

PROPOSITIO IX.

Rectarum à dato extra punctо in concauum peripheriæ cadentium; quæ per centrum ducitur, est maxima: propior maximæ, maior remotiore. In conuexum verò cadentium, segmentum maximæ est minima: minimæque propior, minor remotiore: tangens, est maxima; & binæ vtrinque à maxima vel minima solæ æquantur, E. 8. p. 3. R. 14. c. 15.

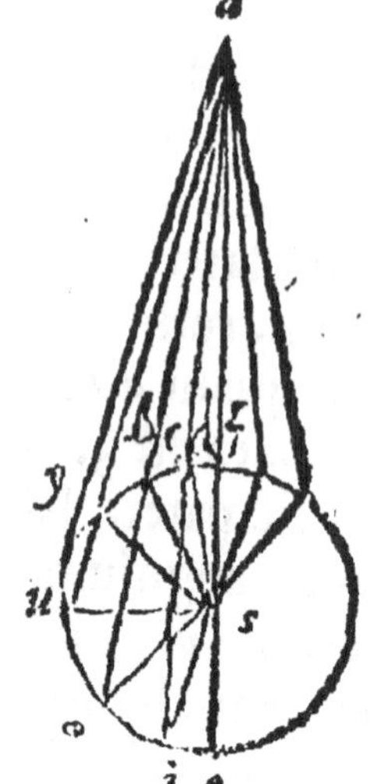

llt, è puncto *a*, cadant *a e*, *a o*, *a u*, *a y*.

)emonstratio simillima præ-entibus. In triangulo nam-*a s i*, duo latera *a s* & *s i*, majora tertio *a i* latere: *a* tem & *s i* æquantur *a e* toti, upra. Et sic *a i* major erit ratione majorum angulorum espondentium basium.

lic, in *a d c* triangulo, latera & *d s*, majora sunt *a s* latere io. Aufer nunc *d s* & *f s* tiones æquales, radios videl. uli; tunc *d a* tanquam portio excedens, super-portionem *a f* reliquam totius trianguli. Et onsequenter de reliquis judicandum.

PROPOSITIO X.

De ratione Tangentium.

i recta est perpendicularis extremæ diametro, it peripheriam. Et contra. E. 6. p. 3. R. 15.).

x perpendiculi definitione hoc sequitur: nam igis tangens inclinaret, secaret; nec esset per-liculariss.

Euclides ita cogit. Si recta *a e* perpendicularis extremæ diametro non solum tangeret, sed caderet intra circulum, eumque secaret, ut *o a*: tum utraque ex thesi perpendicularis extremæ diametro angulos rectos facerent & æquales; sicque pars æquaretur toti, *i a o* ipsi *i a e*.

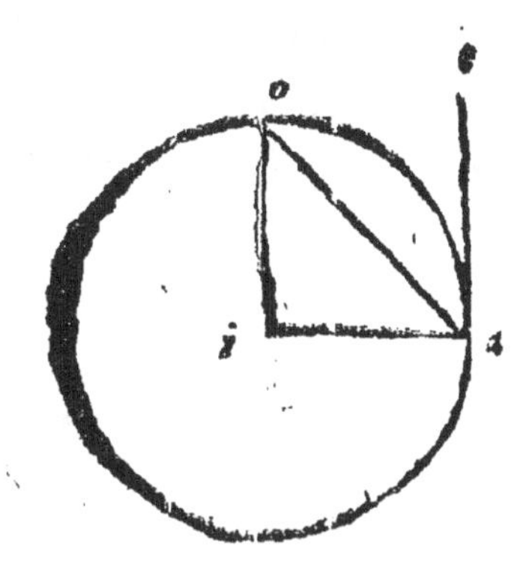

Consectaria sex profluunt ex hoc Theoremate:

1. *Si recta est per centrum & contactum, est perpendicularis tangenti.* E.18.p.3. R.1. c.15.e.15.

2. *Si est perpendicularis tangenti, est per centrum & contactum.* E.19.p.3.R.2.c. 15.e.15.

3. *Punctum contactus est, quo è centro perpendicularis tangenti incidit.* R.3.c.15.e.15.

4. *Tangens est singularis in eadem parte peripheriæ.* R.4. c.15.e.15.

5. *Angulus contactus est minor quovis acuto rectilineo: reliquus major,* E.16.p.3.R.5.c.15.e.15.

6. *Anguli contactus in æqualibus peripheriis sunt æquales.*

PROPOSITIO XI.

Si peripheriæ sunt intersectæ vel contiguæ, sunt eccentricæ. Illæque duobus tantum punctis intersecantur; hæ diametros per contactum continuant. E.5,6 10,11,12.p.3.R.18.e.15.

Verita

Veritas per se est manifesta: Demonstrationes tamen sunt faciles per impossibile.

1. & 2. Pars patet: quia alioqui pars æquaretur toti. Ut, si *a* centrum sit commune duarum

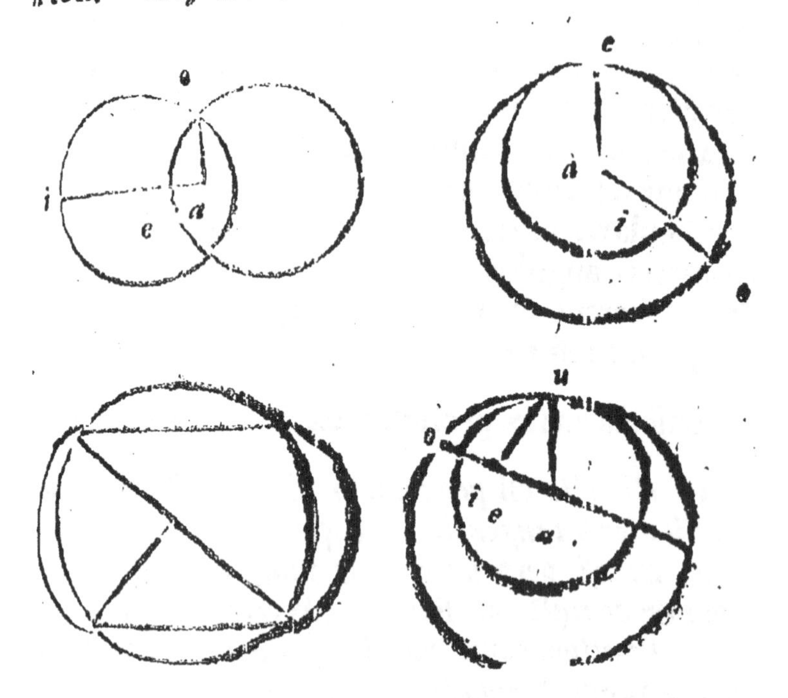

intersectarum; radii *a o*, *a e* & *a i*, æquabuntur. Sic etiam in tangentibus, si *a* commune centrum; radii *a e*, *a i*, & *a o* erunt æquales.

3. Pars patet è prima: quia secus intersectæ essent concentricæ.

4. Etiam patet: quia pars esset major toto. Esto namque per centra *a* & *e* recta *a e i o*. Hic trianguli *u e a* duo latera, *u e* & *e a*, per 1. p.5.c. sunt majora quam *u a*; ideoque etiam quam *a o*. Sublato nunc *a e*, reliquum *u e* majus erit quam *e o*; cum tamen æquetur *e i* & *e u* ex tactu. Quare

e i majus eſt quam *e o*, pars toto; quod eſt abſurdum.

PROPOSITIO XII.

De ſegmentis Circulorum.

Angulus in centro duplus eſt anguli in peripheria, in eandem peripheriam (ſive idem ſegmentum peripheriæ) inſiſtentis. Et contra. E. 20. p. 3. R. 5. e. 16.

Varietas angulorum in peripheria varia eſt; demonſtratio tamen eadem.

Ut hic, angulus *e a i* in centro, anguli *e o i* duplus probatur: rectâ *o u* ſecante, duoque triangula utrinque æquicrura faciente; ac proin per 13.p.5.c.ad baſin æquiangula: quorum ſigillatim dupli ad baſin conſtituti, ſunt æquales *e a u* & *i a u*, per 11. p.5.c. Totus igitur *e a i* duplus eſt *e o i*, ex *e o a* & *i o a* conſtantis.

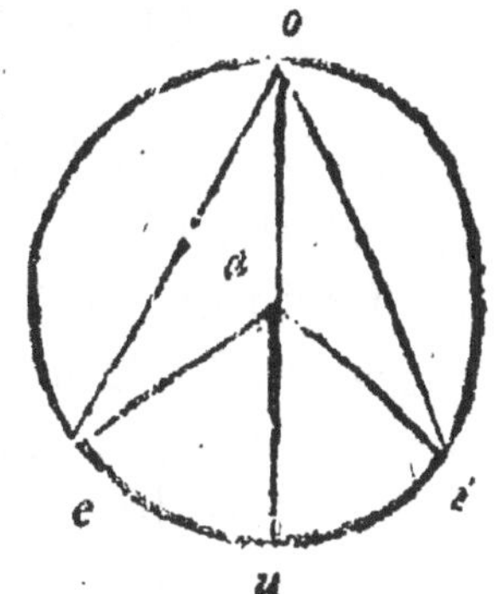

PROPOSITIO XIII.

Anguli in centro periperiâve circulorum æqualium, ſunt ut peripheria in quas inſiſtunt. Et contra. E. 26. 27. p. 3. & 33. p. 6. R. 6. e. 16.

Demonſtrationem præcedens ſuppeditat.

Si peripheriæ, in quas inſiſtunt, ſunt æquales, cum per ſe conſtat conſequutionis ratio: ut hic,

Sin

Sin vero sint inæquales, verbi causâ una ad alteram dupla; tunc anguli quoque sic erunt: per ix. congr. Æqualia seu æquè multiplicia ad idem, proportionem eandem inter se obtinent.

PROPOSITIO XIV.

Anguli in eadem sectione sunt æquales. E.21,26. 27.p.3. R.11.e.16.

Ut, sectio sit *e a u o*: & in *e a* anguli ad *a* & *u*: hi æquantur. Quia per 12. præced. sunt dimidii ad angulum in centro *e y o*. Vel æquantur etiam per præced. quia insistunt in eandem peripheriam.

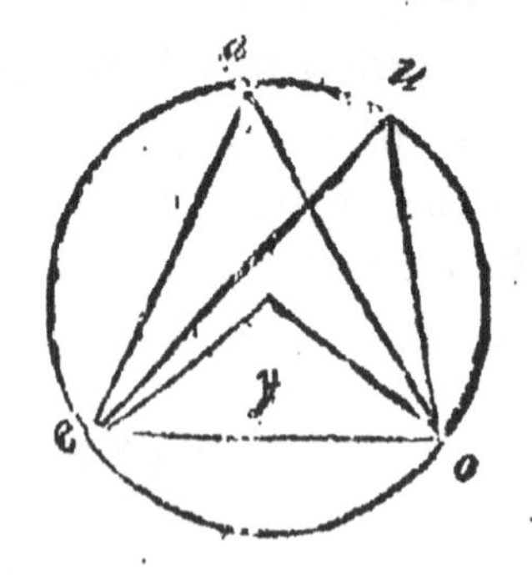

PROPOSITIO XV.

Anguli in oppositis sectionibus æquantur duobus rectis. E.22.p.3. R.12.e.16.

Si enim anguli oppositi ad *a* & *i* æquantur tribus unius trianguli, sc. *e o i* qui æquantur duobus rectis per 7. p. 5. c. erunt & illi æquales duobus rectis. Nam *i* primum æquatur sibi; deinde *a* per partes æquatur duobus reliquis ad *e* & *o* constitutis. Namque *e a i* æquatur ipsi *e o i*, & *i a o* ipsi *o e i*, per præcedentem.

PROPOSITIO XVI.

Angulus in semicirculo rectus est: semicirculi vero, minor recto rectilineo; sed major quovis acuto. In majore autem sectione, est minor recto: majoris sectionis, recto major. In minore sectione, major est recto: minoris vero sectionis, minor est. E. 16. & 31. p. 3. R. 18. e. 16.

Septem sunt partes hujus propositionis.

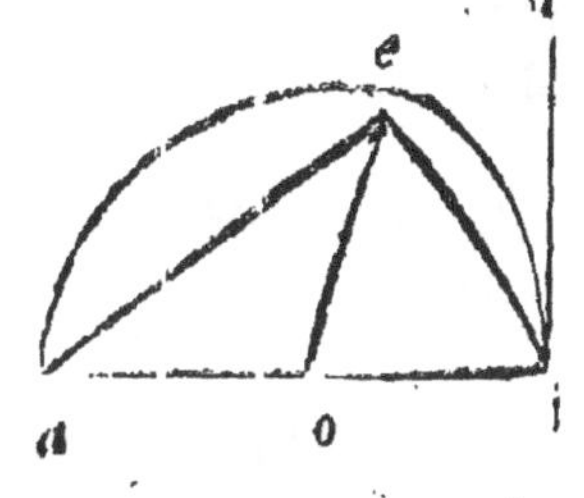

1. Pars, quod angulus in semicirculo sit rectus. Ut in *a e i*: nam si radius ducatur *o e*, dividetur angulus *a e i* in duos angulos, *a e o* & *o e i*, æqualis angulis *e a o* & *e i o* per 13. p. 5. c. sunt enim triangula æquicrura. Itaque cum totus *a e i* sit æqualis reliquis ad *a* & *i* constitutis erit rectus, per 10. p. 5. c.

2. Quod angulus semicirculi, qui à recta *a i* & peripheria *i e* terminatur (cornicularis dictus) sit minor recto; patet ex eo, quia pars est recti *a i u* rectilinei.

3. Quod

3. Quod si major quovis acuto, patet ex *i u* gente perpendiculari, diametro singulari, per p. præced.

4. Quod *a i e* angulus in majore sectione (quam sit semicirculus *i e*) minor sit recto, arguit pars prima: quia angulus rectus est; reliqui *a i e* & *a e i* ii recto æquantur.

5. Quod angulus cornicularis *e a i* major sit recto, arguit quoque pars prima; rectus enim rectilineus *a*, qui continetur in illo.

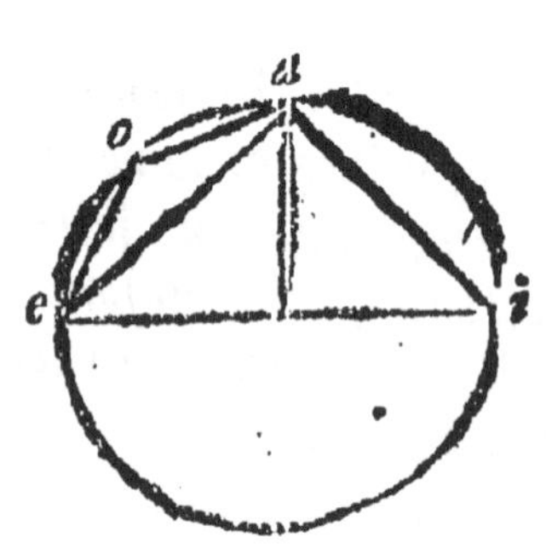

6. Angulus *a o e* in minore sectione, est major recto, per 15. p. præced. quia qui in opposita sectione ad *i*, est minor recto.

7. Angulus *e a o* est minor recto: quia pars recti foret, nempe exterioris, si producitur *i a*.

PROPOSITIO XVIII.

Si duæ inscriptæ quomodolibet intersecantur, rectangulum è segmentis unius, æquatur rectangulo è segmentis reliquæ. E. 35. p. 3. R. 9. e. 15.

Si intersectæ sunt diametri, patet proportio ; ut in priore figura. Nam rectangulum è segmentis unius, æquatur rectangulo è segmentis reliquæ: cum sint ambo quadrata laterum æqualium.

Si non sint diametri, ut in posteriore figura *a i* & *e o*; tamen rectangulum quod continetur à segmentis *a i*, æquale est ei quod continetur sub *e* & *o*. Ductis enim *a e* & *o i* rectis, *a o* item & *e i* rectis: fient triangula similia seu æquiangula, & proin proportionalia cruribus homologis, per 24. p. 5. c. & 10. p. 6. c. Anguli enim ad *u* verticales inter se æquantur, per 9. p. 3. c. Anguli dein *e a i* & *i o e* æquales sunt per 14. p. & ita consequenter per eandem reliquus, reliquo æquabitur. Latera igitur æquales angulos subtendentia sunt proportionalia per proprietatem figurarum similium, & 24. p. 5. c. Itaque per 11. p. 6. c. factus quoque ab *e u* & *u i* quasi terminis intermediis ; æquabitur facto ab *a u* & *u i*, tanquam ab extremis.

PROPOSITIO XVIII.

De Ascriptione figurarum rectilinearum circulis.

Si dua rectæ bisecent duos angulos dati rectilinei ; culus radii ab earum concursu in latus perpendiaris, inscribetur dato rectilineo : sin rectæ bisent duo latera dati rectilinei, circulus radii ab ean concursu in angulum circumscribetur dato rectieo. E.4.5.8. p.4. R.4.5. e.17.

Habet hæc Prop. Inscriptionem & Circumscrionem dato rectilineo.

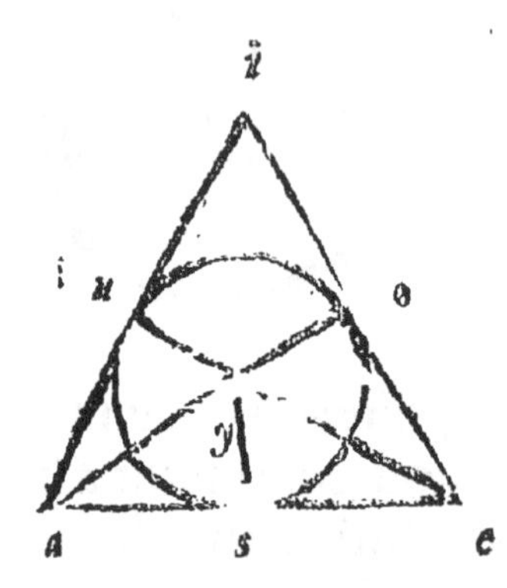

Ut in triangulo *a e i*, rectæ *a o* & *e u* bisecant ngulos *a* & *e* ; & à bisecantium concursu sunt perendiculares *y o*, *y u*, & *y s*. Centro igitur *y* poito, radiis *yo*, *y u*, & *y s*, describetur Circulus inriptus triangulo. Bisecantes namque cum perendicularibus facient triangula æquilatera ; ideoque tres perpendiculares, quæ sunt bases triangulorum æquilaterorum, sunt quoque æquales. Idem iudicium est de triangulato parallelogrammo.

Quod si è concursu bisecantium latera radius sit n angulum dati rectilinei, tunc circulum dato rectilineo circumscribes. Ratio eadem est quæ ante : tres enim radii æquales, & concursus est centrum :

Ut

Ut hic vides:

PROPOSITIO XIX.

Si diametri recte intersecantur, subtensa recto erit latus quadrati. E.6.p.4.R.2.e.18.

Ut hic. Crura namque anguli erunt radii, quorum diametri connexæ facient quatuor triangula rectangula æqualia cruribus, & proin basibus. Ideoque quadratum asscribent.

PROPOSITIO XX.

Radius circuli est latus inscripti sexanguli. E.15. p.4. R.6.e.18.

Sexangulum inscribitur per triangulum æquilaterum inscriptum, bisectis tribus angulis. Sed brevius inscribitur per radium sexies deinceps inscriptum. Ut hic:

Ductis

Ductis namq; s diametris, oy & us, fi- triangula sex pleura & æqua-

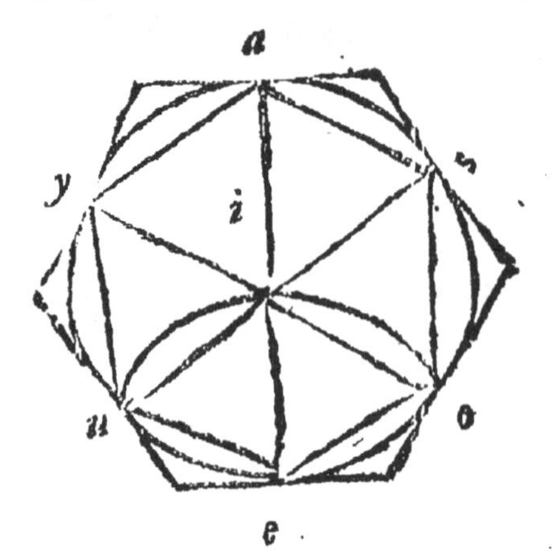

Geometria partium circuli satis pro insti-
tuto videtur explicata : tandem etiam de totius Circuli men-
sura aliquid dicito?

Ea prodit ex geodæsia Multanguli ordinati : inde amque est dimensio Circuli, τετραγωνισμὸν seu Quadratura circuli vulgo dicta. Cujus totius quæstionis solutio est è ratione diametri & peripheriæ, in sequenti Theoremate.

PROPOSITIO XVII.

Peripheria circuli est tripla diametri, & ferè sesquiseptima. R.2.e.19.

Quod enim tripla sit, sex radii sive tres diametri indicant, quibus peripheria circumscribitur, per præced. Et quia peripheria est continens, major est triplo: sed excessus non pla-

en

ne est sesquiseptimus. Deest enim unitas unius septimæ, & excessus idem longe major est quam sesquioctava. Itaque differentia quia vicinior erat sesquiseptimæ, assumpta est sesquiseptima: propinquum vero, pro ipso vero.

PROPOSITIO XXII.

Planus sive quadratus è radio & peripheriæ dimidio, dabit aream circuli. R.1.c.2.e.19.

Ut hic, si circuli diameter sit 14. par radius ejus erit 7. part. & inde peripheriæ dimidium ferè 22. quæ per 7. multiplicata, faciunt 154. aream circuli.

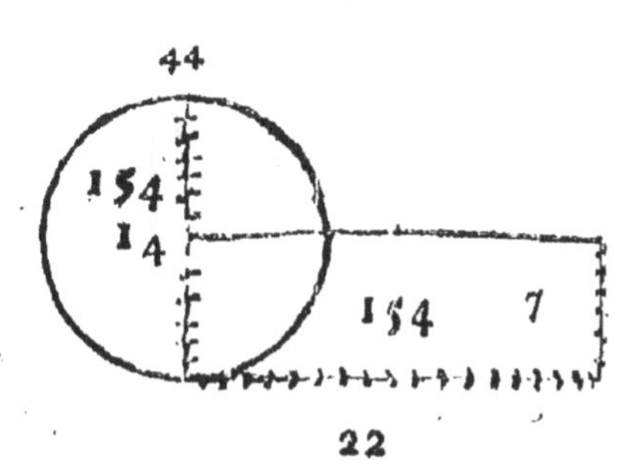

Tripla namque 14. prodeunt 42. quibus adjice partem sesquiseptimam, scil. duo, prodeunt 44. hujus dimidium sunt 22. Radius sive semidiameter 7. si in 22. ducatur, prodit planum oblongum, cujus area est 154. part. æqualis areæ Circuli. Porrò binorum duntaxat, diametri sc. & peripheriæ, dimidia assumuntur, à quibus comprehenditur oblongum: quia in diametro duo latera opposita minora, in perimetro duo reliqua opposita majora rectanguli continentur.

Ita Circulos cœlestes, per semidiametros sive radios, 60. gradibus constantes, mensurare solent Astronomi. Ut hic videre licet:

Atque

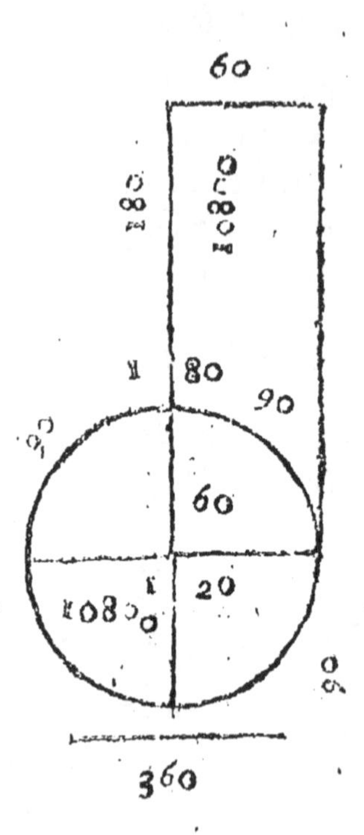

que ista hactenus de Geometria Lineari, & Li-
entari, in Plano rectilineo & rotundo dicta
iant: quorum rationes & affectiones analo-
uadàm in Solidorum Geodætiam dimensione
iore deinceps haud difficulter introducentur.

GEO-

GEODÆSIA,

PRÆCEPTORU
Geometricorum usum per radium breviter explicans.

GEOMETRIÆ *elementa ἐξ ἀφαιρέσεως, in determinatis Magnitudinis speciebus, earumque affectionibus variis, per definitiones atque theoremata proposita cognoscuntur: illorum vero usum ἐκ προσθέσεως in certa materia subjecta adumbrat & explicat Geodæsia.*

Est autem Geodæsia ars, quæ propositæ magnitudinis materiatæ quantitatem nota quædam mensura invenit.

In Geodæsia igitur duo veniunt consideranda: Materia subjecta, quæ mensuranda proponitur, & causa instrumentalis, per quam mensuratur.

De Subjecto Geodæsiæ.

Materia subjecta consideratur, secundum illius tum Genera, tum Adjuncta.

Per genera Magnitudinis intelligitur: num proponatur mensuranda Linea, an Lineamentum; Atque hoc, num Angulus, aut Figura? Et si Figura, num Plana, vel Solida? Et Plana, utrum Rectilinea, num Triangulum, aut Triangulatum. Et si consequenter. Est enim Axioma Geodæticum hujus modi,

Omni-

nnis magnitudo cognomine mensuræ genere men-ur.

c Lineæ lineis mensurantur: verbi gratiâ, si ncreto quæratur, quanta sit longitudo Pontis ii, id explorabitur per lineam rectam, quæ t longitudinem pontis. Superficies vero su-ciebus: ut est Pes quadratus, Jugerum, &c. la Solidis: ut in nostro usu sunt Dolia, Mo-&c.

gnito Magnitudinis genere, consideranda ulte-venit illius affectio: sit ne videl. Linea men-nda recta vel obliqua? Ex Lineamentis autem, Figura proposita Ordinata, an Inordinata, &c. tur Triangulum, respondeatne Orthogonio, Am-nio, an Oxygonio? &c. Neque enim uno eo-que modo quorumlibet Geodæsia instituetur: uti bunt hujus rei canones.

De Causa Instrumentali.

ic primum Instrumenta ipsa; deinde illorum seu rationem utendi proponemus.

strumenta geodætica sunt certa ac notæ quædam uræ.

ensura autem est instrumentum, seu medium & iniculum, cujus beneficio ignotæ alicujus magni-nis quantitas innotescit.

orrò, Instrumenta mensoria sunt duplicia: Na-lia, & Artificialia.

aturalia dicimus, quæ natura ipsa in nobis pro-it: ac proin cognitu facilia, & cuivis fere ob-esse possunt.

Suntque

Suntque rursum, aut Minora, aut Majora.

Instrumenta mensoria minora illa vocantur, quæ perfecti humani corporis staturam non superant, atque ab ejus partibus inprimis sunt petita: ut sunt, Digitus, Palmus, Pes, &c.

Majora sunt, quæ ex minoribus hisce componuntur, & staturam hominis superant; ut, Perticæ mensoriæ, Stadia Milliaria, &c.

PALMUS.

Digitus.

Tabella mensurarum naturalium Geodæticarum, & fractionum illarum.

Granum	Digitus	Uncia	Palmus.	Spithama	Pes	Cubitus	Gressus.	Passus	Orgya	Pertica.
Grana	4.	$5\frac{1}{15}$	16.	48.	64.	96.	160.	320.	384.	640.
	Digiti	$1\frac{1}{3}$	4.	12.	16.	24.	40.	80.	96.	160.
		Unciæ	3.	9.	12.	18.	30.	60.	72.	120.
			Palmi.	3.	4.	6.	10.	[illegible]	24.	40.
				Spithamæ	$1\frac{1}{3}$.	2.	$\frac{1}{3}$.	$6\frac{2}{3}$	8.	$13\frac{1}{3}$
					Pedes.	$1\frac{1}{2}$.	$2\frac{1}{2}$	5.	6.	10. alias 12 vel 16
						Cubiti.	$1\frac{2}{3}$.	$3\frac{1}{3}$.	4.	$6\frac{2}{3}$.
							Gressus	2.	$2\frac{2}{5}$.	4.
								Passus	$1\frac{1}{5}$.	2.
									Orgyæ	$1\frac{2}{3}$.

Instrumenta Minora.

1. Granum hordeaceum principium mensu[illegible] ponitur.

2. Digitus, latitudine quatuor granorum h[illegible] deaceaorum.

3. Uncia seu Pollex: $1\frac{1}{3}$. digiti.

4. Palmus minor: mensura 4. digitorum.

5. Spithama seu Palmus major: habet palm[illegible] minores tres, ac proinde digitos 12.

6. Pes: continet palmos minores 4. digito[illegible] pollices sive uncias 12.

7. Cubitus seu Ulna: complectitur sesquip[illegible] dem, sive 24. digitos, sive palmos 6.

8. Gressus: mensura duûm pedum cum semiss[illegible]

9. Passus: est gressus duplicatus, continens p[illegible] des geodæticos. 5.

10. Orgya: continens cubitos 4. seu pedes 6.

Majora.

11. Pertica sive Virga: quæ fuit apud Rom[illegible] nos pedum 10. apud nos solent eam facere 16. pe[illegible] dum alibi aliter.

12. Stadium: mensura 125. passuum, hoc 625. pedum.

13. Milliare, & quidem nostrum; est pass[illegible] 5000. duarum horarum iter.

14. Maxima denique mensura est, quæ hab[illegible] in semidiam[illegible] tro Terræ.

Atqui mensuræ istæ usurpantur, vel simplici vel Copulate.

Si

implicitér quidem, quando solam longitudinem nt: atque idcirco earum usus est tantum in mentndis lineis. Ut in mensurandis rerum distan-; idque vel sursum, vel deorsum, vel antrorsum transversim collimando: altitudinibus item & funditatibus, radiis cum directis, tum transis accommodatis. Et notantur ita communi lineolâ rectâ — aut sic;

L

Copulatæ vero mensuræ, ex multiplicatione prount. Ac tum notant, vel Superficies vel Solida.

Superficies notant mensuræ, quæ ex unica multiatione producuntur; quibusque superficies menri solent. Ut Actus, Jugerum, &c.

Quæ autem Solida notant mensuræ, è duplici mulication prodeunt, illarumque usus est in mensula corporum crassitie & profunditate. Hinc somensuræ dicuntur. §. Ut exempli gratia, si iines Pedem unum: vel denotas solam longinem, & dicitur Pes simplex, qui notatur sic; — vel

L

Vel superficiem notas, & tur Pes quadratus, ex una scil. multiplicatione ieri in seipsum factus; ut si pes simplex sit 4. quaus erit 16. notari potest ita:

✠

Vel denisolidum notas, latitudinem simul & profundin: & Pes corporeus sive solidus vocatur, ex ici multiplicatione numeri alicujus proveniens; iadratus pes si sit 16. solidus erit 64.

Nam $\frac{4}{4}$. | 16. faciunt : $\frac{16}{4}$| 64.

Et quilibet hujuſmodi Pes menſurandis mag
tudinibus homogeneis convenit.

Quod ſi etiam ſumantur menſuræ pro ſuperficieb tum rurſum ſunt duplices : aut enim ſumuntur Quadrato : aut pro Oblongo. Tottuplex namq eſt Parallelogrammum rectângulum.

Pro Quadrato ſumitur menſura, quæ in ſeipſ ducitur ſeu multiplicatur. Ut ſi pedem in ped multiplices, producetur. Pes quadratus.

Pro Oblongo autem, quando minor menſura duci tur in majorem. ſeu : Quando è menſuris inter multiplicandis altera, eſt alterius pars ; tunc fact ex multiplicatione eſt Oblongum. Ut, ſi d pedes ducas in tres ; aut ſi quinque pedes ducas Perticam, fiet inde Oblongum.

Eſt namque Axioma Geodæticum generale:

Quælibet menſura in cognominem menſuram mul tiplicata, ejuſdem nominis Quadratum parit : mul tiplicata autem per heterogeneam, gignit Oblong à majore menſura denominatum.

De Inſtrumentis menſoriis Artificialibus.

Uſu ſæpe venit, ut inſtrumenta naturalia, n quidem non haberi ; ſed in menſurando adhib commode non poſſint : Ut, ſi à termino quopiam tato longitudo viæ ad turrim aliquam menſura detur ; acceſſus autem, vel ob interjectam aqu vel ob circumcingentem foſſam, inſtrumento turali ſit præcluſus. *Huic proin rei quoque re*

di

n industrium valde excogitavere Artifices; &
quædam Instrumenta (quæ naturalium loco, ut
iis analogia certa respondentia, assumi possint)
ficio logistico, è solius Trianguli orthogonii na-
, tanquam Magistri geodætici, deduxere.
Horum autem instrumentorum licet sint varia;
cipua tamen sunt, Radius, Quadrans & Qua-
tus geometricus.

De Radio metrico, seu Geometrico, & Astronomico dicto.

Ex instrumentis artificialibus geodæticis, Radium
ricum seligendum esse, cum Ramo existimamus.
ic si quidem Triangulum orthogonium sensibiliter
t: Quadranti vero & Quadrato cogitatione
taxat.

Instrumentum hoc (quod vulgo Baculum Jaco-
m vocant: forte quod à Patriarcha illo inven-
, vel ab ejus temporibus antiquissimus hujus
fuerit) omnium reliquorum geodæticorum
trumentorum commodissimum est, ad Geodæ-
tum rectarum linearum, tum planorum & so-
orum: Uti Ramus evidenter monstrat l. 9. 12.
15. 19. & 20. Et nos in Epitome nostra Geo-
rica, part.2.cap.5. prop.26. & 27.

Est autem Radius instrumentum mensorium, cru-
inter se inæqualium perpendicularium: quorum
rum metiendæ magnitudini rectum, reliquum ve-
parallelum esse convenit.

Sic enim fient triangula similia, & inter se proportionalia, per 4, 5. 6. p. 6. Eucl. & 26. p. cap. 2. part. supr. in Geometriæ elementis nostris. Ut hic, crura inter se inæqualia vides Radii: quorum *a o* est perpendicularis *e i*, & *e i* vicissim *a o*. Ita & *a o* crus rectum seu perpendiculare mensurandæ longitudini *o u*, *e i* autem parallelum

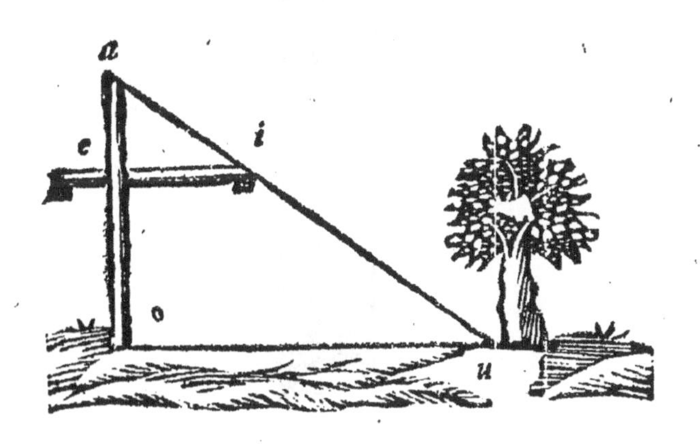

Crura Radii sunt: Index, & Transversarium.

Index est Radii crus majus, à cujus termino visus plerunque excurrit: quantitate sua duplus sesquicimus Transversarii.

Transversarium autem est crus minus Radii per cujus terminum visus plerunque transit; per Indicem volubile, modo sublimius, modo humilius, modo etiam in transversum.

Ind

Transversarium.

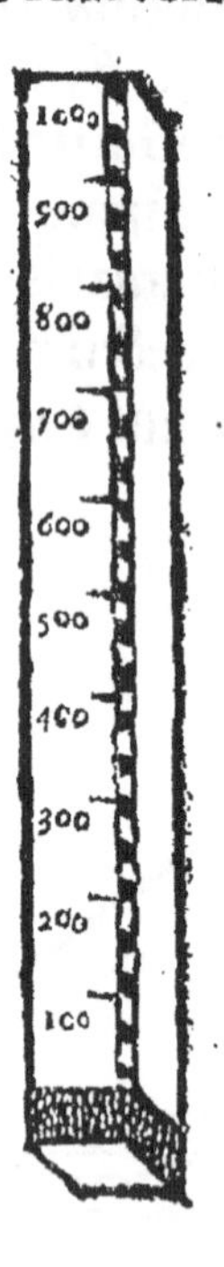

Radius itaque fabricantur ex duabus æqualis crassitiei regulis quadrilateris, cujuscunque materiæ idoneæ; quarum unius longitudo sit dupla sesquidecima ad longitudinem alterius, hoc est, si unius longitudo sit 10. part. alterius sit 20. &c. si igitur, ut plerumque fit, Transversarii longitudo sit 1000.part.

Index constituetur 2100. part. Ad usum communem, Transversarium 18. unciarum, seu sesquipedale assumi potest: Index inde 36. unciarum sive 3. pedum. In Transversario relinquantur unc. 2, vel 3. pro manubrio, reliqua dein portio dividatur in 100. partes æquales (quæ, si opus sit, facili negotio pro 1000. cogitatione concipi possunt) numerisque distinguatur de 10. in 10. Atque ita etiam Index in 210. partes. Quod si portio aliqua in fine Indicis post distributionem residua sit, non amputetur, sed reservetur; ut, si opus sit, mensura Indicis tripedalis, &c. exacte per Indicem habeatur.

In rebus majoris momenti majora prosunt instrumenta; ut Index Radii quandoque detur 5, 6, 7, vel 8. pedum.

Atque hæ duæ regulæ sive crura radii fistulis sic coaptanda veniunt; quo Transversarium hinc inde per Indicem in partem quamvis volvi possit.

Transversario quoque Cursor quidam cum dioptra, qui hinc inde per Transversarium duci possit, inserendus.

Terminis denique Indicis ac Transversarii dioptræ, pro recta in metam datæ magnitudinis collimatione, infigendæ.

Sic

Sicq; ſic ad uſum accommodatum præparatum fuerit Inſtrumentum menſorium.

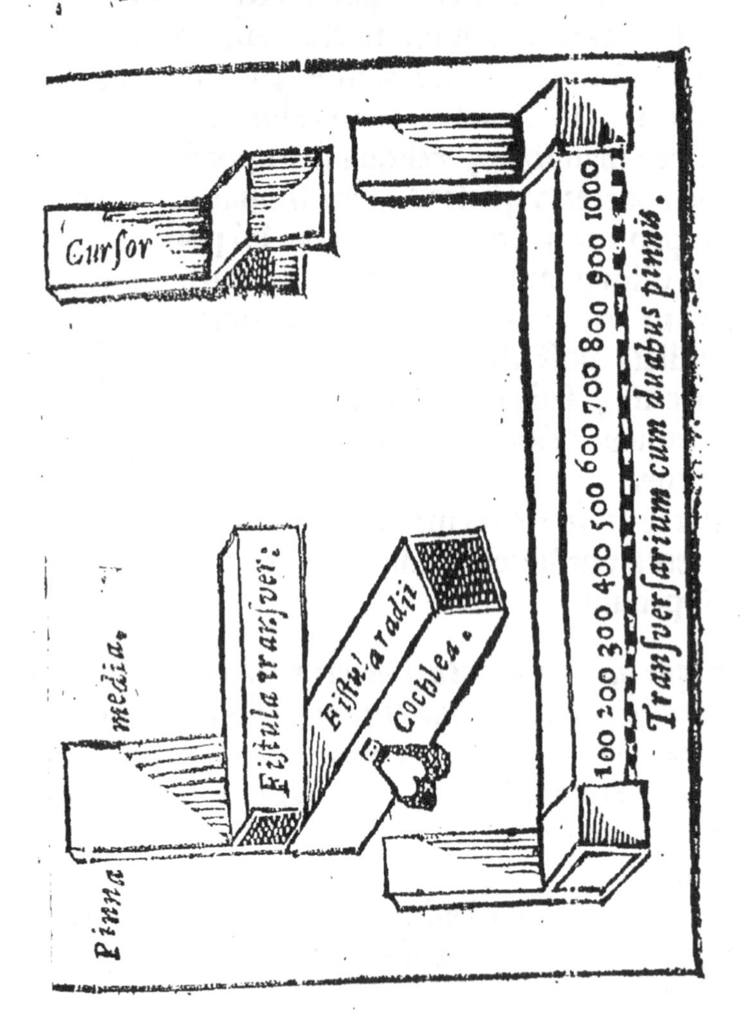

De Inſtrumentorum geodæticorum utendi ratione: atque de Geodæſia Linearum rectarum.

Geodæſia magnitudinis cujuſcunque inchoatur à menſuratione Linearum rectarum ; tanquam terminorum

norum principalium superficierum solidorumque, tam rectilineorum quam curvilineorum. Semidiametri namque sive (ut vocantur) sinus, arcus quoque sibi correspondentes metiuntur. Quantitas proinde rectarum linearum primo omnium exploranda venit: inde superficierum corporumque geodæsia haud difficilis futura est.

Recta vero linea mensurari potest instrumento geodætico, vel naturali, vel artificiali.

Mensuratio rectarum per naturale instrumentum, perficitur ἐφαρμόσει *& congruentia rei mensurandæ cum conveniente sibi mensuræ genere.*

Sic tripedalis longitudo trium pedum mensuræ applicatione absolvitur: sesquipedalis, vel duarum spithamarum, vel 6. palmorum, vel 18. unciarum vel 24. digitorum, vel 96. granorum mensura adhibita. Et sic de aliis.

Artificialis autem rectas mensurandi ratio, commodissime (ut dictum est) *Radio adhibito perfici potest.*

In usu porro Radii duo occurrunt consideranda: Mensoris nempe aptitudo, & Rectarum linearum situs.

De Mensoris aptitudine:

Sit 1. *Justa in metam distantia. Neque enim visus est infinitus.*

2. *Obductus alter oculus. Vis namque optica è duobus oculis in unum conducta firmius collimat.*

3. *Radius ad os genæ applicatus. Hic etenim oculus est tanquam centrum Circuli, cui inscriptum sit Transversarium.*

4. *Manus*

4. *Manus quietæ. Nam si trepident, facile turtur proportio Geodæsiæ, quo minus recte advertar.*

5. *Statio, si fieri poteste recta.*

6. *Visus emissio per dioptras, in metam seu terminum mensurandæ lineæ alterum.*

7. *Denique si visus sit, aut visio fiat, ab initio eu termino cruris alterius per terminum reliqui; rus alterum sit rectum, seu ad angulos rectos, termi metiendæ magnitudinis, reliquum vero parallelum.*

Ut, si visus sit ab initio Indicis per terminum Transversarii, Index ad terminum metiendæ rectæ lineæ rectus seu perpendicularis; Transversarium autem parallelum, esse debet. *Et contra.*

Index rectus sive perpendicularis appensa bolide facile probari potest in longitudine directa: in altitudine vero & latitudine transversali, fides est adhibenda oculis: Tametsi modica de flexio perpendiculi sensibilem aliquem errorem non facile pariat.

De Rectarum situ.

Situs rectarum linearum est triplex: in Longitudinem, qui est antrorsum: Altitudinem, si recta sit, sursum, deorsumve in profundum: & Latitudinem, transversim collimando.

I. LONGITUDINIS. Geodæsia.

L*ongitudinis Geodæsia duplex est: è Distantia videlicet seu statione, vel Uncia, vel Duplici.*

E sta-

E statione unica itidem duplex est geodæsia: vel Indice recto, & parallelo Transversario; vel Indice parallelo, & Transversario recto: (Modo viæ sive alterius alicujus longitudinis quantitas cognita habeatur.)

Semper crus alterutrum parallelum esse debet in metam magnitudinis, cujus quantitatem desideras, Crus namque parallelum proportionale est quæsitæ longitudinis lineæ rectæ.

PROPOSITIO I.

E statione unica, Longitudinem ignotam, ex nota quadam Altitudine, invenire: per Indicem rectum in terminum Longitudinis, & parallelum Transversarium in metam distantiæ ejusdem.

THEOREMA I.

Si visus sit ab initio indicis recti in metam longitudinis: ut tunc erit segmentum Indicis ad segmentum Transversarii; sic Mensoris altitudo ad quæsitam longitudinem. R. 7, c. 9. ex 21, p. optic. Eucl. ut & sequentia.

Ab initio] id est, à superiore puncto, quod dioptrâ Indicis notatur. Ut hic, *y*, vel *a*.

Vide Tab: 1. Fig. 1, fol. 172.

Indicis recti] id est, perpendicularis, ut *y o*, vel *a o*.

In metam longitudinis] hoc est, in terminum

petitæ

itæ longitudinis, punctum scil. oppositum per
ectam lineam à puncto perpendicularis Indicis fa-
o in metam longitudinis : ut ab *o* in *u*, per *i* in *u*.
Mensoris altitudo] quæ scil. fit ab initio Indicis
i planum inferius : ut *y o*, vel *a o*.

Idem metiendi modus est, è loco inferiore, & altiore.

Ex inferiore ita :

Sit, exempli causâ, segmentum Indicis â vertice, nempe *a*, ad Transversarium *e*, 6. partium, egmentum autem Transversarii ab Indice *e*, ad opticam lineam *i*, 18. partium. Quemadmodum nunc se habent 6. ad 18. sic se quoque habebit altitudo mensoris, *a o* (quæ præcognita tibi sit per instrumenti quoddam genus naturale) ad longitudinem quæsitam *o u*. Esto autem mensoris altitudo 4. pedum. Longitudo itaque mensuranda erit 12. pedum. Ubique namque est ratio subtripla.

Demonstratio triplex. 1. Sunt *a e i* & *a o u*, duo triangula æquiangula similia : proportionalia proinde, per 4. & 5. p. 6. Eucl. & 26. p. 5. cap. 2. part. sup. Angulus etenim uterque, *a e i* & *a o u*, rectus est ex hypothesi: angulus autem *a e i* communis. Reliquus igitur *o u a*, reliquo *e i a* æquabitur, per 19. p. 5. c. super.

2. Vel sic *a o* est perpendicularis basi (scil. metiendæ longitudini) *o u* : Ergo crus alterum, Transversarii nempe, *e i*, est basi *o u* parallelum, per def. Radii. Ideoque latera segmentorum sunt proportionalia, per 5. p. 5. c. supr.

3. Vel

3. Vel sic. Sunt duo triangula rectangula ex thesi: ergo duo quilibet reliqui anguli cujusque trianguli uni recto æquantur. Utriusque autem triangulis communis est *e a i*: reliquus ergo reliquo æqualis, per 6. & 7. ax. Sunt ergo triangula similia inter se & æquiangula; proin proportionalia cruribus: per 4,5,6. p.6. E. & 26. p. 5. c. supr.

Res porrò facili negotio expedietur, si proportionales termini alternatim collocentur, & operatio per Auream regulam instituatur. Ut hic: Si part. 6. dant ped. 4. Ergo part. 18. dabunt ped. 12.

Ex altiore quoque loco sic:

Sit segmentum Indicis ex *y*, 5. part. Altitudo mensoris, 10. ped. Segmentum Transversarii 6. part. Data igitur longitudo erit, 12. ped.

Nec quidquam interest, sive longitudo sit in subjecto plano, sive in ascensu descensuve montis, sursum deorsumve collimando: dummodo Index in lineam longitudinis sit rectus. Ut in subjecta figura:

Vide Tab. 1. *Fig.* 3. *fol.* 174.

Hoc modo metiri licet latitudines quoque fluminum, vallium, fossarum, distantia item navium in mari, &c. Ut hic:

Vide Tab. 1. *Fig.* 4. ibid.

Distantias item turrium, ædificiorum, &c. inter se, Ut hic:

Vide Tab. 2. *Fig.* 1. ibid.

PRO-

PROPOSITIO II.

E statione unica, longitudinem ignotam, ex nota altitudine, invenire: Indice parallelo in metam longitudinis, & Transversario recto.

THEOREMA II.

Si visus sit ab initio Indicis paralleli in metam [lon]*gitudinis: ut erit segmentum Transversarii ad* [seg]*mentum Indicis, sic data seu cognita altitudo ad* [lon]*gitudinem.* R. 8. c. 9.

Ut si, verbi gratia, segmentum Transversarii sit [12]0. aut 60. part. data seu cognita altitudo 400. [au]t 20. ped. segmentum Indicis 210. aut 105. part. [Lo]ngitudo itaque per Auream regulam erit 700. [au]t 350. ped.

Demonstratio par est superioribus. Sunt enim [tr]iangula æquiangula, ut prius. Sicut igitur *o u* [ad] *u a*, sic *e i* ad *i a*.

Tab. 2. *Fig.* 2. *pag.* 175.

PROPOSITIO III.

E statione duplici, Longitudinem quandam in[ve]nire, quum superiore modo neutro capi potest [(i]*nterjecto videl. vel muri, vel arboris, vel montis,* [&]*c. impedimento; ut meta longitudinis videri ne*[qu]*eat, ut in primo modo; neque altitudo contermi*[na] *extremæ longitudini sit cognita, ut in secundo* [m]*odo*) ubi Transversarium, si recedendi copia ma-jor

jor ſit, deprimitur in ſecunda ſtatione; vel contra elevatur, ſi procedendi major ſit commoditas: idque vel Indice recto & Transverſario parallelo, vel contra.

THEOREMA III.

Si viſus ſit ab initio Transverſarii paralleli, in metam longitudinis, per terminum Indicis recti ad metam in alto poſitam: ut erit in Indice differentia majoris ſegmenti ad minus, ſic differentia inter primam & ſecundam ſtationem ad Longitudinem quæſitam. R.9.c.9.

Figura ita eſt, in qua collimatio prima ſit ab *y* initio Transverſarii, & è quæſita longitudine *ai*, per *o* terminum Indicis, in *e* metam altitudinis: & ſegmentum Indicis *o u* partium 72. Transverſarii verò, 70. Secunda collimatio ſit per receſſionem 40. pedum, ab *y* initio Transverſarii, è diſtantia majore, per *s* terminum Indicis, in eandem metam *e*: & ſegmentum nunc Indicis *s r*, 36. part. Transverſarii autem, ut prius 70. Hic dimenſio perfecta erit, ſumta differentia ipſius *o u* ſupra *sr*, videlicet 72. ſupra 36. quæ differentia eſt 36.

Vide Tab. 2. *Fig.* 3. *fol.* 176.

Demonſtr. ſic eſt. Si baſi *iy*, trianguli *eiy*, parallela *al* ducatur; ſegmenta laterum trianguli *e i y*, per 2. p.6. E. & 13.c.5.R.& 5.p.5. c. ſuper. erunt proportionalia. Ut ergo *e l* ſive *o m*, majoris ſegmenti differentia, ad *l i* ſive *m u*: ſic *ya*, differentia ſtationum, ad *a i* longitudinem quæſitam.

m. Et alterne quoque, ut *e l* ad *y a*, sic *l i* ad Aureâ regulâ sic concluditur :

6. part. different. part. dant 40. ped. diff.stat. 072. part. dabunt 80. ped.

Eadem ratione colligere licet :

i visus sit ab initio Indicis paralleli, in metam itudinis, per Terminum Transversarii in me- altitudinis certam: ut erit in Indice differen- majoris segmenti ad minus, sic differentia primæ ecundæ stationis ad longitudinem quæsitam. R. t. 9.

it, verbi causa, segmentum Transversarii 50. t. Indicis verò in prima statione 40. in secunda part. differentia est 20. part. quæ à prima ad indam distantiam 30. pedes exhibent. Regulâ tâ nunc concluditur :

Vide Tab. 2. Fig. 2. pag. 177.

:0. part. dant 30. ped. *Ergo* 60. dant. 90.

II. ALTITUDINIS.
Geodæsia.

Altitudinis Geodæsia itidem est duplex: Distan- sive stationis, aut unius, aut duplicis.

Est vero Altitudo, perpendicularis à vertice ad n; sursum deorsumve collimando.

PROPOSITIO IV.

E ſtatione unica, ignotam quandam altitudinem, ſurſum collimando, ex nota longitudine; per Transverſarium rectum, & Indicem parallelum in metam altitudinis, invenire.

THEOREMA IV.

Si viſus ſit ab initio Transverſarii recti in terminum altitudinis, per terminum Indicis paralleli in metam altitudinis: ut erit ſegmentum Transverſarii ad ſegmentum Indicis, ſic longitudo data ad altitudinem. R. 10. c. 9.

Deducitur 18. & 19. p. opt. Eucl. Ut, eſto ſegmentum Transverſarii 60. part. ſegmentum Indicis 36. longitudo data ſeu cognita (cognoſci autem poteſt aliquo præcedentium modorum) 120. ped. Altitudo per Auream regulam 72. ped. erit.

Vide Tab. 3. *Fig.* 1. *fol.* 178.

Demonſt. ut prius. Sed addenda hic eſt Menſoris altitudo: quæ ſi fuerit 4. ped. tota altitudo erit ped. 16.

PROPOSITIO V.

Ignotam profunditatem (ut putei, rupis, turris, &c.) è nota longitudine ſeu latitudine ejus transverſali, cognoſcere.

THEO-

THEOREMA V.

i visus sit ab initio Indicis paralleli in metam ʃunditatis: ut erit segmentum Transversarii ad nentum Indicis, sic data longitudo ad profundi- m. R.c.10. e.9.

Est hic eversa altitudo, è 20. p. opt. E. E con- à altitudine, seu potius profunditate, subducto id supereminet, relinquetur altitudo profunda

Vide Tab. 3. *Fig.* 2. *fol.* 179.

i &c. Ut, si sit segmentum Transversarii 5. t. segmentum Indicis 13. nota longitudo putei ped. quæ supernè sumatur pro æquali ejus quæ undo. Quæsitum erit per Auream regulam ped. Unde si tollatur segmentum Indicis su- oram putei, relinquetur vera altitudo.

PROPOSITIO VI.

ιotam altitudinem, per datam longitudinem inventre; Indice recto, & parallelo Trans- versario in metam altitudinis.

THEOREMA VI.

i visus sit ab initio Indicis recti in terminum al- linis: ut erit segmentum Indicis ad segmentum nsversarii, sit data longitudo ad altitudinem. R. :. 9.

It, si Indicis segmentum est 60. part. Trans- irii quoque 60. longitudo data 250. ped. Per eam regulam altitudo erit 250. ped. Ut hic

 vides,

Tab. 3. *Fig.* 3. *pag.* 180.

vides, ſicut *a e* ad *e i* ſic *a o* ad *o u*, per 6. p. 6. E. Sed inventæ altitudini Menſuris altitudo addita, ſi ſit 4. ped. totam altitudinem faciet 254. ped. Atque hic modus à ſuperiore differt ſolo Radii ſitu.

PROPOSITIO VII.

Ignotam altitudinem, è nota ſaltem ejus altitudinis parte (unde reliquum cognoſcere licet) invenire.

THEOREMA. VII.

Si viſus ſit ab initio Indicis, per pinnas ſeu dioptras Transverſarii & Curſoris, in terminos notæ partis: ut erit intervallum pinnarum ad reliquum ſupereminentis Transverſarii, ſic nota deſuper altitudinis pars ad reliquam. R. c. 11. e. 9.

Demonſtratio ſic eſt. Ut *o y* ad *y a*, ſic *e s* ad *s a*, per 6. p. 6. E. & 26. p. 5. c. ſupr. Item, ut *u y* ad

Tab. 3. *Fig.* 4. ibid.

y a, ſic *i s* ad *s a*, per eandem. Ut igitur *o u* reliquum Transverſarii proportionale ad *o y*, ſic *ei* proportionale notum ad *e s*, per 6. & 7. ax. Sit igitur *o u* intervallum pinnarum 20. part. *u y* reliquum ſupereminentis Transverſarii 30. part. nota pars in ædificio altitudinis *e i* pedum 15. Concludetur pro reliquo 1522½.

PRO-

PROPOSITIO VIII.

E statione duplici, Altitudinis alicujus quantitatem investigare.

THEOREMA VIII.

'i visus sit ab initio Indicis recti in terminum al-linis: ut erit in Indice differentia segmenti ad rentiam distantiæ (primæ videl. ac secundæ sta-is) sic segmentum Transversarii ad altitudinem.
12. e. 9.

lepetenda hic sunt eà, quæ supra de mensura ;itudinis per duplicem stationem dicta fuere: em namque principio & figurâ explicantur. Ut ur *l y* differentia Indicis ad distantiam 30. ped. r sive *o u* (sunt enim æqualia) ad *e i* quæsitam udinem. Differentia Indicis sit 23. part. Alti-) quæsita erit $57\frac{9}{23}$ ped.

Vide Tab. 2. *Fig.* 4. *fol.* 181.

ltque ita è geodæsia altitudinis patet quoque dif-ntia duarum altitudinum.

Vide Tab. 1. *Fig.* 2. ibid.

lt in istâ figura patet. Nam si utriusque alti-nis quantitate, per aliquem præcedentium mo-um, inventa, minorem à majore subtraxeris, rentiam residuum dabit.

'inc etiam inæqualium turrium, &c. *altitudi-altera alteram metiri potest: vel minor majo-vel major minorem.*

Minor sic:

Ex minore assumito longitudinem sive distantiam turrium inter se, per 1. theor. (altitudo namque minoris, in qua es, cognosci potest perpendiculo, aut alio aliquo modo superiorum Geodæsiæ altitudinis) tum altitudinem quæ supra minorem est, per Theor. 6. metire, addeque minori: & habebis totius altitudinem. Ut enim *a e* ad *e i*, sic *a o* (cognita longitudo seu distantia ad *o u* altitudinem supra turrim minorem.

Majorita.

Si visus primum à vertice majoris turris, deinde ab ejusdem basi, (vel medio loco per pinnam Transversarii) fit in verticem minoris altitudinis; erit, ut sunt dictæ partes Indicum simul sumptæ, ad partes primi Indicis ut in prima statione erat; sic altitudo intra stationes descensionis ad suum excessum supra quæsitam altitudinem. R.13.e.9.

Sunto namque partes Indicum in vertice & basi, 12. & 6. summaque 18. partium ad 12. primi Indicis partes, prout in primo loco erat: ita & altitudo 190. ped. turris totius *u y*, ad excessum 12$\frac{2}{3}$ ped. Reliquum igitur 60$\frac{1}{3}$. erit altitudo quæsita.

Ita quoque licet è vertice turris, &c. metiri distantiam turrium inter se.

Primus est modus metiendæ longitudinis idem cum hoc, nec quidquam differt, nisi quod Radius extra datam altitudinem suspenditur in *o u*.

III. LA-

Vide Tab. 2. Fig. 1. fol. 183.

LATITUDINIS SIVE TRANSversæ lineæ rectæ Geodæsia.

Latitudinis geodæsia uniusmodi est, è duplici per statione: sequente Theoremate.

THEOREMA IX.

i visus sit ab initio Indicis recti, per pinnas nsversarii, in terminos latitudinis: ut erit in ce differentia segmentorum (per duplicem diiam facta) ad differentiam ipsam stationum seu ntiarum, sic intervallum primarum Transveri ad latitudinem quæsitam.

tus mensurande lineæ rectæ postremus est Lalinis sive transversæ lineæ rectæ. Ut, si prima matio sit *a e i*, per dioptras Transversarii & oris *o* & *u*. Secunda sit *y e i*, per pinnas Transfrii *s r*. Ut igitur *y l* differentia segmenti Indir primam & secundam stationem facta, ad te *s r* (segmenta Transversarii æqualia) sic dia itineris confecti ad latitudinem quæsitam *e i*.

Vide Tab. 4. Fig. 1. fol. 183.

, exempli gratiâ, segmentum Indicis in priatione part. 52. in secunda 82. differentia e. par. intervallum primarum ex utraque par-

Vide Tab. 5. Fig. 2. ibid.

part. iter retrocedendo confectum. 35. ped. gitur latitudo quæsita per Auream regulam ed.

Vide Tab. 4. Fig. 3. ibid.

Demonſt. procedit ducendo parallelam ipſi *a o e* per punctum *s*, per 31. p. 1. E. ſic namque fient duo triangula æquiangula & æquilatera in ſegmentis Radii, per 4. & 26. p. 1. E. & 19. p. 5. c. ſupr. Proinde per 6. p. 6. E. & 26. p. 5. c. ſupr. proportionalia cruribus angulorum æqualitate correſpondentibus, *m y i* & *e a i*.

Atque iſta breviter de Geodæſia Linearum rectarum, tanquam fundamento geodætico cujuſlibet quantitatis ſymmetræ, planæ & ſolidæ, per Radium Geometricum.

Huic acceſſit Tractatus Accuratiſſimus de perſpectiva Communi nec non Juventuti ſatis Luculentiſſimus.

OPUS

PUS PERSPECTIVÆ COMMUNIS in tres librom divisus est.

Primus liber est de luce simplici.

Secundus de radio & visu reflexo, & de omni generes peculorum.

Tertius de radio & visu refracto.

PERSPECTIVÆ COMMUNIS. LIBER PRIMUS.

INter Physicæ considerationis studia, Lux longè jucundius meditantes afficit: inter magnalia Mathematicarum demonstrationum certitudo præclarius investigantes extollit. Perspectiva igitur humanis traditionibus rectè præfertur, in cujus area linea radiosa demonstrationum nexibus applicatur: in qua tam Physices quàm Mathematum gloria & certitudo, utriusque floribus adornata, reperitur. Hujus sententias & conclusiones, omnibus ambagibus rejectis, in compendium contraham, quibus tamen prout materia exigit, naturales & Mathematicas demonstrationes adjiciam. & partim effectus ex causis, partim verò causas ex effectibus deducam, neque quæ ex his bona consequentia eliciuntur, omittam. Et precor, ut Deus Optim. Maxim. lux omnium,

&

& ipse in immensa luce inhabitans, meos conatus adjuvet, meq; illustret & deducat, ad proprietatem & naturam lucis, quam tractandam suscipio, inquirendam & pate faciendam. Dividam autem hoc nostrum opusculum in tres libellos. Primus erit de luce & visu. Secundus de radio reflexo. Tertius autem de radio refracto.

PROPOSITIO I.

Lucem operari aliquid in visum contra se conversum impressivè.

Hoc probatur per effectum. Quoniam visus in videndo lucem fortem, dolet & patitur, & lucis intensæ simulachra remanent post aspectum fortis luminis, nec non locum minoris luminis apparere facito bumbratum & tenebrosum, donec ab oculis majoris luminis vestigium evanuerit.

PROPOSITIO II.

Colorem illuminatum impressivè operari in visum.

Hoc similibus experimentis comprobatur. Oculus namque super colorem à forti luce fortiter illuminatum, fixa intuitione conuersus, si ad colorem debilius illuminatum se deflexerit, inveniet colorem primum apparenter secundo permisceri: defert enim secum oculus coloris fortius illuminati relicta quædam vestigia, ad colores minus illuminatos.

PRO-

PROPOSITIO III.

Quemlibet punctum luminosi vel illuminati, totum objectum sibi medium simul illustrare.

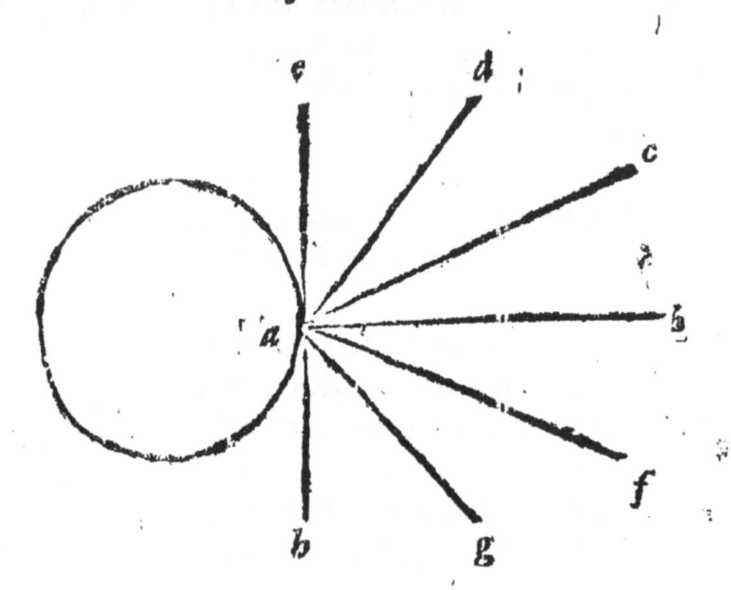

Hoc probatur per effectum. Quoniam quilibet punctus luminosi vel colorati visibilis est in qualibet parte medii sibi objecti. Sed luminosum vel coloratum non videtur, nisi imprimendo aliquid super visum. Ergo imprimit in omnem partem medii.

PROPOSITIO IV.

Totum luminosum vel illuminatum pyramidem sui luminis in quolibet puncto medii terminare.

Hoc patet: quoniam si quilibet punctus luminosi illustrat quemlibet punctum medii: ergo totum illu-

illuminosum illuminat quemlibet punctum. Quod esse non posset, nisi luce pyramidaliter in quemlibet punctum cadente, per quam pyramidem videri potest.

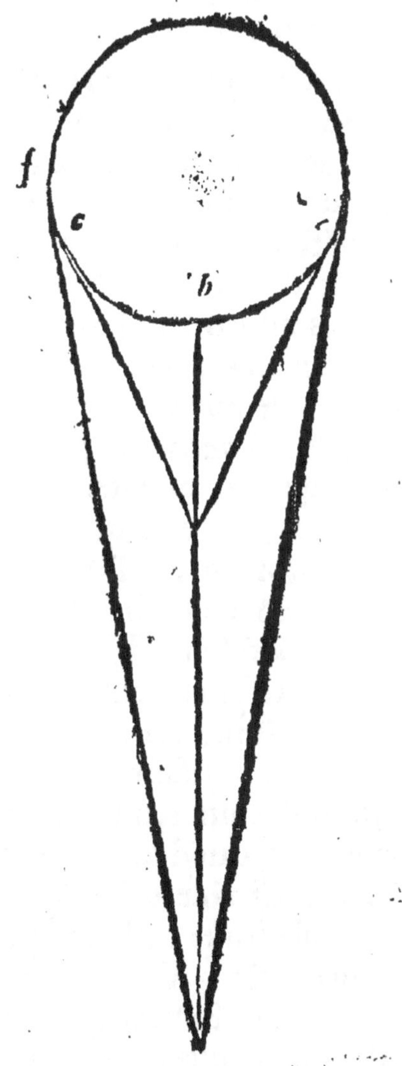

PRO-

PROPOSITIO V.

dentias radiosas per angularia foramina transeuntes mediocris magnitudinis, in objectis corporibus, à foraminibus remotis rotundari, semperque fieri eo majores, quo remotiores.

loc sequitur partim ex quarta præmissa: quon in quovis puncto medii pyramidaliter terati, non sistunt ibi, sed intersecando se procedunt à. Quando igitur radii per foramen incidunt ulare, qui producti in foramine vel juxta, se ersecant, incipiunt dilatari: & si radii in foine se intersecantes ad eam distantiam in rectū iducerentur, qua ex alia parte Sol à foramine tat, patet quòd dilatarentur ad quantitatem So- Quoniam anguli ad verticem per xv. primi mentorum sunt æquales, & latera ex utraque te pyramidis æqualia, necesse quoque erit per artam primi Elementorum Euclidis bases æquaesse. Causam autem rotunditatis incidentiæ, ersi diversimodè conati sunt assignare. Quidam ipliciter hoc Solis attribuunt rotunditati, quòd ut radii à Sole procedunt, ita rotunditas à rotunditate, & hujus rei conjecturam è Solis Eclibus sumunt. Quando enim tempore Eclipsis So- , in loco tenebroso per quodcunque foramen rai Solis excipiuntur, est videre basim pyramidis uminationis corniculatim ea ratione obumbresce- , qua Solem Luna tegit. Verum si hæc causa set sufficiens, tam prope foramen, quam à foraine longius; tales incidentiæ radiosæ ad rotunditem tenderent: cujus contrarium contingit.

Alii

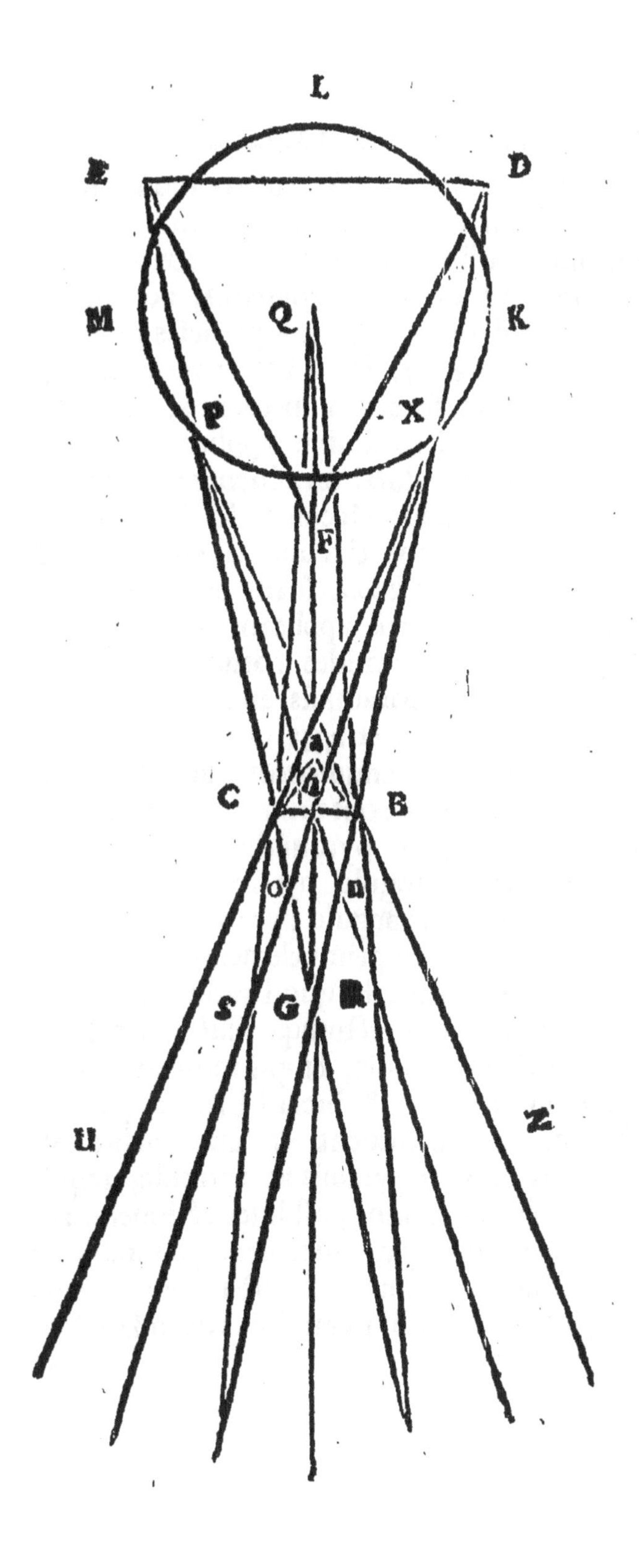

L
E
D
M
Q
K
P
X
F
a
C
B
o
n
S
G
R
U
Z

i verò subtilius hujus rei causam inquirentes, umunt quidem ut causam *Solis* rotunditatem remotam: radiorum autem intersectionem ut ppinquam. Quod ut fiat illustrius, accipiatur ramen triangulare *a b c*, & sit superficies triangu- in corpore Solis *d e f*, & *d e* basis pyramidis tri- gulæ per dictum foramen incidentis, ac latera ius lateribus dicti foraminis applicentur, & in ctum ultra foramen ducti terminentur in puncto Deinde imaginemur circulum in Sole dictum iangulum non penitus circumscribentem, sed ulò minorem: & sit *k l m*, suam circumferenti- n angulis trianguli ferè applicantem. Ab hoc rculo procedunt pyramides rotundæ quarum lla potest, propter foraminis angustiam, ad *g* nctum procedere: pertinget tamen aliqua ad unctum foramini propinquiorem, aut etiam in sa superficie foraminis contentum, veluti ad pun- um *h*. Quia angulus pyramidis terminatæ in uncto *h*, major est angulo pyramidis terminatæ puncto *b*, major est angulo pyramidis termina- e in puncto *g*, per XXI primi elementorum Eucli- i. Certum quoque est, quod radii pyramidis revioris in continuum rectumque ducti, secabunt dios longioris pyramidis, & qui radii ante inter- ctionem continebantur & includebantur, post in- rsectionem alios continent & circumcludunt. uum igitur brevior pyramis sit rotunda, sequi- r ut dictam incidentiam, post intersectionem, ro- ndam faciant, sicut patet in figura, quatenus hæc plano declarari possunt. Facilè namque intelli- potest, quomodo radii pyramidis rotunda *k l m*, in

in *b* puncto concurrant, & se intersecantes ext
triangularem pyramidem dilatent. Porrò si acc
piantur radii à Sole centraliter egredientes, (q
aliis sunt fortiores radiando) utpote *q b*, & *q*
ipsi cadent intra prædictam rotundam pyramide
eamque secabunt, ut in punctis *r s*. Ergo salte
post illam intersectionem, erit pyramis rotund
Sed certè hæc imaginatio etiam locum haberet,
Sol esset figuræ planæ quadratæ. In ipso enim esse
aliquis triangulus, qui posset foramen triangular
directè respicere, & circulus triangulum direct
circumscribens, à quo posset rotunda pyramis pr
cedere, & ita rotunditas Solis nulla esset causa h
jus rotunditatis ex radiorum incidentia causat
Quod autem & neque dicta radiorum intersecti
tametsi aliquid ad rotunditatem conferat sit e
totalis causa, inde patet, quod pyramis, quæ po
intersectionem fit, subitò rotunditatem acquirere
scilicet in sectione illarum duarum pyramidum
n o, vel *r s* punctis. Quia quicquid esset ultra *n*
vel ad minus *r s*, esset rotundum completè, & qui
quid citra triangulare, cujus tamen contrarium
paret: videmus enim lumen ipsum paulatim rotu
ditatem acquirere. Item radii *x c u*, & *p b z*, a
plicant se lateribus foraminis, & sequuntur figur
ejus, & certum est, quod isti omnes alios includu
qui rotunditatem possent radiositate recta gene
re: dictus itaque modus radiositatis, non est p
fecta causa rotunditatis.

Cæterùm quoniam sphærica figura est luci c
nata, & omnibus mundi corporibus consona,
puta absolutissima & naturæ maximè conservativ

quæq

sque omnes partes suo intimo perfectissimè con-
igit: ad hanc igitur lux naturaliter movetur,
iam ad distantiam protelata, paulatim acquirit.
et itaque ex his duabus causis, lumen per fora-
na incidens paulatim rotundari, quod declaran-
m erat.

PROPOSITIO VI.

Omne punctum luminosi hemisphæraliter super medium radiare.

loc probatur. Quoniam si pun-
t lucis in dia-
ano ponatur,
oiculariter se
fundit. Cùm
tem situatur
nctus in super-
le corporis dē-
juxta sè tan-
m præcluditur
acii, quantum
nsitas corpo-
in quo situa-
r. Ergo restat

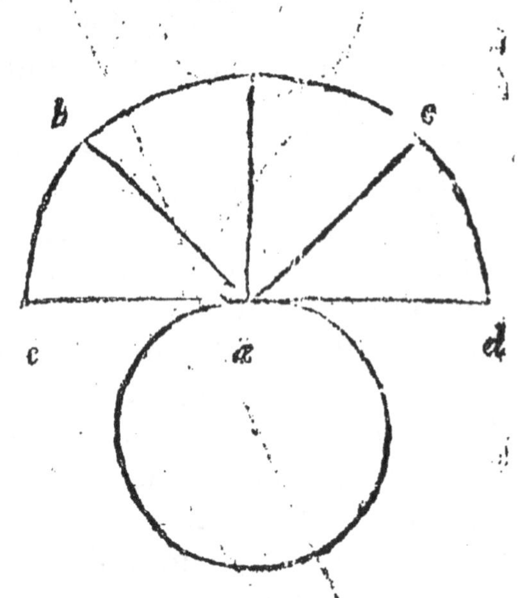

i diffusio hemisphærialis. Et hoc intelligitur in
nis & sphæricis superficiebus. Quoniam aliter
concavis est, ubi concavitas lumen liberè ampli-
i prohibet.

PROPOSITIO VII.

Radios visibilium impermixtè medium illustrare.

Lumina enim non confundi ſeu permiſceri medio, patet per umbras, quæ videntur ſecundum nnmerum luminarium, Multæ enim candelæ ad unum opacum tot faciunt umbras, quot ſunt candelæ.

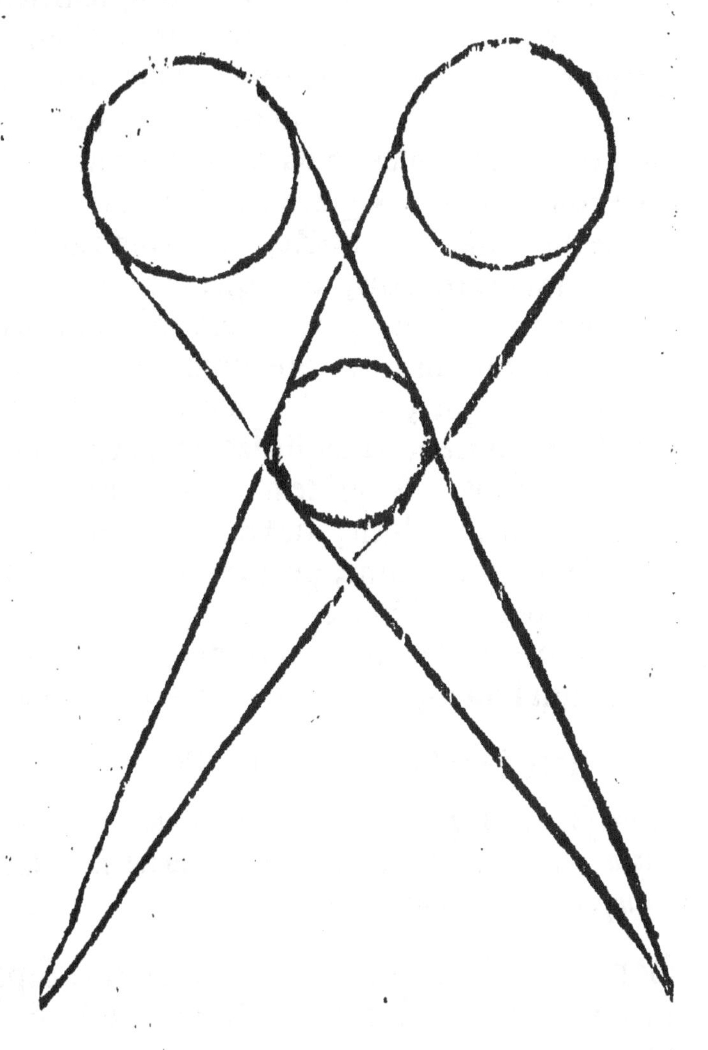

PR

PROPOSITIO VIII.

Lucem fortem orientem ſuper viſum & medium quædam viſibilium occultare.

Hoc cotidiè experimur. Sole namque oriente
læ evaneſcunt nobis, neque tota die conſpiciun-
, propter præſentiam vehementis lucis Solis, quæ
um viſum occupat. Et minores motus ac ta-
s ſunt imperceptibiles, quia majores totum ſen-
in ſe convertunt. Quare etſi ſtellæ non minus
cant de die quàm de nocte, & eorum radii ad
um noſtrum pertingant, eumque moveant: ta-
n hoc non percipitur, propter exceſſum impreſ-
is fortioris luminis. Atque hujus rei hanc eſſe
ſam, ex eo liquet, quòd in meridie, ille, qui
in profundo puteo, videt ſtellas ſibi perpendicu-
iter ſuprapoſitas. Siquidem eorum radii plus
profundum deſcendunt, quàm Solis radii, qui
iquè ad puteum cadunt, propter quod & earum
tus oculo perceptibilis eſt. Amplius tempore
turno, fit propter eandem rationem, ut quæ ſunt
ra magnum ignem, non poſſint certo conſpici.

PROPOSITIO IX.

Lucem fortem ſuper quædam viſibilium orientem, ipſa oculo abſcondere, quæ oculo in loco lucis temperatæ exiſtenti apparerent.

Hoc patet. Quoniam luce forti oriente ſuper
pus artificioſè & ſubtiliter ſculptum, ipſæ ſcul-
ræ non videntur, quia exceſſus ſplendoris viſum
upat. Similiter multa ſunt, quæ in tenebris po
videntur lucentia, luci verò expoſita, diſparent

vel ad minus non lucent: ſicut apparet in ſquamis piſcium, ligno veteri, cute quorundam animalium, & igne mediocri.

PROPOSITIO X.

Lucem fortem multa viſibilia oſtendere, quæ debilis occultat.

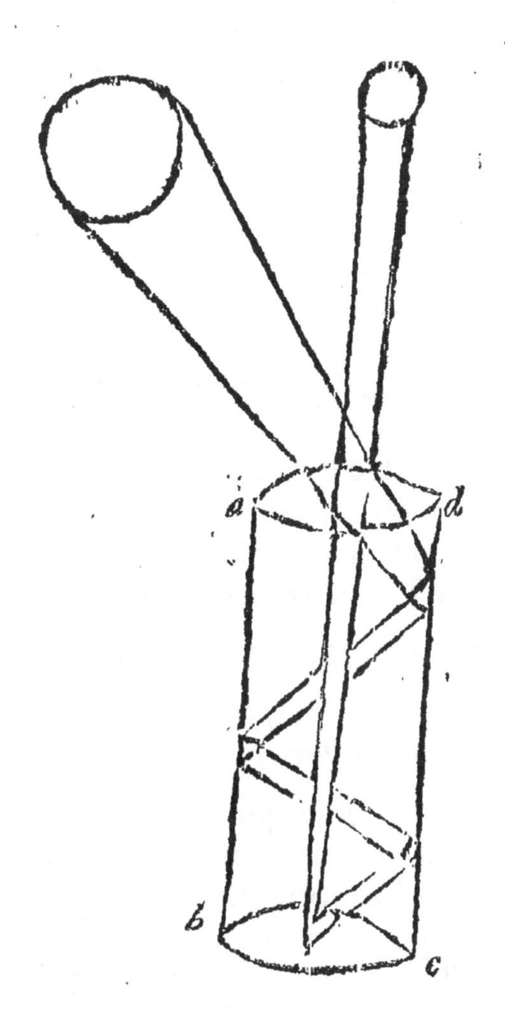

Hoc passim ostenditur. Quia quæ in luce mediocri non apparent, ab intensiori & fortiori luce teguntur. Hæc propositio videtur præcedentis contraria. Quomodo enim lux fortis visibilia quædam ostendit, & eadem obscondit? Sed in præcedenti propositione intelligimus lucem fortem, quæ justam proportionem excedit, & totam capacitatem sensus occupat.

PROPOSITIO XI.

Lucem igneam in materia flammea radiantem, majorem nocte quam die, longè quam prope apparere.

In die minor apparet claritas flammæ, quia majori claritate circunfunditur. In nocte autem apparet major, quia tenebris juxta se positis, in toto suo ambitu, liberè oculo præsentatur. Item propè minor apparet, quoniam flamma à diffuso lumine discernitur. De longè autem major apparet: visus enim propter distantiam nequit flammam à diffuso lumine discernere. Quare indistinctum tanquam magnum luminare oculo præsentatur.

PROPOSITIO XII.

Colores corporum diversificari apud visum pro diversitate lucis super ipsos orientis.

Hoc expresse patet in quibusdam coloribus, qui in luce mediocri apparent turbidi: in forti, clari & scintillantes: imò omninò alterius dispositionis in luce Solis, quàm candelæ. Amplius hoc idem apparet in collo columbæ, quod cum sit unius coloris, variis tamen & diversis aspectibus à luce il-

 lustratum,

luſtratum, variis coloribus & ſpecie differentibus oculo repræſentatur. Cum enim color non cernatur, niſi à luce illuſtratus, omnem efficaciam movendi viſum à luce habet. Ideoque qua ratione magis vel minus à luce illuſtratur & movetur, eadem quoque ratione viſum movet. Colores autem debiliores ſunt in fortioribus, ſicut incompletum in completo. Et ideo ſecundum completionem lucis eſt gradus complementi coloris in movendo. Quidam tamen exiſtimant in collo columbæ eſſe diverſos ſecundum veritatem colores ſicut in eo ſunt ex diverſarum pennarum particulis, diverſæ radiantes ſuperficies. Et quemadmodum panni ex diverſis coloribus contexti, prout diverſimode lucem recipiunt, diverſos colores referunt: ita quoque columbarum colla pro varia mixtura colorum & lucis, diverſis ſubinde coloribus conſpici.

PROPOSITIO XIII.

Comprehenſio rei in ſe à viſu, ſequitur proportionabiliter diſpoſitionem lucis orientis ſupra rem viſam, ac medium, & viſum.

Hæc ſequitur ex præmiſſis. Si enim in fortiori luce color fortius movet, & in minori minus, tunc ſimpliciter ab ipſa luce videtur eſſe movendi efficacia. Idem intellige ex parte oculi in apprehendendo, & medii in deferendo.

PROPOSITIO XIV.

Radius lucis primariæ, ſimiliter & coloris in rectum ſemper porrigitur, niſi diverſitate medii incurvetur, ſe nihilominus diffundendo.

ux primaria dicitur, quæ radiosè procedit à lu-
oso. Lux vero secundaria & accidentalis, quæ
ere est extra radiorum incidentiam, ac obli-
& in omnem partem medii se diffundit: color
n radiose multiplicatur, sicut patet sensibiliter,
ndo Solis radius per vitream fenestram colora-
transit: tunc enim per lucis efficaciam color
biliter radiat super densum sibi objectum. Sed
ndo luci vel colori corpus densum objicitur, ut
ulum, ab eo reflectitur. Cum autem occurrit
is vel minus diaphano, recedit à rectitudine,
uasi frangitur vel reflectitur in obliquum.

PROPOSITIO XV.

adius lucis vel coloris ad perpendicularem frangitur occursu medii densioris, super quod non est perpendicularis.

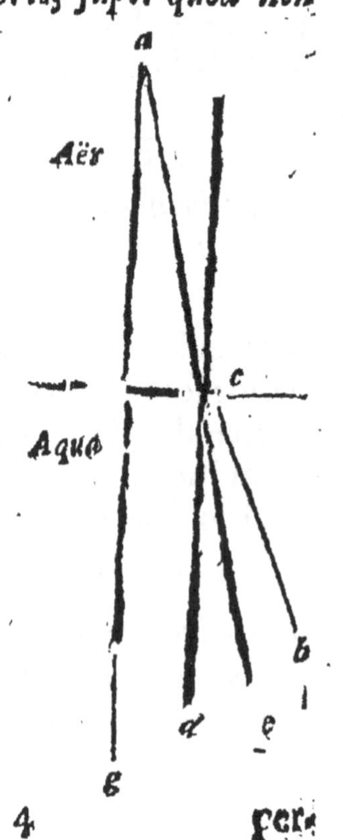

uamvis hæc in tertio li-
nostræ perspectivæ tra-
constituimus, tamen hoc
ca prælibare necessari-
duxi. Ratio autem gene-
fractionis, est variatio
hanitatis. Major enim
hanitas minus resistit luci.
vero radio facilior est
itus per unum medium,
n per reliquum, necessa-
est, quod in secundo
o (scilicet, magis distan-
luminoso) reperiatur
us proportionalis primo
, (scilicet, similis resi-
æ.) Sed transitus per-

perpendicularis ingrediens/vel egrediens fortissimus est: & radius non perpendicularis tanto debilior, quanto magis à perpendiculari removetur, & eo fortior, quo propinquior. Quando igitur occurrit medium densius & magis resistens, necessarium est radio fortior situs & directior, directoque propinquior. Unde ut transitus per medium secundum, proportionetur transitui per primum, radius ad eam perpendicularem lineam declinat, quæ erigitur in puncto casus sui super medium secundum. Constat igitur, quòd perpendicularis situs fortior sit, non tamen per egressum à corpore luminoso, imò per casum perpendicularem super medium. Nec intelligendum est, radium ad fortiorem situm declinare quasi per electionem: imo transitus per medium primum, ad sibi proportionalem in secundo, impellitur, sicut patet in figura. Radius autem luminosi super quodcunque medium perpendiculariter cadens, omninò non refrangitur, quia sua fortitudo nullius diaphanitatis objectu hebetatur. Apertius enim movet omnis radius rectè quam obliquè cadens in objectum. Verbi gratia, à corpore luminoso per aërem cadit perpendicularis $a\,g$, qui verò frangitur cadit obliquè $a\,c$, & quasi procederet in b, si esset medium simile: frangitur autem versus perpendicularem $d\,c$, & cadit in e.

PROPOSITIO XVI.

Radius lucis vel coloris à perpendiculari divertitur, cum medium subtilius occurrit.

Hæc

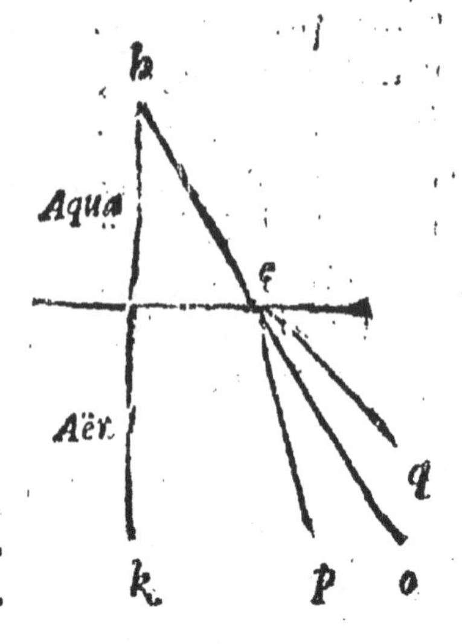

Hæc ſequitur ex præmiſſa, ſ oniam enim medium ſecundum minus reſiſtit, minor ſ rtitudo congruit radiis in ſum à denſiori cadentibus, nde franguntur à perpendiculari. Verbi gratia, ſit uminoſum *h*, in aqua exiſtens, à quo cadit radius *h k*, ectè, & *h e* obliquè. Dico quòd *h e*, non directè procedit in *o*, nec frangitur verſus perpendicularem ad *p e*, ſed illa cadens in *q*, ſicut patet in figura. Et hæc eſt ratio, quare res in quibuſdam mediis apparent majores, & in quibuſdam minores, ut infra patebit.

PROPOSITIO XVII.

In omni puncto medii, quo eſt à luminoſo remotior, eo in ipſo excipitur radius multiplicior.

Hoc ſic probatur. Quantò punctus plus diſtat à Sole, tantò deſcendit ejus lumen è majori circunferentia, ſeu portione Solis: & è converſo, quo propinquior Soli, tantò deſcendit à minori arcu lumen. Igitur in puncto remortiori eſt lumen multiplicius, ſed ex diſtantia debilius: quod ſic demonſtratur. Accipiantur in corpore ſphærico luminoſo, cujus centrum ſit *k*, duo puncta oppoſita *a b*. Et diffundatur lumen à puncto *a*, per hæmiſpherium, ut patet per vi. hujus, cujus hæmiſphærii diameter ſit linea *c a d*. Certum eſt igitur, quod à puncto *a*, cadit lumen in *d* punctum, & in nullum corpori luminoſo

noso propinquiorem, sicut ex xiv. hujus sequitur. Linea enim *c a d* cõtingens est, & inter eam & sphæram nulla cadit media, sicut patet per xvi. tertiæ elementorum Euclidis. Amplius si sumatur punctus supra *a* in corpore luminoso, utpote *e*, radians superspacium objectum, & terminus radiationis sit linea contingens *f e g*. Certum est quod in linea *k g*, primus punctus ad quem pervenit lumen à puncto *e*, est *g*, & in nullum superiorem, sicut à puncto *a*, in punctum *d*, & in nullum corpori luminoso propinquiorem. Cumque ab omni puncto luminosi mittente radium suum in punctum propinquiorem incidat & radius in punctum remotiorem, & non è converso: cadet à toto arcu *e a b o* lumen in *g* punctum, sed in *d* non veniet nisi ab arcu *a b*. Lux igitur in puncto *g* recepta, tantò multiplicior est, quantò à luminoso remotior.

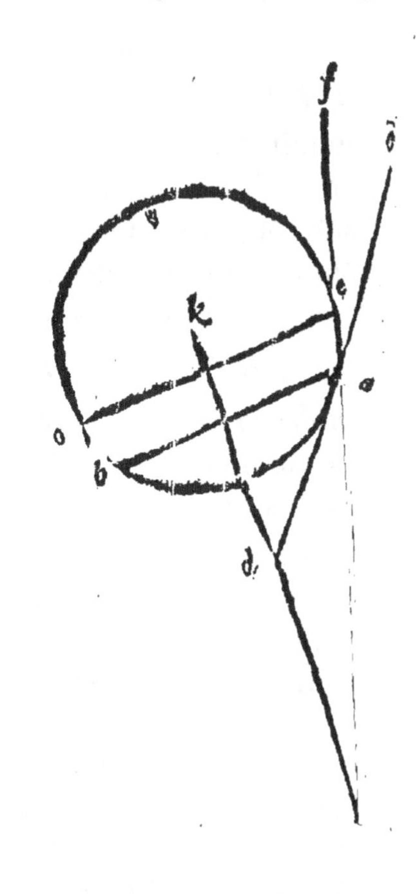

PRO.

PROPOSITIO XVIII.

n puncto propinquiori fortior est lux unius corporis, quam in remotiori.

Iultiplicitas enim lucis vel luminis in puncto otiori, est ex confluentia radiorum obliquè ntium, & per consequens debilium. Lux au- in puncto propinquiori fortitudinem habet ex ori conjunctione cum suo fonte, qui minor est.

PROPOSITIO XIX.

'yramides breviores, quia breviores, partim longioribus ab eadem basi procedentibus fortiores esse, partim debiliores.

yramides breviores ab eadem basi procedentes, tim dicuntur esse fortiores longioribus, partim b debiliores. Fortiores siquidem, quia brevio- obtusiores esse necesse est, t ex xxi. primi elemento- n Euclidis patet. Sed in ob- oribus radii ad conos se ad usiorem angulum interse- t, & quanto angulus conalis obtusior, tantò ejus latera gis, lateribus Pyramidis in- e mutuò appropinquant. rbi gratia, sit pyramis ob- i, *a b c*, & protrahatur *a c* l, & *b c* in *e*. Cum igitur

c angulus, æqualis sit angulo *e c d*, per xv. mi elementorum Euclidis, quia ad verticem : esse est tantò reliquos duos minores esse, quantò

hi

hi duo ſunt majores. Et quanto etiam ſunt majores, tanto radii collaterales propinquiores ſibi ſunt, ut *c d* tanto propinquior eſt radio *b c*, & è converſo, quanto angulus *d c e* major eſt. Hæc autem eſt lucis proprietas, ut quanto propinquior eſt unus radius luci alterius, tanto ſit fortior. Tam itaque propter hanc cauſam, quam propter eam, quæ in propoſitione xviii. præmiſſa oſtenſa eſt, breviores pyramides naturaliter fortiores ſunt. Contra vero in pyramide longiori Lux ad conum eſt adunata magis, quàm in breviori, & hac prærogativa excedit breviorem. Simpliciter tamen breviores ſunt fortiores, unde naturaliter montes fiunt calidores quam valles quamvis per accidens infrigidentur, quatenus ſcilicet mediæ regioni aëris appropinquant.

PROPOSITIO XX.

Cujuſlibet pyramidis radioſæ, omnes radios in indiviſibili concurrere.

Si enim conus pyramidis eſt diviſibilis, ponatur habere latitudinem, & dividatur linea latitudinis in tres partes, quarum prima ſit *a b*, ſecunda *b c*, tertia *c d*. Radius igitur cujus terminus eſt *a b*, non concurrit cum radio cujus terminus eſt *c d*. Quod falſum eſt. Neceſſe eſt itaque hujuſmodi radiorum ultimum concurſum, in puncto mathematico fieri.

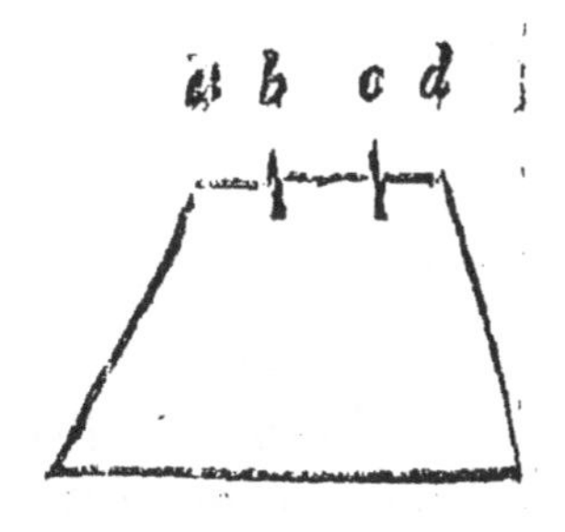

PROPOSITIO XXI.

uminoso cōcavo, lumē efficacius reperitur in centro.

jus ratio est: quia ab ni puncto concavi perdiculares radii, qui cæs sunt fortiores, connt in centro. Et ideo utes corporum cælem in centro, & juxta m efficacius oriuntur. c ibi conformior dicihabitatio hominis, cu- complexio adpropin- it, ut possibile est, suprecorporis simplicitati.

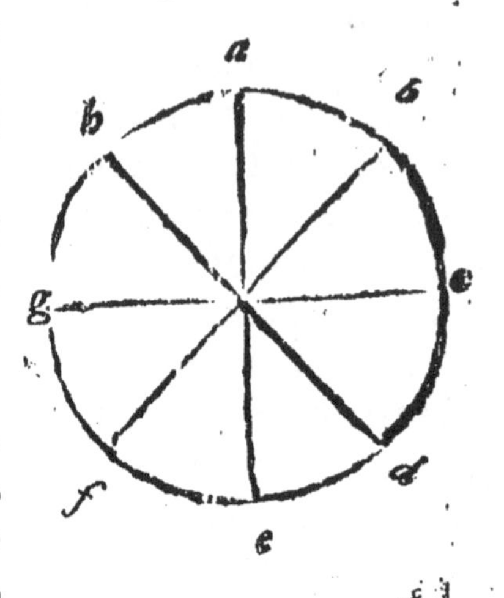

PROPOSITIO XXII.

Omne luminosum sphæricum, illuminat sphæram minorem, similiter & cylindrum minorem, plus quam dimidium.

Si enim major est diameter luminosi, quam sit meter opaci, tunc radii cadentes super extrema metri opaci, non oriunter à terminis diametri ninosi *k g*. Hoc enim si fieret, æquidistantes est lineæ cadentes à terminis diametrorum, tam rporis luminosi quàm opaci, & utrobique rectos gulos facerent cum diametro, & per consequens metri corporum inæqualiū essent æquales: quod impossibile. Oriuntur ergo ab aliquo arcu minoquam sit hæmisphæriū: ut exempli gratia, ab arcu , cujus subtensa æqualis sit diametro opaci. Cùm tur à punctis omnibus inter *g* & *a*, & inter *k* & *b*, lumen

lumen diffundatur super opacum: si à puncto à pervenit in *c*, necesse est ab omni puncto superiori, ad punctum quod sit ultra *c* pervenire, ut ex *g*, cadit in punctum *e*. Similiter si ex *b* radius cadit in *d*, radii procedentes ex *k b*, in puncta cadent, quæ sint ultra *d*, sicut ex *k* radius in *b* incidit. Ideoque quanto opacum propinquius est luminoso, tantò lumen latius diffundetur. Quod etiamaliter demonstratur. Supra in quarta hujus ostensum est, à superficie luminosi in omnem partem medii objecti pyramides porrigi. Quando igitur opacum minus est luminoso, atque idcirco inter pyramides radiosas conclusibile, necessario plus medietate illustrabitur. Si enim non, tunc pyramis latera sua extremis diametri opaci *c d* applicet. Quare per xviii. tertii Elementorum Euclidis, utrinque constituentur anguli recti, & trigonus *d c z* plusquam

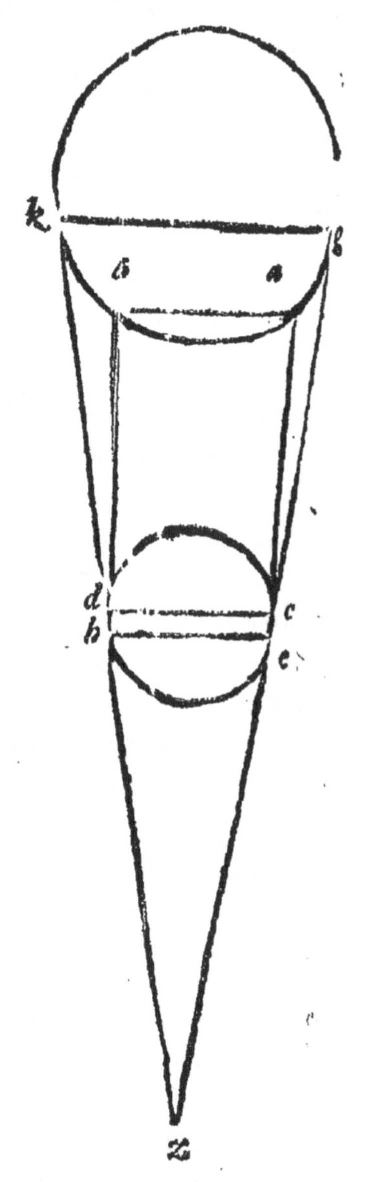

duos

os rectos continebit, quod est contra xxxiii. imi Elementorum Euclidis: plus itaque quam edietas corporis opaci sphærici vel cylindroidis inoris, à corpore luminoso sphærico majori illuinatur. Quamobrem Sol quoque plus quam meetatem Lunæ & terræ illuminat.

PROPOSITIO XXIII.

Umbrosi luminoso minoris, minorem esse umbram, sicut æqualis, æqualem, & majoris, majorem esse.

Hæc patet ex præmissa. Quoniam si luminoum, majus est umbroso, tunc umbrosum illumiatur plus medietate sua, & umbra procedet à non luminata parte & minori, igitur minor. Si lumiosum æquale umbroso, æqualiter illuminabitur, c umbra inter æquidistantes invicem lineas contiebitur, ideoque umbra æqualis luminoso. Si deique luminosum minus fuerit quam corpus umrosum, minor pars umbrosi illuminabitur, & à najori parte umbra projicietur, ideoque major uoque se in infinitum dilatet. Hæc autem intelligenda sunt tam de umbris in planum projectis, quam etiam de umbrarum latitudine.

PROPOSITIO XXIV.

Umbrosum sphæricum luminoso minus, umbram projicere pyramidalem: æquale, columnarem: majus, curtam & eversam pyramidem infinitam.

Ratio hujus propositionis sumitur ex præhabiis. Quoniam ex xxii. patet, quod umbrosum minus luminoso, ut terra à Sole, plus medietate illuminatur.

tur. Radii igitur à luminoso cadentes in umbrosum, æquidistantes esse non possunt. Tangunt enim circulum non in extremis diametri, sed in extremitatibus cordæ alicujus subtensæ circumferentiæ semicirculo minori & non in extremitatibus diametri. Quapropter anguli in contactu non erunt recti per xviii. tertii elementorum Euclidis. Cumque radii à majori magnitudine descendant, necesse est illos angulos minores esse rectis, quos radii ex parte subtensæ prædictæ à luminoso remotiori constituunt. Per xi. igitur communem sententiam ad illam partem necessario concurrent. Quod si æqualia sunt invicem, umbrosum, & luminosum, radii necessariò, cadent in extremitates diametri umbrosi, ideoque invicem æquidistantes erunt, & nunquam concurrentes, etiam si infinitum protrahantur, per difinitionem linearum parallelarum. Si ergo majus fuerit umbrosum, necesse est umbram cum prima istarum trium esse contrariæ dispositionis. Quare eversæ erit pyramidis secundum longitudinem & latitudinem, quæ figuræ à Græcis καλαθοειδὴς appellatur. Id tamen dico, cùm luminosum cum umbroso in eodem plano esse contingit.

PROPOSITIO XXV.

Umbram esse lumen diminutum.

Ex quarta hujus patet, quod quamvis opacum impediat lucis directum & principalem transitum, tamen non possit prohibere quominus lux secundaria circunquaque se diffundat. Est igitur umbra lux diminuta, scilicet, ubi est privatio lucis primariæ

diminutio secundariæ. In hoc autem ab um-
differunt tenebræ, si tamen alicubi sunt, quòd
ebræ sunt, ubi nihil est de lumine. Nescio e-
, an aliquod corpus mundanorum, transitum
is omnino privativè impedire posset, cùm nul-
corpus penitus sit privatum lucis natura, aut
minus nullum corpus circunfulgentiam lucis se-
ndariæ impedire possit.

PROPOSITIO XXVI.

Quantò Sol est propinquior Lunæ, tantò eam magis illuminat intensivè & extensivè.

Quòd intensivè, patet ex xviii. hujus. Quòd
am extensivè, primò constat ex xxii. hujus.
lis enim sphæra longè major est sphæra Lunæ.
inde, quia Luna à pyramidibus radiosis à Sole
ojectis includitur, ideò quò Soli propinquior
t, eo à breviori pyramide circumcingetur. Quare
tantò major pars ejus à Sole illustrabitur. Ima-
nemur namque aliquam longiorem radiosam py-
midem à Sole procedentem veluti pyramidem *a*
, cujus latera tangant Lunam in punctis *c e*,
i sunt termini arcus *c d e*. Dico latera pyrami-
s brevioris non posse tangere extrema arcus *c d*
Sic enim, cum ab eadem basi procedant, æ-
ales esse oporteret.

Item dico non posse latera pyramidis brevioris tangere extrema arcus minoris quã *c d e*, utpote arcum *z d i*. Quoniam radios per *z i* terminos productos impossibile est concurrere, & pyramidem constituere. Si nãq; constituent breviorem, prius secabunt latera pyramidis longioris: deinde concurrent in conum, quod est impossibile, cum utraq; ab iisdem terminis procedat. Est itaq; manifestum, cum latera pyramidis brevioris non possint attingere terminos circumferentiæ in Luna, quos attingunt latera pyramidis longioris, neq; terminos his circumferentiis minores: necessario latera pyramidis brevioris attingere terminos circunferentiarum majorum. Quare quo Sol est propinquior Lunæ, eò magis eam illuminat

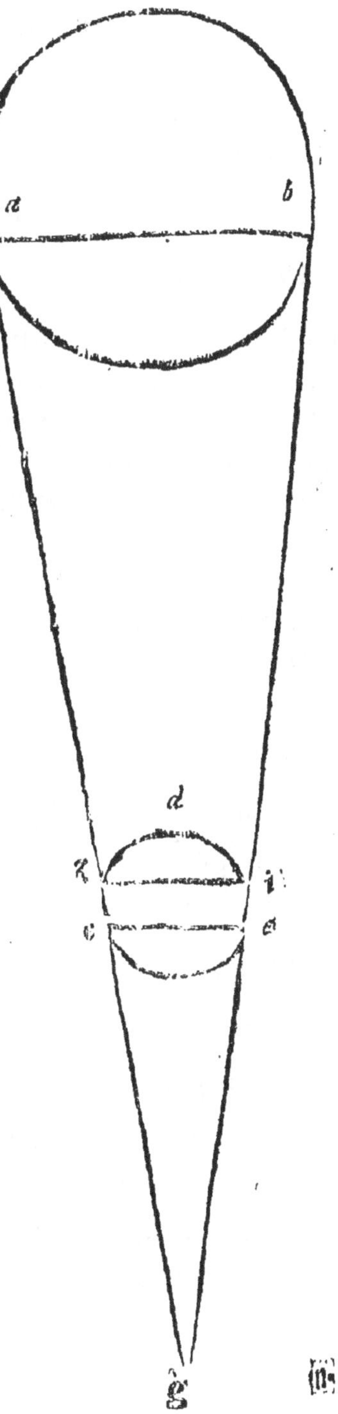

ensivè & extensivè. Quod autem in conjuncti-
e Luna non videtur, cum sit Soli propinqua, fit
od superior Lunæ pars, & Soli obversa illumina-
r, & non nisi modica ejus pars cernitur, donec
Sole elongetur.

PROPOSITIO XXVII.

Omne corpus visibile radios habere.

Radius enim nihil aliud est, nisi species rei vi-
bilis in directum facta porrectione. Corpora ta-
en luminosa dicuntur principaliter radiare: quia
diis cætera corpora colorata illustrant, & Sol
æcipuè, cujus radii sunt sensibiles.

PROPOSITIO XXVIII.

*Visionem fieri per lineas radiosas rectè super ocu-
lum orientes.*

Quod patet: quoniam nisi species rei visibilis
stinctè oculum sigillarent, oculus partes rei non
prehenderet distinctè, nec posset esse distinctio
rtialium specierum, partes rei repræsentantium;
si per lineas rectas. Alias enim invicem confun-
erentur, & oculo rem confusè præsentarent. Am-
ius abscissis lineis rectis, inter visibile & visum
fiat visio. Igitur oppositum oppositi est causa.

PROPOSITIO XXIX.

*Oculus quantitati capiendæ non congrueret, si ro-
tundus non esset.*

Multis de causis necessarium fuit, organum vir-
tis visivæ sphericum esse. Cùm enim ad cita

quæ objiciuntur, percipienda visu, requiritur velotas motus & revolutionis oculi, nulla alia figura quā sphærica magis idonea erat. Hæc etiam cum sit capacissima omnium Isoperimetrorum, id est, æqualem ambitum habentium, & perfectissimâ, tantùm in ea, omnia corpora cujusque rationis, quæ ad visionem requiruntur, commodissimè & perfectissimè coadunari & invicem coaptari poterant. Et si esset oculus alterius figuræ, ut pote planæ, nulla res majoris quantitatis, quam esset oculus, uno aspectu videtur: quod manifestè falsum est. Quoniam visio distincta solùm fit per lineas radiosas rectè, hoc est, perpendiculariter ad superficiem oculi pervenientes: si oculi superficies esset plana, clarum est, nullas perpendiculares super eum venire, nisi à superficie æquali sibi. Ponatur per impossibile, quod plana superficies oculi sit *a b*, & res visa sibi æquidistans *c d*, & ex punctis ducantur lineæ perpendiculares in rem visam, *a b*, *b d*.

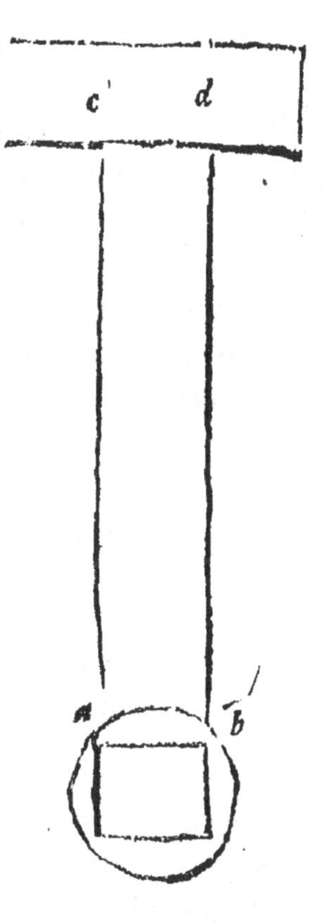

Cum igitur ex hypothesi siquidem nullum inde sequitur inconveniens, *a b* & *c d* assumantur par

le

e, & *a c*, *b d* ex constructione sint utrique plano
rpendiculares, ideoque per vi. propositionem
elementorum Euclidis parallelæ: & quia anguli
rallelogrammi adsunt æquales, per x. commu-
m animi conceptionem, quia recti, sequitur *a b*
c d latera esse æqualia, per xxxv. primi elemen-
rum Euclidis: & ita res visa, magnitudinem vi-
s non excederet: & si planum vel linea *c d* in
rectum continuumque projiceretur, nihil de ea
nspiceretur. Oculi igitur superficies non est
ana, sed sphærica, ad cujus centrum fiat con-
ursus linearum radialium à longè majori magni-
idine, quàm sit oculus.

PROPOSITIO XXX.

Corpora diversarum dispositionum, requiruntur necessario ad oculum constituendum.

Cum namque pars illa in qua consistit & viget
otentia visiva, sit tenera, & quæ ex facili lædi pos-
et, propter perspicuitatem & aqueam compositionem seu complexionem. Quæ, nisi talis esset, neque congrueret subtilitati spirituum à cerebro ve-
nientium, ad impertiendum oculis vitam, neque
n ea parte, nisi esset subtilissima, & purissima, red-
li & fulgere imagines seu species acceptæ possent.
Quare ut hic humor in suo esse conservaretur, &
 læsione ac qualicunque corruptione defenderetur,
opificis Dei providentia ita cautum est. Hic humor
vocatur Chrystallinus seu glacialis propter perspicuitatem, & quia aliquantulum spissus est. Jacet
autem in medio oculi in modum sphærulæ albæ
compressæ tendentis ad lenticularem figuram: &

quia humidus, à luce passibilis est, idque non solum ex perspicuitate, sed passibilitate sensus: & quia subtilis est, faciliter movetur, & objecta recipit: denique propter spissitudinem ejus, quæ ab eo sentiuntur, retinet, ne citò evanescant. Porrò hunc humorem, à parte posteriore, ceu gemmam annulus, , alius humor continet. Hic, ut Galenus testatur, Chrystallinum fovet & nutrit, & quia est aliquanto subtilior, & vitro liquefacto similis, vitreus humor appellatur. Separantur autem ab invicem hi duo humores tenui quadam tunica, ideoque aranea vocata, quæ & ambos circundat, & tanquam in unam sphærã colligit. Hanc sphæram ambit alius humor, qui Albugineus dicitur: quem quidã volunt esse excrementũ Chrystallini humoris: est ovorum albo similis, est fluidus & aliquãto tenuior. Hujus officiũ est humectare Chrystallinum, ne à siccitate telæ, eum circundantis cor-

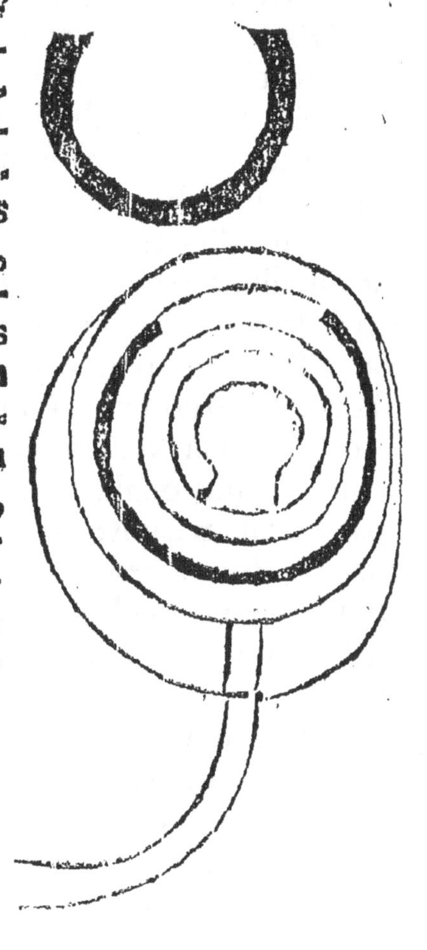

rumpatu

ipatur: irrigat totum oculum, defendit & pro-
it Chryſtallinum ab accidentibus extrinſicis.
uginceum humorem circundat tunica quædam
ſa, villoſa, nec admodum diaphana, quia in-
præfinitos terminos detinetur, & in juſto calo-
temperamento conſervatur. Hæc tunica dici-
uvea, quia nigra eſt, ut uva, & obſcurat jam
tos humores: aliàs enim ſpecies viſibiles in iis
retinerentur, ſicut neque in ſpeculo, plumbo
ſubducto. Et ut ſpecies viſibiles poſſent recipi,
perforata circulari foramine, cujus diameter eſt
ſi æqualis lateri quadrati inſcriptibilis circulo
gno ſphæræ uveæ. At ne ex hoc foramine Al-
gineus humor efflueret, ſuperinducta eſt alia tu-
a ad ſimilitudinem corno, firma: & ut ſit ſpe-
ous viſibilibus pervia eſt, pellucida, quare &
nea dicitur. Hæc tunica totum oculum com-
ctitur, ſed tantum ſupra foramen eſt diaphana,
s denſior & ſolidior. Tandem eſt alia tunica,
e conſolidativa vel conjunctiva nuncupatur:
retinet totum oculum in ſua diſpoſitione, &
jungit oculum capiti, ac ambit oculum uſque
foramen, ſeu partem corneæ pellucidam. At
ex his apparet oculum conſtare tribus humo-
us, & quatuor tunicis. Alii verò, qui hæc di-
ntius & ex profeſſo tractant, inquirunt origi-
n dictorum humorum & tunicarum, dicunt u-
m oriri à pia matre, & corneam à dura matre:
n oculum conſtare ex tribus humoribus & ſep-
tunicis: quod tamen ideò ſit, quia ex dictis
tunicas diſcernunt locis. Prima eſt conſolida-
vel conjunctiva. Deinde corneæ pars anterior

 dicitur

dicitur cornea, posterior sclirotica. Uveæ parti anterior vocatur uvea, posterior secundina. Similiter Aranea ab anteriori parte suum nomen retinet, à posteriori Retina nuncupatur. Sed hæc relinquemus Physicis & Medicis excutienda. Quomodo tamen oculus super extremitatem nervi optici componatur, & oculorum tunicæ à nervi tunicis oriantur, & humores à cerebro procedant, in apposito schemate oculi, aliquo modo est videre. Nos hîc solum inquirimus, quæ ad eccentricitatem & concentricitatem pertinent, sive ad fractionem radiorum, vel directionem.

PROPOSITIO XXXI.

Aliqua corporum oculum constituentium, à sphæra necesse est deficere complemento.

Verbi gratia, consolidativa, scilicet, albugo vel pinguedo, quæ circundat oculum, si totum oculum circundaret, oculus nihil videret, quia ipsa diaphanitate caret. Similiter uvea habet foramen in anteriore parte. Similiter & glacialis deficit à rotunditate, hoc est, complemento sphæræ.

PROPOSITIO XXXII.

Oculorum dualitatem necesse est reduci ad unitatem.

Duo sunt oculi ex creatoris benignitate, ut si uni impedimentum vel vitium accidat, alterius beneficio fruamur luce, sine qua vita à morte nihil distaret. Ab anteriori parte cerebri oriuntur duo nervi concavi, directè ad interiorem partem faciei tendentes. Hi conjunguntur & fiunt unus nervus

n processu iterum in duos consimiles nervos o-
;os dividuntur, ita ut commutato situ dexter si-
inister, qui, ut rami protendentur ad duo fo-
iina con-
a sub frō-
quibus o-
i continē-
, & in ea
nittuntur
, parva
ædam fo-
nina, ac
nde dila-
itur, & su-
a ipsorum
tremitati-
ibus oculi
nstituitur,
uare speci-

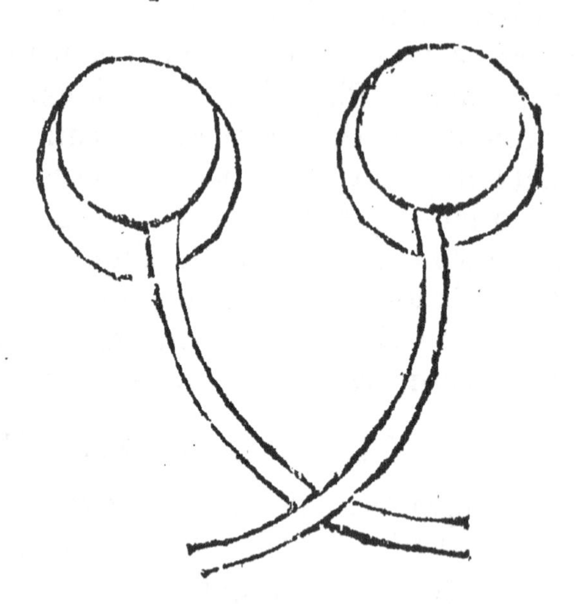

visibilium per utrumque oculum recipiuntur.
uod si istæ species non unirentur, res una duæ
parerent: sicut etiam patet, si digito supposito
i oculorum, & à suo situ elevetur, res una duæ
dentur: quia species per duos oculos receptæ
communi nervo non conjunguntur. Necesse igi-
r est in communi nervo species uniri. Quod est
opositum.

PROPOSITIO XXXIII.

*Sphærarum oculum constituentium, necesse est ali-
quas mutuo esse eccentricas.*

Cum

Cùm enim pyramidis radioſæ conus imaginabilis fit in centro oculi, ſi nulla eſſet diaphanitatis diverſitas, radii in centro illo concurrentes, & ulterius procedentes, in centro ſe ſecarent: & dextra apparerent ſiniſtra, & e-converſo. Sed ut res viſa ſecundũ ſitum, figuram & ordinem ſuarum partium videretur, naturæ

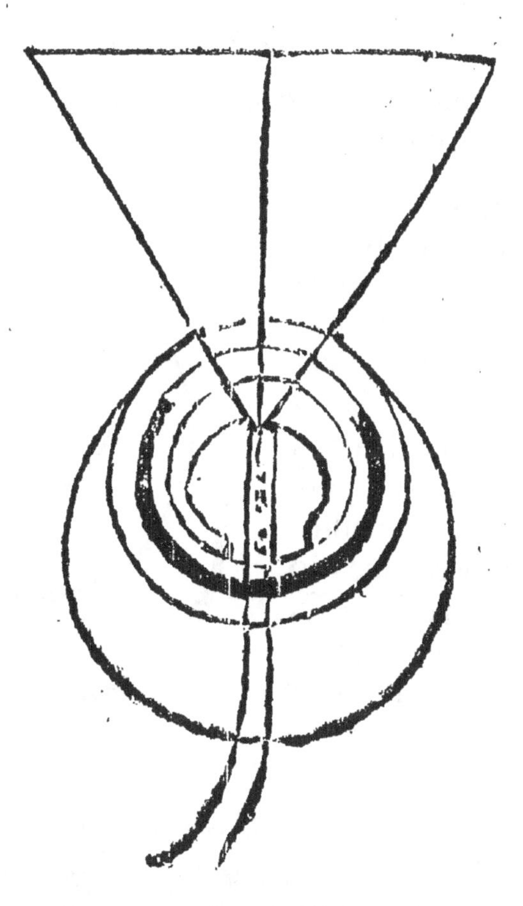

Induſtria efficit, ut humor Chryſtallinus idem centrum haberet, cum cornea & humore Albugineo: ne ſcilicet ſpecies viſibiles per ipſas tranſeuntes, antequam pertingant ad vim ſenſitivam, quæ in glaciali viget, frangantur. Deinde occurrente vitreo humore, poſuit eum eccentricum, ut antequam radii ad centrum oculi pervenirent, quia ſubtilior eſt Chryſtallino, in eo diſgregentur radii, & à perpendiculari frangantur: & exinde per viam ſpirituum,

uum, species usque ad locum interioris judicii deantur.

PROPOSITIO XXXIV.

Omnium tunicarum & humorum centra, una continet linea.

Quoniam ali-r non posset ıx omnes tuni-as & humores egulariter intra-e, nec aliquis ra-ius non fractus ermanere pos-et, & per conse-juens certificatio ıon posset esse, per deportatio-nem oculi super visibile ab extremo ad extremū.

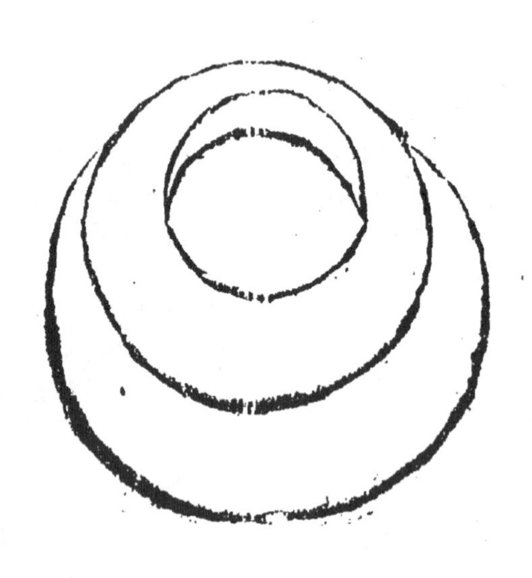

PROPOSITIO XXXV.

Omnium radiorum super visum orientium, unum solummodo necesse est transire non fractum.

Cujus ratio est: quoniam super sphæras eccentricas impossibile est plures esse, quàm una linea, perpendiculares. Pyramis igitur radiosa, sub qua res videtur, tota in ingressu humoris vitrei frangitur, ista linea radiosa excepta, quæ per omnia centra transit, & quæ axis pyramidis appellatur.

PRO-

PROPOSITIO XXXVI.

Visum vigere in humore Chryſtallino vel glaciali.

Hoc docet experientia. Quoniam ſi aliqua tunica vel aliquis humor læditur, glaciali ſalvo & illæſo, per medicinam curationem recipit, & viſus reſtituitur. Ipſo verò glaciali corrupto, & viſus irrecuperabiliter corrumpitur.

PROPOSITIO XXXVII.

Viſionem fieri per hoc, quod in glaciali eſt ordinatio ſpeciei, ſicut rei exterius.

Quod hoc ſit poſſibile, neque glacialis parvitas obſtet, manifeſtum eſt: quoniam tot ſunt partes minimæ, quot ſunt maximæ quantitatis ſive magnitudinis ejuſdem ſpeciei. Et ſpecies viſibiles ſine materia recipiuntur: ergo quantumcunque ſit viſibile quod videtur, ſpecies ejus diſtinctè & ordinatè, in glaciali humore recipiuntur: quod niſi fieret, oculus rem diſtinctè non videret. Si enim ſpecies duarum partium rei viſibilis, in eadem parte glacialis reciperentur, partes rei, propter confuſionem formarum moventium oculum in eadem parte, non cognoſcerentur diſtinctè.

PROPOSITIO XXXVIII.

Rei viſibilis comprehenſio, fit per pyramidem radioſam. Certificatio verò comprehenſionis, fit per axem ejus ſuper viſibile tranſportatum.

Pyramis enim radioſa, à viſibili oculo impreſſa, rem oculo repræſentat. Sed certificatio de viſibili, fit per rotationem oculi ſuper rem, quæ baſis eſt pyramidis, nidis. Quamvis enim tota pyramis sit perpendicularis super centrum oculi, hoc est, glacialis, non tamen supra totum oculum, unde sola illa perpendicularis, quæ axis dicitur, quæq; non refrangitur, rem efficaciter repræsentat: & alii radii quanto sunt ei propinquiores, tanto sunt potentiores & fortiores in repræsentãdo. Ad hoc igitur oculus rotatur, ut res, quæ sub pyramide repræsentatur, simul oculo per hanc perpendicularem successive orientem perspicacius discernatur. De hac certitudine loquitur Euclides de visu, cum inquit. Nullum visibile simul totum videri, sed per immutationem pyramidis. Cum itaque omnis res visibilis sub pyramide videatur, cujus conus sit in oculo, & basis in re visa, patet omne quod videtur, sub angulo videri.

PROPOSITIO XXXIX.

Non sub quocunque angulo rem videri.

Non est visio sub angulo acutissimo, id est, angulo contingentiæ, quia iste angulus, ut Euclides in tertio elementorum probat, est indivisibilis. Angulus autem sub quo aliquid videtur, est divisibilis, & dividitur per axem. Amplius determinata est anguli magnitudo, sub quo visio esse potest: quia diameter foraminis uveæ, sicut docetur in Anatomia, est quasi latus quadrati, quod describitur intra sphæram uvæ. Ergo si ab extremis hujus foraminis, ad centrum lineæ ducantur, constituent ad centrum uveæ angulum rectum. Hoc patet: quia in quadratis, liniæ diagoniæ secant se ad angulos rectos. Quare si in centro uveæ esset visio, sub angulo recto præcise fieret visio, assumpto scilicet quod diameter foraminis sit præcise latus quadrati.

Sed

Sed centrum oculi, id est, centrum glacialis, interius est quàm centrum uveæ. Quia uvea minor est quàm cornea, & secat corneam, siquidem foramen ejus corneæ applicatur. Maximus igitur angulus sub quo est visio radiosa, minor est recto, nisi foramen uveæ sit paulò majus quantitate prædicta. Verùm hæc non sunt intelligenda de visione, quæ fit per radios extra pyramidem radiosam super oculum orientes, de quibus infrá dicendum erit.

PROPOSITIO XL.

Visionem fieri curta pyramide & angulo inchoato.

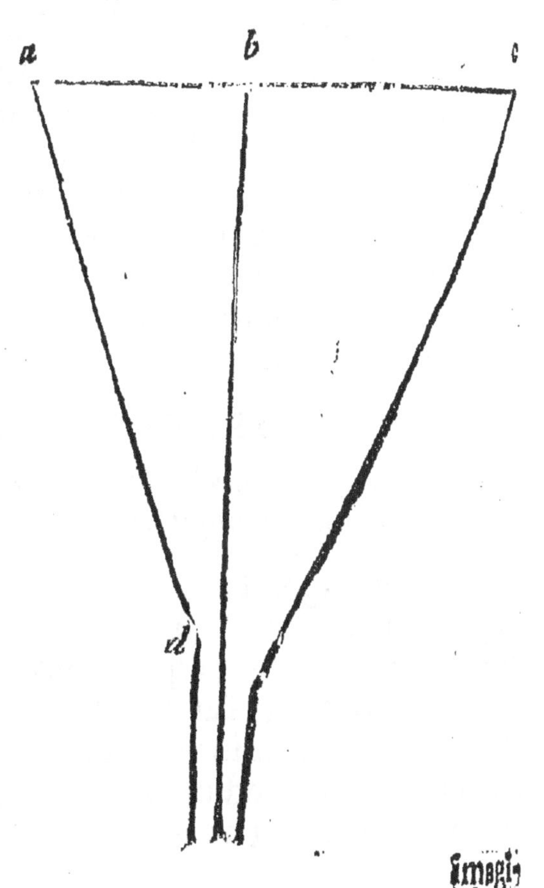

Hæc ex prædictis patet. Quoniã omnes radii pyramidis, uno excepto, vitreo humori occurrentes, frangũtur, ut dictum est, à perpẽdiculari, nec ulterius in conum constringuntur. Quamvis igitur radii ad angulum inclinentur, non tamẽ ad angulum cõcurrunt, nisi

imagiaginariè tantùm. Sed cùm species visibilis pervenit ad vitreum humorem, procedit magis secundum legem spirituum, quàm secundum legem diaphanitatis. Incurvatur enim secundum legem spirituum, usque ad nervum. Proinde pyramis in oculo non absolvitur, & visio sub decurtata pyramide fit, ac angulo inchoato.

PROPOSITIO XLI.

Declinatio radiorum angularis juvat ad comprehensionem quantitatis.

Hoc patet: quoniam per dispositionem speciei in glaciali, habetur cognitio rei. Quanto igitur radii ad acutiorem angulum declinant tantò plus species adunantur & constringuntur. Quare per consequens necesse est, nisi aliud impediat, ut rei quantitas propterea minor videatur in oculo. Quapropter etsi notitia anguli, sub quo res cernitur juvat ad comprehensionem rei, tamen non sufficit, ut infrà demonstrabimus.

PROPOSITIO XLII.

Per radios, qui obliquè super oculum oriuntur, visio vigoratur & ampliatur.

Quod visus vigoretur per radios obliquè à visibili procedentes, patet. Quoniam etsi principaliter per solos radios perpendiculares oculo visio certificata & distincta fiat, tamen certum est, quod licet quilibet punctus in visibili signatus per radium suum oculum perpendiculariter tangentem videatur: nihilominus, ut ex prædictis patet, per radios obliquos

obliquos ab eodem puncto procedentes, totam pupillam, tanquam basim pyramidis illuminationis occupat, qui occurrente medio densiori in pupillæ superficie refranguntur ad perpendicularem, & visionem directam inde coadjuvant. Dominantur enim radii perpendiculares, & hujusmodi obliqui cooperantur. Porrò etiam manifestum est, & visionem ampliari per radios obliquos. Constat namque experientia, extra pyramidem radiosam aliqua videri, hoc est, angulum pyramidis radiosæ, minoris latitudinis esse, quàm res se habeant, quæ uno aspectu videri possunt. Radii igitur illarum rerum tangunt & movent oculum, per radios in ingressu oculi fractos, & ad centrum oculi declinantes, ut talia ab oculo debiliter advertantur. Quare per hæc visio ampliatur. Ista tamen quæ sunt oculo facialiter objecta, efficacius repræsentantur, quia tam rectè quàm per refractionem apprehenduntur. Quare autem punctus per diversos radios præsentatus, in uno loco appareat, tangetur in tractatione de radiis fractis.

PROPOSITIO XLIII.

Operationem visibilis in visum esse dolorosam.

Hoc probatur. Quoniam operatio in visum est unius generis: & operatio fortis ac exuperantis lucis, est sensibiliter, læsiva & dolorosa, sequitur omnes lucis operationes tales esse, tametsi non perpendatur. Hinc etiam est, quòd nullum visibile tam delectabile est oculo, quod continua inspectione ipsum non defatiget, cujus quidem defatigationis, præcedens inspectio caussa esse videtur. Sunt tamen

qui

i diversum sentiant. Cùm enim sensibile sit per° tio sensus, concludunt igitur in actu sentiendi n esse aliquid quod lædat aut corrumpat, nisi moderatum & excussivum sit. Neque admittunt ionem si excellens sensibile inducit dolorem, er- mediocre. Quoniam vehemens motus gravat, diocris autem motus juvat & delectat. Quod tur hic proponitur, ad visionis cujuslibet pro- gationem restringendum, & non de quacunque :vi Inspectione intelligendum est.

PROPOSITIO XLIV.

Mathematicos, ponentes visum per radios ab oculo micantes fieri, superflua conari.

Visio enim sufficienter fit per modum præscrip- n, per quem salvari possunt omnia, quæ sunt cir- visum apparentia. Ergo superfluum est sic radi- ponere. Et hæc dico ex sententia autoris per- ctivæ, aliter enim docet Alkindus de aspectibus, er Platonici senserunt, aliter Philosophi, qui na- alia tractant, in multis locis sapere videntur, ali- & D. Augustinus innuere videtur, cùm inquit, òd virtus animæ aliquid in lumine operetur ali- , quàm adhuc sic investigatum.

PROPOSITIO XLV.

Radios quoscunque ab oculo micantes, & super visibile orientes ad visionem impossibile est sufficere.

Quòd si ponantur radii ab oculo exire super rem bilem, idque donec contingat : aut redeunt ad ilum, aut non. Si non redeunt, visio per eos non

P fit,

ſit, cùm anima à corpore non exeat. Si redeunt, qua revertuntur ratione? nunquid animati ſunt? nunquid omnia viſibilia ſpecula ſunt, radios reflectendo? Porrò etſi concedamus redire cum forma viſibili ad oculum, tamen fruſtra exeunt. Quoniam enim Lux ipſa, vel forma viſibilis virtute Lucis, in totum medium ſe diffundit, igitur non eſt neceſſe, ut radius quaſi nuncius requiratur. Denique quomodo aliqua virtus oculi uſque ad ſidera protenderetur, etiamſi totum corpus in ſpiritus reſolveretur.

PROPOSITIO XLVI.

Lumen oculi, naturali radioſitate ſua viſui conferre.

Oculus enim, ut dicit Ariſtoteles, non ſolùm patitur, ſed etiam quemadmodum ſplendida corpora agit. Lumen ergo naturale, ad alterandas ſpecies viſibiles, & ad efficiendum proportionalitatẽ virtuti viſivæ, neceſſarium eſt oculo. Quoniam ſpecies viſibiles ex luce Solari diffunduntur, ſed ex lumine oculi connaturali, oculo contemperantur. Sic ergo patet, quòd aliquo modo fit emiſſio radiorum, ſed non modo Platonico, ut radii ab oculo emiſſi, in forma viſibili intingantur & immergãtur, & intincti revertantur oculo nunciantes. Aliquid tamen radii modo prædicto in viſibile operantur. Quoniam enim viſus in omnibus animalibus eſt ejuſdem rationis: & quædam animalia per lumen oculorum ſuorum ſufficiunt coloribus virtutem multiplicativam dare, ut ab eis nocte videri poſſit: ſequitur quod lumen oculi aliquid in lucem operetur, & an aliquid ulterius faciant, non definio,

finio, nisi quatenus autoris perspectivæ, ut dium est, vestigia sequor.

PROPOSITIO XLVII.

Sine luce nihil videri.

Color enim sine luce, non potest efficaciter ra-
are, quoniam primum in omni genere, est causa
osteriorum. Prima autem radiositas, est lucis, &
eo omnis alia ab ipsa causatur. Color igitur ad
nus efficaciter radiare non potest, nisi luci ad
ixtus.

PROPOSITIO XLVIII.

*Visum nihil comprehendere, nisi proportionali di-
stantia præsentatum.*

Distantia siquidem vel remotio rei visibilis requi-
tur ad visionem. Si enim res visibilis oculo sup-
onatur, lux super eam non perfunditur, & per
onsequens non potest movere visum. Quod si res
sibilis sit luminosa, & oculo supponatur, videbi-
r quidem quia (ut in xlvi. dictum est) visibile per
men oculo contemperatum & proportionatum
. Quidam senes melius vident in majori distan-
a quàm in minori. Quoniam major distantia est
rum visui proportionalis, talem enim lumen in-
insecum multum est, sed non clarum, & in mari distantia disgregando serenatur, & serenatum
ecici rei visibilis superfunditur, ut efficacius mo-
at, fiatque visio melior. Ita alii sunt, qui à pro-
imo vident melius, & hi habent lumen modicum
serenum. Qui verò multum & clarum habent,
i à remotiori exactius vident. Super omnes au-

tem alios illi, qui oculos profundos habent, cæteris paribus à remotiori vident: quia radii luminares ab oculo micantes non ita disperguntur, sicut ab oculis eminentibus. Ac semper radii conjuncti & adunati fortius super visibile porriguntur. Patet itaque propositum, visum ad visibile, ut fiat visio, in proportionali invicem habitudine & distantia esse oportere.

PROPOSITIO XLIX.

Sola videri, rectè facialiter objecta.

Hòc patet ex prædictis. Visus enim fit principaliter per pyramidē radiosam àlbasi opposita super visum perpendiculariter orientem. Fit etiam visus per radios extra pyramidem super oculum orientes. Sed super oculum oriri non possunt, nisi qui ex adverso oculo se repræsentant, & in superficie oculi non cadunt. Et dico videri rectè facialiter objecta, quoniam in speculis reflexivè aliqua aliter videntur, ut infrà videbitur.

PROPOSITIO L.

Nihil videri nisi proportionaliter quantum.

Cujus ratio est: quoniam, ut suprà patet, visu fit per pyramidem radiosam, cujus basis est res visa. Ergo necesse est, illud, quod videtur, esse quantum & esse proportionabiliter quantum. Non tur diminutum: tale enim non sufficeret ad imp mendum species oculo efficaciter aut dolorosè, dicit xliii. Et corpus excellentis magnitudinis u aspectu videri non potest, ut patuit ex xxxix.

PROPOSITIO LI.

'ſum non fieri niſi per medium diaphanum.

ujus ratio: quia ſpecies non niſi per corpora
hana poſſibile eſt, ut oculo imprimantur. Eo-
enim ſubtilitas congruit multiplicationi for-
um, ſine materia, & materialibus conditioni-
ad viſum. Verùm cùm omne corpus influen-
æleſtis ſuſceptivum ſit, neceſſariò ſequitur nul-
corpus omnino carere perſpicuitate, cum &
picuitas ſuperioribus & inferioribus corporibus
ommunis. Ideoque nulla denſitas, tranſitum
utum & ſpecierum, quamvis nos lateat, omni-
rohibet. Hinc fortaſſe illud, quod de Lynceo
tur, ortum eſt, quem perhibent ſaxa quoque
rbores oculorum acie penetraſſe.

PROPOSITIO LII.

*)mne viſibile neceſſe eſt medium in denſitate
tranſcendere.*

ihil enim poteſt eſſe coloratum aut luminoſum,
denſum. Nec viſibile glacialem movere poſſet,
agis medio eſſet perlucidum. Item ſine luce ni-
videtur, ut patet ex xlvii. hujus, ſi autem illud
d videtur, perſpicuum eſſet, ſicut aër, lux in
conſiſtere & figi non poſſet: non ergo videre-
. Omne itaque viſibile, ut videatur, medio
iſius eſſe oportet.

PROPOSITIO LIII.

Omnia quæ videntur, tempore comprehendi.

Immutatio enim viſibilis, non niſi in tempore fit
ibilis, ſicut docent illuſiones ſenſuum in veloci

quorundam transportatione. Similiter discretionem rei non nisi in tempore fieri, patet: quia in veloci circungiratione alicujus corporis, punctus videtur esse circulus. Item cælum velocissimè movetur, nec tamen ejus motus percipitur, nisi in tempore perceptibili. Amplius, quamvis secundum quosdam, immutatio possit fieri in instanti, quod non pertinet ad hanc philosophiam, ut infrà demonstrabitur: certitudo tamen de visibili non fit nisi in tempore, scilicet transportatione axis radialis pyramidis super rem visam, ut patet ex xxxviii. propositione præmissa.

PROPOSITIO LIV.

Visionem non fieri lucidè sine congrua sanitate oculi.

Hoc ideo dicitur, quia error visus aliquando est à causa exteriori, per egressum à proportione in aliqua conditione ad visum necessaria, ut in distantia, oppositione, vel hujusmodi alia apprehensione: aliquando ex causa interiori, sicut ex oculi debilitate & paucitate spirituum, vel ex infectione oculi ab extraneo humore vel læsione.

PROPOSITIO LV.

Varias & multas esse intentiones visibiles, & quasdam primariè, quasdam secundariè comprehendi.

Siquidem viginti duæ sunt intentiones visu comprehensibiles, Lux, Color, Remotio vel distantia Situs, Corporeitas, Figura, Magnitudo, Continuatio, Discretio vel separatio, Numerus, Motus

Quies,

es, Asperitas, Levitas, Diaphanitas, Spissitudo, bra, Obscuritas, Pulchritudo, Turpitudo, Situdo & diversitas. Hæ sunt principales intentes. Et aliæ secundariæ, quæ sub his continen- sicut ordinatio sub situ collocatur, & scriptuve sculptura sub ordinatione & figura, rectitu- & curvitas sub figura. Item multitudo & pau- sub numero, æqualitas & augmentum sub situdine & diversitate, alacritas & risus, & hu- nodi quæ comprehenduntur sub figura faciei, c de aliis multis. Principaliter siquidem mo- t visum, lux & color, suis speciebus oculum lantes, & ex consequenti alias prænominatas intensiones visui repræsentantes, quæ sub iis- qualificantur.

PROPOSITIO LVI.

Non omnes intentiones visibiles comprehendi sensu spoliato.

Per sensum spoliatum, intellige solum sensum, niam quædam comprehenduntur non solo sen- sed cooperante virtute distinctiva & argumen- one, quasi imperceptibiliter commixta: quæ- n etiam adminiculo scientiæ acquisitæ. Exempli tia, cùm comprehenduntur duo individua, & lia, ipsa similitudo neutra est formarum, neque prehenditur solo sensu, sed collatione unius ad rum: similiter etiam colorum differentia & ali- m rerum. Amplius, scriptura non comprehen- ur solo sensu, sed per distinctionem partium e- quam facit vis distinctiva mediante visiva. Si- iter res assuetæ cùm videntur, statim cognoscuntur, quod non est nisi ex relatione speciei receptæ ad habitum memoriæ, & hoc quasi per ratiocinationem.

PROPOSITIO LVII.

In distinctione visibilium rationem imperceptibiliter argumentari vel operari.

Nullum enim visibile cognoscitur, sine distinctione intentionum visibilium, vel sine collatione, sive relatione rei receptæ ad habitum, vel ad universalia cognitorum prius à sensibilibus abstracta: quæ fieri non possunt absque ratiocinatione. Sed vis distinctiva in his communiter apprehensis, non indiget tempore perceptibili. Quia arguit per aspectum ad speciem sibi notissimam: nec arguit per compositionem & ordinationem propositionum. Vis enim distinctiva nata est arguere sine difficultate, quæ etiam aptitudo naturaliter elucet: quod & in pueris apparet, quod magis pulchra minus pulchris solent præponere, idque non nisi naturali ratione facta eorum comparatione.

PROPOSITIO LVIII.

Lucem & colorem comprehendi sensu spoliato.

Per hoc enim apprehenduntur, quia ultimum sentiens his tangitur.

PROPOSITIO LIX.

Inter lucem & colorem simul oculum moventes, solum discernere virtutem distinctivam.

Tangunt siquidem pupillam simul, & movent secundum eandem partem. Igitur in sensu confusè recipiuntur, & ita per sensum distingui nequeun

Qua

apropter non distinguuntur nisi per experienti-
de luce & colore habitam, & per scientiam ac-
sitam.

PROPOSITIO LX.

Quidditatem lucis & coloris solo sensu minime comprehendi.

Quidditas coloris hic dicitur species coloris, quæ
nisi per relationes ad formas consuetas discer-
ur. Similiter & lucis quidditas, an sit lux Solis, vel
næ, vel ignis, ratione & scientia dignoscitur, non
sensu, cùm tamen color, in quantum color, & lux,
quantum lux, sensu spoliato capiatur.

PROPOSITIO LXI.

Nullam intentionem visibilium, præter lucem & colorem sensu comprehendi.

Hoc patet, quia sola quidditas coloris inter om-
s intentiones sive differentias immediatissima est
lori: sic & lucis quidditas, luci. Cum igitur istæ
idditates non capiantur solo sensu, multò minus
c aliæ quæcunque intensiones visibiles visu perci-
entur. Sed per distinctionem, argumentationem,
scientiam comprehendentur. Ex his patet, quòd
lùm lux & color, & non quidditas lucis & colo-
s, sint proprium objectum visus.

PROPOSITIO LXII.

Colorem, in eo quòd color, prius comprehendi sua quidditate.

Hoc ex præmissis patet. Quoniam color, in eo
òd color, sola intuitione capitur. Quidditas autẽ
us non nisi per scientiam & argumentationem
gnoscitur, sicut experientia docet. Coloratum
enim

enim in Luce subobscura positum, coloratum esse cernitur, & tamen quidditas ejus specivoca & individua ignoratur.

PROPOSITIO LXIII.

Sola distantia mediocris est visui certificabilis, & hoc per corpora interjacentia continuata & ordinata.

Distantia siquidem visibilis, visu non comprehenditur, sed ratiocinatione colligitur, sicut in hac arte seu philosophiæ parte docetur. Res clausis palpebris non videtur, quæ apertis: illud igitur, quod videtur, visui non adhæret. Hoc manifestum est, neque alia probatione indiget. Quare comprehensio quantitatis distantiæ, accipienda erit à quantitate corporum interjacentium. Verbi gratia, nubes in planitie terræ videntur cælo conjunctæ: in montosis autem locis, terræ propinquæ: quia alicubi montium altitudinem non excedunt. Certificatio igitur distantiæ nubium à visu, habebitur per comprehensionem corporis interjacentis. Quòd si tamen corpora interjacentia non fuerint ordinata, sed confusa, non poterit apprehensio quantitatis distantiæ certificari. Deinde si distantia non est mediocris, visus non pertinget ad plenam distinctionem corporum interjacentium remotorum, propter debilitatem speciei visibilis ex distantia, sicut docetur suprà propositione xlviii.

PRO-

PROPOSITIO LXIV.

ertificari quantitatem distantiæ, per resolutionem interjacentis spatii, ad magnitudinem mensuræ certitudinaliter notæ.

i enim corpora interjacentia sunt secundum :em & totum æqualiter incerta, nunquam cerabitur ex ipsis incerta distantia. Necesse igiest, in ea aliquod certum reperiri, cujus quantis notitia, per experimentum sit nota, ad quod, ım spacium resolvatur, sicut ad pedem, vel ntitatem corporis mensurantis, vel ad aliquid, ıd sit promptum imaginationi mensurantis.

PROPOSITIO LXV.

Distantiam horizontis majorem apparere, quàm alterius cujuscunque partis hemisphærii.

Hoc patet per lxiii. præmissam. Si enim per cora interjacentia distantiæ quantitas dignoscitur, i major magnitudo interjacere videtur, necesse , ut etiam major distantia esse videatur. Sed er Horizontem & videntem tota terræ latitudo erjacere videtur. At inter videntem & punctum li verticale nihil interjacere videtur. Quare inmparabiliter plus distare videtur Horizon, quam a pars cæli quæcunque.

PROPOSITIO LXVI.

Horizontem apparere terræ cohærentem.

Cujus ratio est: quia spacium, quod est inter timam partem terræ visibilem, & cælum, nullo odo comprehenditur.

PRO-

PROPOSITIO LXVII.

Longitudinem radiorum à viſu comprehendi.

Quod patet experimento in ſpeculis, ubi res creditur eſſe extremitate linearum radialium, quas totas exiſtimat porrigi in continuum & directum, & per illas judicat viſibile contra partem, quæ viſum movet. Unde ſpecies movens oculum, non ſo-

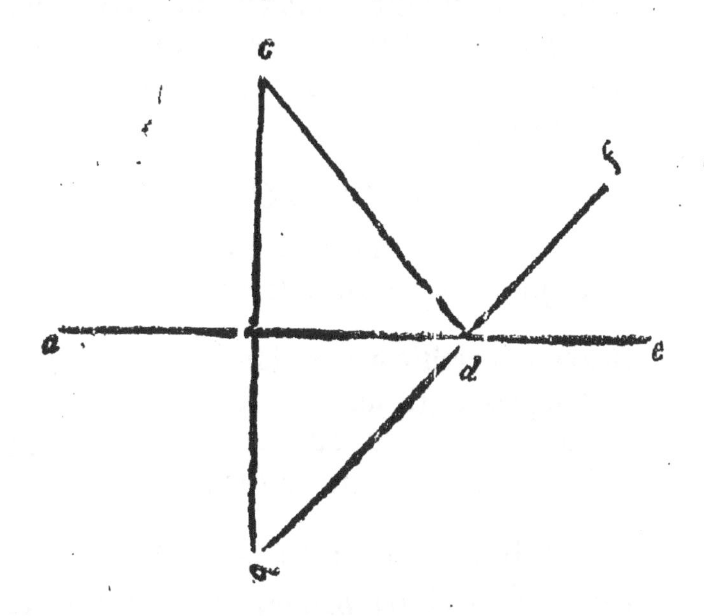

lum oſtendit oculo ipſum objectum, ſed etiam medium radium, cujus ipſa ſpecies eſt extremum: in quo tamen radio medio figi non poteſt aſpectus, quia totus iſte radius ſimilitudo eſt alterius rei viſibilis. Ex hac attamen propoſitione, radiorum egredientium fortiſſimum argumentum ſumi poſſet.

PRO-

PROPOSITIO LXVIII.

itum oppositionis rei visæ distinctione comprehendi.

itentio siquidem Situs tria includit, oppositio-rei diametralem, & positionem rei respectu ocu-cundum rectitudinem & obliquitatem, denique inem partium rei adinvicem. Primus igitur mo-virtute distinctiva dignoscitur. Res enim hoc lo opposita facialiter esse comprehenditur: quia na ejus super visum perpendiculariter oritur: d esse non posset, nisi opponeretur. Amplius, i opponitur, videtur: cum non opponitur latet.

PROPOSITIO LXIX.

litum obliquitatis comprehendi, ex comprehensione diversitatis distantiæ extremorum rei visibilis.

Cùm enim certificatur distantia, secundum quod ctur in propositione lxiii. necesse est, ut si extre-inæqualiter distare reperiantur, quòd tunc res iquè respiciens oculum judicetur.

PROPOSITIO LXX.

Tertiam situs differentiam, ex ordine speciei in oculo comprehendi.

icut enim ex ordine speciei comprehenditur or-atio rei distinctæ, ut suprà ex xxxvii. proposi-ne, sic & ordinatio partium cognoscitur.

PROPOSITIO LXXI.

Figuram rei visibilis comprehendi ex duabus ultimis situs differentiis.

Verbi

Verbi gratia, ex majori distantia medii quàm extremorum, comprehenditur concavitas: & e converso ex majori distantia extremorum quam medii, convexitas: & omnes figuræ incisionis comprehenduntur ex comprehensione ordinis partium secundum situm rei visibilis.

PROPOSITIO LXXII.

Figuram rei multum distantis minimè certificari.

Cujus ratio est: quia nec distantia certificari potest, & per consequens, nec situs, nec figura, nec aliæ descriptæ intentiones visibiles. Nam lxiii. docuit solam mediocrem distantiam esse visui certificabilem, in qua etiam sensu distincto figuras rei comprehendere licet.

PROPOSITIO LXXIII.

Quantitatem anguli, sub quo res videtur, minimè sufficere quantitati rei visibilis capiendæ.

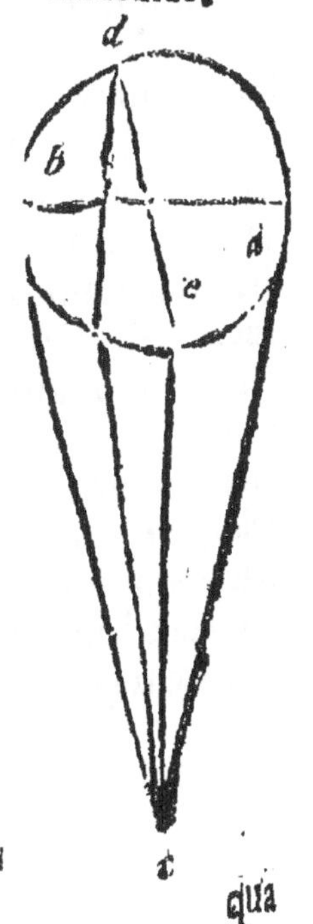

Quoniam si in circulo producantur diametri orthogonaliter se intersecantes, ponaturque una diameter facialiter ferè oculo objecta, reliqua verò non, & per consequens valde obliquè oculum respiciens, sub longè minori apparebit, ut patet in figura. Et apparebit tantò minor,

itò angulus est alio minor : sicque non appa-
circulus, sed oblongæ figuræ.

PROPOSITIO LXXIV.

omprehensionem quantitatis rei visibilis, ex comprehensione procedere pyramidis radiosæ, & basis comparatione ad quantitatem anguli, & longitudinem distantiæ.

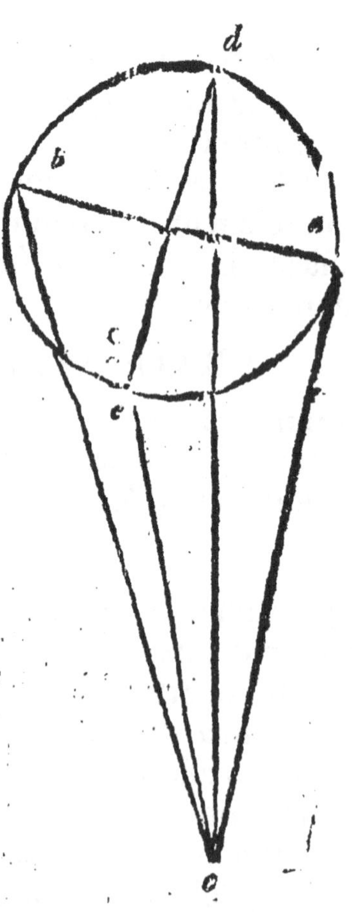

ola enim cognitio
titatis anguli, ad
ntitatem discernen-
non sufficit, con-
tamen ad hoc, sicut
t ex propositione
x. hujus : ita neque
remotio sufficit. An-
s quidem compre-
litur ex dispositione
æ in oculo. Et ipsi
i capiuntur ab ocu-
ut docuit lxvii. pro-
tio. Ut igitur ha-
ur certa notitia quã-
tis, conferendus est
ulus æqualis seu idẽ,
i inæquali longitudi-
radiorum ad basim,
quò est ab angulo
otior, eò major est.
stat enim lineas ab
ulo procedentes tan-
b invicem plus dista-

re,

re, quanto remotius in continuum rectumque protenduntur. Quod etiam virtus apprehensiva quantatis, non solùm ad angulum, sed & ad longitudinem distantiæ respiciat, experimento probatur. Si enim unus oculus respiciat aliquem magnum parietem, & ejus quantitatem certificet: manifestum est, si oculo opponatur manus, manum videri sub eodem angulo, vel etiam majori quàm paries visus sit: nec tamen tantæ quantitatis apparebit, quantæ paries apparuit: quia minus distat, & tamen sub eadem latitudine radiorum & basis apparet.

PROPOSITIO LXXV.

Certificatio quantitatis fit completivè per motum axis.

Apprehensio enim per ipsum certior est, quia transit non fractè, & est perpendicularis super visibile: ac ideo defertur axis super basim ejusdem, & super spacium, & intra angulum sub quo res videtur, ut patet ex xxxviii. hujus.

PROPOSITIO LXXVI.

Nulla quantitas rei, immoderatè distantis, est ab oculo certificabilis.

Re enim multùm distante, axis, qui suo motu visum certificat, in parva parte rei visibilis translatus, nullum angulum sensibilem in centro visus facit. Quoniam, ut suprà patuit, res multùm distantes sub acutissimis angulis videntur: & ideo translatio axis inter acutum angulum modica, non est vi visu perceptibilis, nec satis efficacis apprehensioni

Ampliaplius. nec certificatur quantitas spacii interjactis, ut docet lxiii. propositio hujus ; patet ergo propositum.

PROPOSITIO LXXVII.

Distinctionem visibilium, collige ex distinctione formarum visibilium radiantium.

Quando enim species oculum moventes sunt disæ, res diversas necesse est apparere, nisi distantiarum ab oculo diversitatem abscondat. Et oppositum intellige qualiter continuitas appreditur, quæ est nona intentio. Ex hoc intellige liter apprehenditur numerus, quæ est decima ntio.

PROPOSITIO LXXVIII.

Motus comprehenditur ex diversificatione situs rei motæ ad aliud immotum, vel ad visum ipsum.

Quamdiu enim res habet eundem situm ad aliud motum, & ipsum immobile videtur. Et quia s nihil videt, nisi sub forma præscripta, per pyidem radiosam, ideo motus percipitur, cùm d centrum visus in motu, angulus declinatiosensibiliter variatur : neque tamen solo sensu, concurrente virtute interiori distinctiva motus aprehenditur.

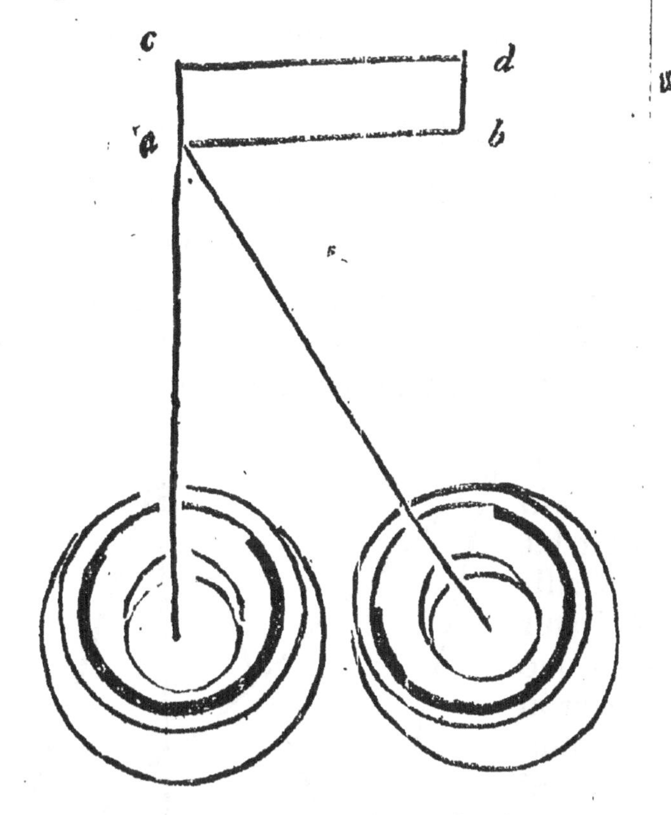

PROPOSITIO LXXIX.

Omne viſibile ad utrunque oculum ex majori parte conſimiliter ſituari.

Quod patet: quoniam quando utroque oculo res inſpicitur, utriuſque oculi pupilla ad ipſam rem dirigitur, & axes utriuſque oculi figuntur in eodem puncto rei viſæ, qui centro utriuſque oculi opponitur: & uno moto alius conſimiliter movetur. Alii verò radii cujuſque oculi majori ex parte conſimilem ſitum, axium reſpectu, habent: & ideo res in majori parte uno & eodem modo diſpoſita utrique oculo apparet. Quoniam, ſicut ſuprà

ā ostensum est, certificatio de re visibili est per
ḷ.

PROPOSITIO LXXX.

Ex variato sensibiliter situ visibilis, duorum axi-um respectu, ipsum duo apparere.

Si enim visibile ad unum axem sit dextrum, ad
um sinistrum, sensibili diversitate, unum appare-
o. Verbi gratia, si axes duorum oculorum *a b*,
initur in pũ-
c, tunc u-
m visibile in
apparebit
o. Simili-
si figatur
e, tunc duo
lebuntur in
quia utrum-
ie est uni axi
xtrum, alte-
sinistrum.
mplius si ex
dem parte
spiciantur a-

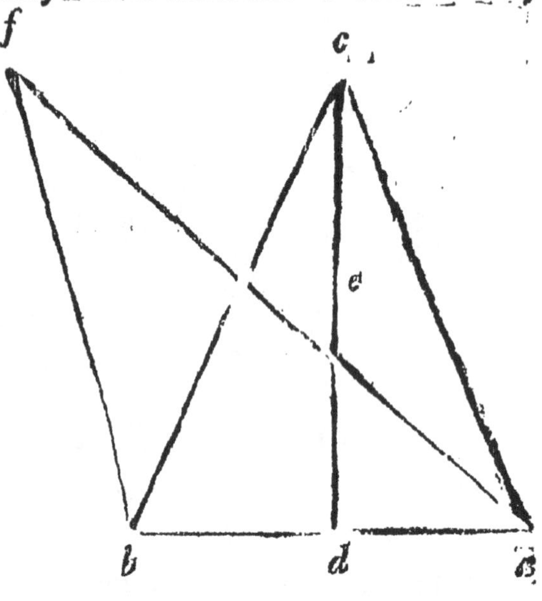

s, sed ex magna declinatione ad unam partem,
sensibilis variatio anguli, qui facit species in o-
lis: ideoque similiter unum apparebit duo. Ver-
gratia, *f* punctus ex eadem parte respicit utrum-
ue axem *a b*, & *b c*, tamen propter magnam vari-
ionem anguli *f b c*, qui in oculo *b* longè major
quàm angulus *f a c*, in oculo *a*, fit diversifica-
o situs in oculo, & unum apparet duo. Quòd e-

tiam aliis modis unum appareat duo, suprà propositione xxxii. ostensum est.

PROPOSITIO LXXXI.

In apprehensione visibilium juxta sensum, scientiam rationem vel Syllogismum variè errare.

Exempli gratia, in Luce & colore, qui sensu apprehenduntur, erratur ex distantia. Multi enim minuti colores videntur ex distantia unus color. Similiter & in Luce debili unus color videtur alius esse. Quòd si dixeris sensum non decipi circa proprium objectum: scito proprium objectum tantum esse lucem & colores, non autem aliquam speciem lucis & colòris, quæ solo sensu minimè capiuntur, ut ostendimus. Similiter secundum distantiam & scientiæ & rationi accidit deceptio, unde mota aliquando videntur quiescentia, & è converso.

PROPOSITIO LXXXII.

Stellas in Horizonte majores apparere, quàm in alia parte cœli.

Quia enim, ut ex lxiii. patet. magis distare videntur stellæ in Horizonte, quàm in alia cœli parte, ac tum in ortu, tum in medio cœli sub æquali angulo videntur; sequitur stellas in Horizonte majores apparere quàm alibi. Quia res ex æquali angulo ad majorem distantiam relata, major esse judicatur, ut ex prædictis innotuit. Quanquam si distantia esset major, angulus sub q[uo] viderentur, esset minor. Est autem æqualis

stanti

ntia, cùm terra centrum mun. & ex definiti- e sphæræ, om- s lineæ à ter- ad stellas æ- ales erunt. Id- que angulus qualis ad ap- rens majus spa- m collatus, m judicat esse ajorem. Ad oc etiam in- rpositio vapo- m juvat, ut frà dicendum rat.

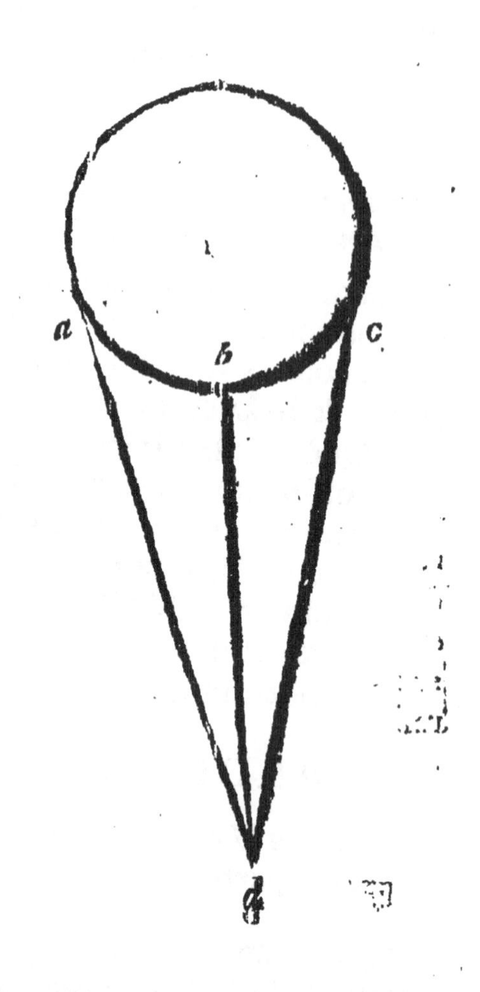

PROPOSITIO LXXXIII.

Corpora sphærica in distantia apparere plana.

Cùm enim sphæricitas vel concavitas discerni non possit, nisi ex comprehensa inæquali distantia partium rei visæ, necesse est in hujusmodi perceptione visum deficere, propter immoderatam distantiam, sicut patet. Si igitur nulla pars rei visæ plus altera distare videtur, necesse est unius figuræ & dispositionis, totam superficiem rei visæ apparere.

PROPOSITIO LXXXIV.

Quadratas magnitudines in diſtantia apparere oblongas.

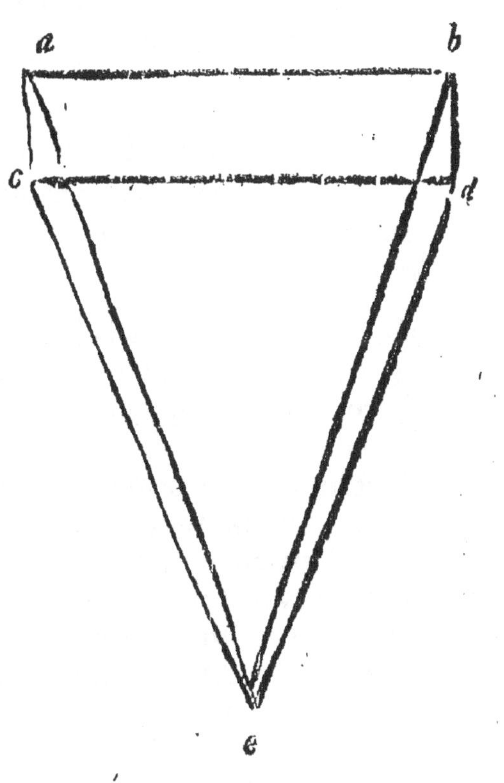

Exceſſus enim radiorũ cadentium in latera quadrati obliquè reſpicientia oculum, non eſt proportionalis proportione ſenſibili, ad radios cadentes in latus quadrati, directè oculum reſpiciens, per comparationẽ ad totam diſtantiam. Et viſus non ſufficit, ut diſcernat obliquitatem lateris, quòd obliquè videtur, & ſub longioribus radiis & minori angulo, & ideo tale latus apparet minus. Quod angulus quadrati rectè apponatur viſui, appar quadratum rotundum viſui, quia angulum præd ſtantia viſus minimè poteſt diſcernere.

FINIS PRIMI LIBRI.

ERSPECTIVÆ COMMUNIS. LIBER SECUNDUS.

PROPOSITIO I.

uces primarias & secundarias, puras & coloribus immixtas, à densorum corporum superficiebus reverberari.

RAdius enim Lucis & coloris natus est incedere per diaphanum. Occurrente verò corpore denso, quia virtus radiantis, & influentia radiosi nondum est terminata, perspectum transire potest, redit radius per reonem in partem, unde venit: sicut pila cùm icitur ad parietem, cùm non potest per diren transire, revertitur more reflexionis, in quan- durat virtus impellentis. Atque hujus rei imenta nobis diversa experimenta præbent. tor perspectivæ hoc in speculis ferreis ostendit, uibus non est aliqua diaphanitas: incidente eradio lucis in speculum in aliqua domo, in pa- sensibiliter lux reflexa videbitur. Compro- t & idem radii Solares, ut docet Aristoteles in no Meteororum. Quia enim reflectuntur à rficie terræ, calor intensior est prope terram, m in medio aëris interstitio. Idem fit & in val- s, ad quas utriusque montis densitas radios reit, Porrò reflexio fit non solum occurrentibus denſis, ſed quandoque occurrentibus perſpicuis corporibus, ſed de minori genere perſpicuitatis, cujuſmodi ſunt vitrum, aqua, & alia humida quæ licet ſint diaphana, tamen habent aliquam denſitatem. Inde eſt quòd Solis radius ad aquam veniens, eam ingreditur per refraxionem: & interim tamen etiam ad partem oppoſitam per reflexionem reſilit, ſicut experientia docet. Nam oculus in aqua exiſtens Solem videre poteſt: quod non eſſet, niſi radius in aqua uſque ad oculum multiplicaretur. Item ſi aqua vel alius liquor in domo radiis Solis exponatur, radii ſenſibiliter videntur in pariete. Similiter oculus extra aquam exiſtens, poteſt Solem videre per radium venientem ab aqua: quod non eſſet, niſi radius multiplicaret ſe ab aqua in aërem, uſque ad oculum. Quia itaque aqua habet denſitatem aliquam, ideo reflectit radium aliqualiter: & quia habet perſpicuitatem aliquam, ideo præbet tranſitum aliqualiter. Et ſi domus ſtet juxta aquam, poſſibile eſt per eandem feneſtram, per quam incidit radius Solis, quòd ingrediatur radius reflectionis ab aqua, & apparebit uterque radius apparitione diſtincta in domo. Radius ſiquidem rectus apparebit deorſum contra Solem. Radius reflexus apparebit ſurſum contra locum reflectionis. Et alibi in domo, ubi neuter radiorum attingit, eſt lux ſecundaria: & ideo lux à luce, claritate differt, quia radius rectus eſt clarior radio reflexo, & radius reflexus eſt clarior luce ſecundaria. Luces autem puras & non mixtas vocamus, ut ſolent eſſe corpora ſupercæleſtia, quæ coloribus immixtis à ſuperficiebus denſorum corpo-

rum

im reflectuntur. Patet itaque quòd omne cor-
us potest reverberare virtutem incidentem super
sum, quia omne corpus est aliqualiter densum:
ubi major densitas, ibi est major reflectio, & ma-
jr multiplicatio virtutis versus agens. Item ubi-
unque fit fractio, ibi fit aliqualis reflectio, sed non
converso. Nam ubicunque fit fractio, ibi est a-
iqualis densitas: quare & aliqualis refractio.

PROPOSITIO II.

Reflectiones solas à regularibus superficiebus factas ab oculo sentiri.

Superficies regulares voco illas, quæ dispositionis uniformis in omnibus partibus suis sunt, ut planas, convexas, & hujusmodi. Irregulares autem
sunt superficies asperorum corporum, in quas lux
cadens, propter asperitatem dispergitur & distrahi-
tur, ne regulariter super oculum oriri possit. Et
sic lævia corpora, propter regularē superficiem, radios uniformiter reflectunt: sed aspera dispersè &
deformiter, ideoque aspera specula non repræsentant imaginem vel figuram rei, sed colorem tantum: lævia verò utrumque referunt. A superficiebus enim regularibus eodem modo ordinatè reflectitur, quo in ipsis secundum pyramides radiosas
recipitur: & ideo, quia non fit visio sine pyramidibus radiosis. Per tales & non alias superficies pervenit imago rei ad visum: sicut enim radii illi si
essent in directum porrecti, ostenderent id cujus
sunt sic & reflexi illud ostendunt, sed alio modo.

Essentiale

Essentiale unim est radii, corpora revelare, cujus sunt similitudines.

PROPOSITIO III.

Luces reflexas, similiter & colores debiliores esse directè radiantibus.

Hujus causam præbet, non solùm elongatio à fronte, vel à corpore luminoso, imò magis debilitatio ex obliquitate. Rectitudo siquidem cognata est processui lucis, & natura in omni operatione expetit rectitudinem, & agit secundum lineas brevissimas. Ac omnis motus tantò est fortior, quantò est rectior: & per consequens, rectitudine sublata, necesse erit vigorem lucis vel coloris ex parte remitti & latescere. Et hæc est ratio, quare lumen Solis per fenestras viteras coloratas transiens, faciat colorem ipsum sensibiliter radiare & tingere opacum sibi objectum: propter fortitudinem scilicet radiorum, directè quasi radiantium. Sed radius à solido reflexus hoc non potest facere. Fortitudo enim lucis nessaria est colori non solùm ad ipsum movendum, sed etiam ad movendum cum ipso colore medium, quo excedit radii fortitudo vitrum penetrantis, quamvis aliquantulum frangatur.

PROPOSITIO IV.

Reflectiones factas à superficiebus fortiter coloratis, nihil aut tenuiter visum movere.

Lux enim directa, ut ex præmissa patet, fortior est quàm reflexa, similiter & color. Quod si illa superficies sit regularis, & bene polita, res in ea videri

eri poterunt, sed tamen non sicut sunt, verùm corpore speciali à speculo vestitæ.

PROPOSITIO V.

Luces & colores à speculis reflexos, res, quarum sunt species, oculo ostendere.

Nam species genita à re visibili, essentialiter habet rem ostendere, cujus est similitudo. Quoniam in se fixum esse non habens, necessariò ducit in alterum, cujus est. Quamvis igitur reflectatur, manet sibi essentia sua, & ideò rem ostendit, in situ tamen alio: cujus ratio infrà patebit.

PROPOSITIO VI.

Angulos incidentiæ & reflexionis æquales esse: radiumque incidentem & reflexum in eadem superficie esse cum linea erigibili à puncto reflexionis.

Dicitur autem angulus incidentiæ, quem constituit radius cadēs super speculum cum superficie speculi ex una parte, vel ex alia cum linea perpēdiculari, à puncto incidentiæ, seu qui idem est, reflexionis imaginabiliter erigi-

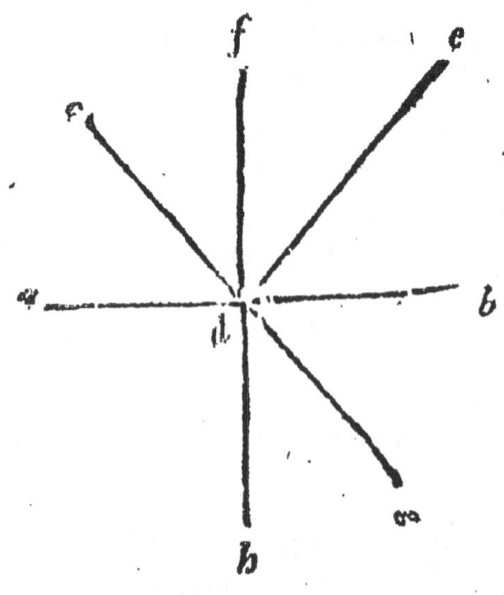

bili

gibili. Angulus autem reflexionis dicitur, quem cum iisdem constituit radius reflexus. Sit speculum *a b*, & visibile *c*, à quo cadet radius in punctum *d* speculi, & reflectatur ad visum in *e*. Quod si igitur ex *d* puncto excitetur perpendicularis super planum speculi, dico angulum *a d c*, æqualem esse angulo *e d b*, vel *c d f* angulum, ei qui sub *f d e*, hoc est, angulum incidentiæ angulo reflexionis. Hoc cotidiana docet experiantia. Alhacen & Vitellio docent peculiaria instrumenta fabricare, quibus anguli reflexionis observari possint. Simplex tamen quadrans, etiam cotidiè hujus rei nos potest certiores reddere. Si enim sumatur altitudo Solis cum eo, deindè excipiatur radius reflexus ab aqua in aliquam domum cadentem per foramina pinacidiorum, apparebit, perpendiculum semper æqualem arcum de limbo abscindere. Quod & angulo incidentiæ angulus reflexionis sit æqualis, suis comprobatur rationibus. Euclides de speculis, habet suas demonstrationes. Videtur autem hæc esse simplicissima ratio: ducatur in directum continuumque *c d* in *g* & *f d* in *h*. Si itaque radius rei visibilis transiret speculum, manifestum, quòd anguli *a d c*, *b d g*, item *c d f*, *h d g* æqales essent per xv. primi Elementorum Eucl. sunt enim sibi invicem ad verticem. Cùm autem superficiem speculi propter ejus densitatem transire nequeat, reflectitur, & quia virtus radiantis uniformiter nondum est terminata, necesse est radium ad eundem angulum, qu transiret, à speculo resilire. Unde si perpendicula riter cadit in speculum, in se reflectitur. Si obliqu oblique quoque in aliam partem reflectitur. Simili

c

ſt videre in motu ponderoſorum: ſi enim aliquod ponderoſorum ad corpus ſolidum deſcendat, vel projectum fuerit linealiter, ſi rectè projicitur, per eandem lineam reverberatur: ſi obliquè, per conſimilem in oppoſitam partem reſilit. Eſt autem perpendicularis radius fortior aliis, non ſolum propter conditionem radii abſolutam, ſed propter modum oriendi ſuper rem objectam, ſicut patet ex declaratione xv. propoſitionis primi hujus. Fortitudo igitur radii cadentis, eſt ſecundum quantitatem anguli, quem conſtituit cum perpendiculari in cadendo. ſed fortitudo in reflectendo, eſt ſecundum fortitudinem in cadendo. Modus igitur reflexionis, ſequitur, modū incidentiæ. Amplius, illas tres lineas *c d*, *f d*, *e d*, eſſe in eadem ſuperficie, patet: quoniam omnis radius inceſſui rectitudinis, quantùm poſſibile eſt, ſe conformat, quoniam innata eſt luci rectitudo, quòd ſi autem ſuperficiem iſtam egrederetur, dupliciter à rectitudine deficeret, & reſiliendo & divertendo. Sunt igitur in eadem ſuperficie.

PROPOSITIO VII.

Diaphaneitatem, ſpeculi eſſentiam non intrare, ei tamen per accidens aliquid conferre.

Si enim res in ſpeculo oſtenditur per radios reflexos, ut jam patet: ergo perſpicuitas, per quam ſpecies in profundum ſpeculi ingreditur, impedit: & ſic non expedit viſioni, ut ſpeculum ſit tranſparens. Quoniam reflexio eſt à denſo, per primam hujus, quia denſum. Ideoque ſpecula vitrea ſunt plumbo ſubducta. Quod ſi, ut quidam fabulantur, Diaphaneitas eſſet eſſentialis ſpeculo, non fierent ſpecula de ferro & chalibe, aut marmore polito,

quæ

quæ ſunt à diaphancitate remotiſſima. In ferro tamen & aliis hujuſmodi, propter intenſionem nigredinis non poteſt imago efficaciter repræſentari. Sed in quibuſdam lapidibus debilis coloris, multò clarius eſt videre imagines recipi, quàm in vitro.

PROPOSITIO VIII.

In ſpeculis vitreis, plumbo abraſo, nihil apparere.

Cujus ratio eſt: quoniam licet à vitri ſuperficie fiat aliqua reflexio, tamen quando vitrum ex aliqua parte non obumbratur, tranſit per ipſum lux directa, quæ fortitudine ſua reflexum vincit, ſicut patet ex III. præmiſſarum hujus. Quod ſi apponatur pannus obſcurus & niger, vel hujuſmodi aliquid, poterit videri imago rei viſibilis. Nam tunc nihil directè tranſit per vitrum, quod ſit magnæ in radiando efficaciæ. Et ſic, ut ſuprà patuit, diaphaneitas vitri non eſt de eſſentia ſpeculi, nec de ratione ipſius; quia ipſa impediret magis reflexionem, ex quo ſpecies intrarent illam diaphaneitatem. Nihilominus tamen ſpeculum poteſt eſſe diaphanum, licet de ratione ejus non ſit, ſicut apparet in gemmis precioſis, ut Adamante, Chryſtallo, & hujuſmodi. Ac fortior fit reflexio, quàndo ſpecula fiunt per corpora diaphana obfuſcata: cumque recipiant reflexus in reverberatione, clariores fiunt, quàm in denſis corporibus.

PROPOSITIO IX.

Superficies regulariter ſpeculares ſeptiformes eſſe.

Eſt enim ſpeculum planum cujuſcunque formæ: eſt ſphæricum, tam concavum quàm convexum:

eſt

ft pyramidale intra & extra politum: fic & columnare. Et in his feptem differentiis, fcilicet plana, convexa tria, & concava tria, fpærica, pyramidalia, & columnaria, fiunt per fingula diverfa apparitionum genera. Quædam autem funt fuperficies irregulares, quæ quamvis fint politæ, videntur partim planæ, & partim convexæ, & partim concavæ: in eis tamen facies diftortæ apparent, propter irregularem reflexionem à fuperficiei diverfitate.

PROPOSITIO X.

Materia fpeculi eft lævitas intenfa, forma verò perfecta politura.

Lævitas hic dicitur magna partium continuitas, carens poris fenfibilibus omninò, unde lignum & hujufmodi corpora non poffunt effe fpecula. Per polituram intelligitur, omnis afperitatis amotio. Si igitur fit corpus multùm læve, & intensè politum, erit fpeculum effentialiter. Ad hoc tamen ut fpeculum lucidè vifibilia repræfentet, exigitur ut non fit coloratum colore fenfibili. Requiritur etiam ut nec pulvere, nec anhelitu, nec humore fit refperfum: & hoc eft quod dicunt, oportere fpeculum effe terfum, & lævitate intenfa. Ideoque politura hoc unum agitur, ut inducatur lævitas. Et quò materia eft durior, eò et jam magis intenfam lævitatem & puritatem recipit, quemadmodum in Adamante, & in duriffimis metallis fubductis foliis vel obfufcatis patet. Quare lævitas eft materia fpeculi, & politura formæ, quæ nihil aliud eft, quàm planiffima glacies, in qua demoliti funt pori fenfibiles & groffities vifibilis.

PRO-

PROPOSITIO XI.

Rés in speculis apparere universaliter debilius quàm directè.

Quoniam, ut patet ex tertia hujus, formæ reflexæ debiliores sunt, & ideò debilius repræsentant; & etiam debiliter movent, propter quod homo vix suæ formæ recordatur in speculo visæ, cùm alterius, quem directè vidit, ideam semper in animo secum circumferat. Prætereà & color speculi etiam immiscetur luci reflexæ, & obfuscat eam, ideoque facies illo colore tincta apparet, quo speculum est coloratum. Latent etiam faciei maculæ propter debilitatem reflexionis. Quantò enim speculum magis est lucidum, tantò facies apparet candidior: & quo de nigredine plus participat, tantò facies obscurior videtur, ut in ferreis & vitreis speculis contingit, quæ multùm habent nigredinis, cùm propter materiam, tum propter id quod eis subducitur, ne species penetrent. At Chrystallina & Gemmea specula, subducta foliis, facies absque maculis sensibilibus, & in proprio colore carneo, referunt, idque rectius quam ulla alia specula. Et si enim reflexioni aliquid addunt perspicuitatis, tamen penetrat, ut ei immisceatur, & repræsentetur oculo, quo faciem aliter, quam directè videtur ostendat. Quare, ut perhibent, Reges orien' Adamantina & Chrystallina specula habere solen

PROPOSITIO XII.

quolibet puncto speculi, objecto luminoso, duas lucis terminari pyramides, unam incidentem, & aliam resilientem.

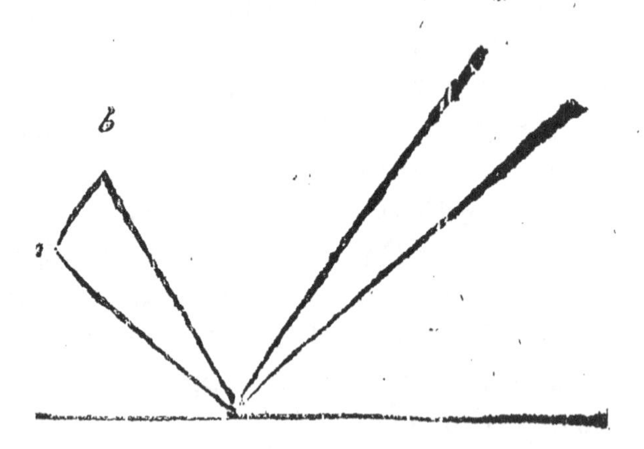

rima pars hujus patet ex quarta propositione ii hujus. Et quia lux reflectitur à polito, se- ur, ut etiam pyramis à quolibet puncto refle- ur: quod secundo proponebatur.

PROPOSITIO XIII.

quolibet puncto luminosi, in quemlibet punctum speculi objecti, radium incidere.

æc sequitur ex III. primi hujus.

PROPOSITIO XIV.

quolibet puncto luminosi porrigi pyramidem, to- tam objecti speculi superficiem occupantem.

æc sequitur ex VI. primi hujus.

PROPOSITIO XV.

A superficie speculi infinitas fieri completas reflexiones formæ visibilis.

Hoc ex præhabitis patet. Sit enim res visa plana, & speculum planum, tota species rei visæ non solùm recipitur in tota superficie speculi, sed in qualibet parte ejus. Et quamvis partes, à quibus potest fieri reflexio, sint finitæ, per diversam tamen comparationem cum aliis partibus sunt infinitæ. Cùm igitur secundum modum incidentiæ fit reflexio, oportet infinitas, à quolibet speculo, fieri reflexiones. Secundum enim aliam atque aliam pyramidem, in quolibet alio atque alio puncto fit visio. Non tamen ideò sunt infinita actu, quia hæc omnia sunt unum corpus lucis. Reflexiones autem completæ, sunt quæ totam rem ostendunt.

a

b c

PROPOSITIO XVI.

Radium super speculum perpendiculariter orientem, in se reflecti.

Hæc sequitur ex sexta hujus. Quoniam si aliam lineam reflecteretur, per minorem angulo resiliret, & non essent æquales anguli incidentiæ reflexionis.

PR

PROPOSITIO XVII.

cem reflexam, per aggregationem fieri fortiorem luce incidente.

nis siquidem virtus unita plus potest dispersa. iliter radii cùm disperguntur, debilitantur, m adjuvantur, fortificantur. Quare ad ali- effectum producendum magis conferunt ra- lexi adunati, quàm directi dispersi. Hinc est, à speculis concavis sphæricis ad Solem po- gnis accenditur. Si enim directè speculum ra- solis opponitur, omnes partim super unum um, partim super unam lineam incidere ne- st. Omnes enim radii ab eodem circulo re- in unum punctum cadunt. Cùm namque sint æquales anguli incidentiæ, reflectentur ad angulos æquales. Quòd autem lux di- gnem non generat, est, quia radii Solis non t concurrere, nisi fracti vel reflexi.

PROPOSITIO XVIII.

em speculo incidere, & reflecti per lineas na- urales.

ea siquidem radiosa naturalis est, nec salva- lii essentia, nisi in latitudine aliqua. Et quia tio in speculis secundum diversitatem figuræ ar, planum est, quòd à puncto Mathemati- fit reflexio; quia illius nulla est secundum cies diversificatio. Quare lineam natura- efinimus esse radium visibilem: si visibilis, titudine aliqua visibilis. Similiter punctus s & principium radii lineæ visibilis, sicut &

Mathematicæ considerationis est, non tamen cujus pars non est. Nam linea ab oculo comprehenditur: igitur & principium ejus, quod hîc pro modica parte accipitur, & non Mathematica omninò. Constat itaque nostrum propositum.

PROPOSITIO XIX.

Formas in speculis apparentes, per impressionem in speculis factam, minimè videri.

Quidam enim existimant, quòd res in speculis appareant per Idola, quæ speculis imprimantur, & res quasi in Idolis apparere. Idola tamen ipsa primo videri. Et iste error germinatur. Quidam enim dicunt, Idolum ipsi speculo imprimi, & ibi esse tanquam maculam vel impressum signum, ac visum movere. Hoc multipliciter falsum ostenditur. In speculis enim ferreis, & adamantinis videntur res, in quibus tamen nulla est perspicuitas receptivæ impressionis. Item si res imprimeretur speculo, diffunderet se undiq; à speculo, neque requireretur determinatus situs oculi ad videndum rem in speculo, sed posset videri in omni parte respectu speculi: quod falsum est. Non enim videtur res, nisi oculo existente in eadem superficie, cum linea incidentiæ & linea reflexionis, æqualibus existentibus angulis incidentiæ & reflexionis. Item quantitas Idoli nunquam excederet quantitatem speculi: quod falsum. Item in uno eodemque puncto speculi, à diversis visibus, diversa & distincta quoque conspiciuntur Idola. Porrò si Idolum imprimeretur speculo, appareret in speculo, & non ultra speculum, quod etiam falsum est. Apparent enim in concursu ima-

ginario radii tum catheto. Neq; est quòd dica-
perspicuitatem aliquid ad essentiam speculi per-
cere, ut docuit septima hujus. Proinde alii di-
,Idolũ non imprimi speculó, sed esse in cõcursu
cum ca-
, scilicet
speculi-
ubi ap-
t Idolũ :
d pariter
num est.
in aqua
is appa-
tantum
in terra,
ntũ est in
: Et si po-
ır mons
us in loco
aritionis,
liquidè
arebit, ac

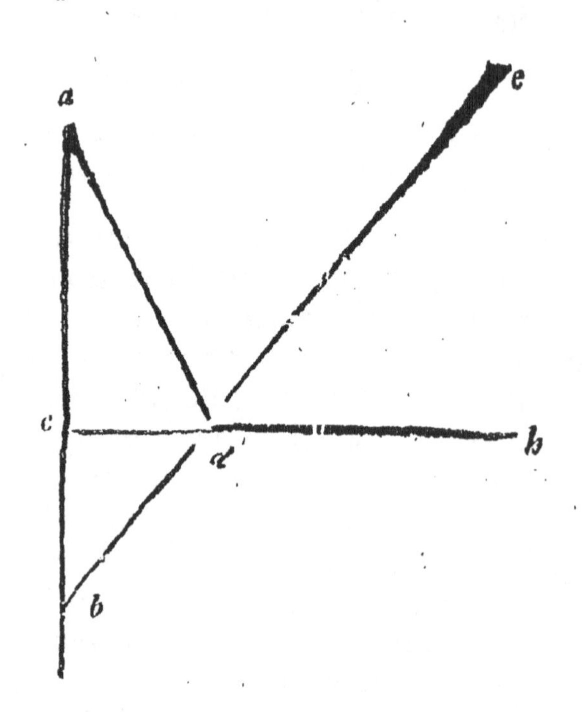

onatur ibi aër vel aqua. Idola igitur rerum non
rimuntur speculis. Apparent tamen res in spe-
s secundum veritatem, veluti Sol, vel turris,
aliud hujusmodi, sed extra locum suum.
n res non apparet visui per reflexionem in loco
Qua enim visus assuetus est videre per lineas
as, ideò non percipit incurvationem reflexio-
Sicut aliquando oculus unum judicat esse
, ut supra patuit : quia res apparet non solùm
oco, sed etiam extra locum suum : ita etiam in

R 3 pro-

proposito quantum ad hoc, quia res in speculo secundum veritatem videtur, sed in situ erratur, & aliquando in numero, ut infrà patebit. Hinc est, quod visus semper æstimat rem esse in radio visuali, & locum imaginis quam vocamus apparitionem rei in aliquo puncto ejus: & ideò visus judicat rem esse in directo oculi.

PROPOSITIO XX.

In speculis planis, ex aliis in majori parte, imaginem apparere in concursu radii cum catheto.

Cathetus est linea perpendicularis ducta à re visa super superficiem speculi vel super lineam contingentem imaginabiliter superficiem speculi, & ultra speculum, si opus fuerit, in directum continuumque protractam. In concursu (inquam) hujus catheti, & radii scilicet imaginabilis sub quo res videtur, apparet illa imago esse, quæ videtur. Quod hoc modo probatur. Longitudo radiorum oculo præsentatur, per lxvii. primi hujus.

Sed quia pars radii reflexa movet visum, & partem radii incidentem in speculum apprehendit, nec oculus advertere potest reflexiones, siquidem nihil nisi partem radii, quæ visum qualificat, apprehendit: fit ut totus radius, quasi in continuum directumque procedens, oculo repræsentetur Quapropter necesse est, rem, quæ in speculo videtur si supra speculum est, sub eo in concursu radii cu catheto apparere. Sit, exempli gratia, speculu *a b g*, res visa *c k*, oculus videns *d*. Et à re vi in speculum cadant radii, *k a*, *c b*, quæ reflecta

t

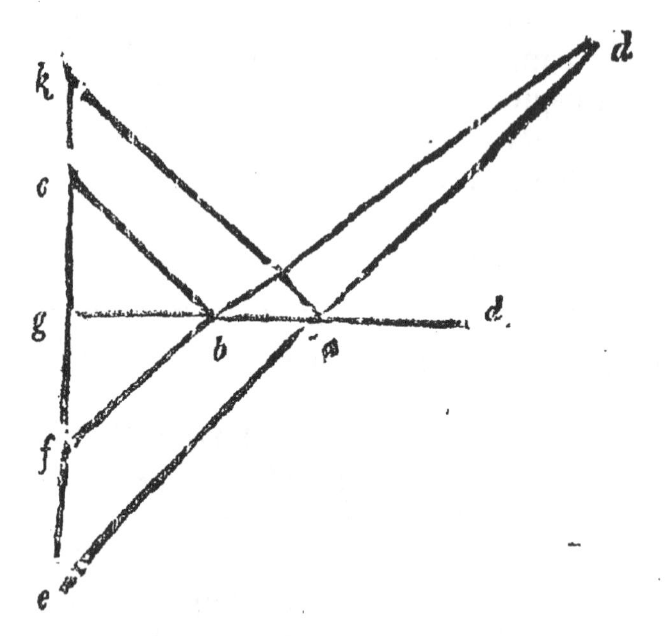

d oculum per radios, *a d*, & *b d*. Sit verò
tus *k c g f e*, & rejiciatur radius de *a* in *e*, &
n f. Punctus igitur *k* videtur in *c*, & punctus
, sub radiis reflexis, quia totus radius *k a d*,
b d, præsentatur oculo, quasi in continuum
tumque procederet, quoniam reflexionem non
pit. Sed in catheto, *f* punctum à *g* tantum
sub speculo, quantum *c* à *g* supra: similiter
g, quantum *k* ab eadem intersectione cathe-
linea contingenti speculum. Cum enim, per
n hujus, anguli incidentiæ & reflexionis sint
les, & radii sub iisdem angulis videantur por-
profundum, quibus reflectuntur, per xv.
Elementorum Euclidis, ac anguli qui circa *g*

 recte,

recti: sequitur per xxvi. primi Elementorum Euclidis, latus *c g* æquale esse lateri *g f*, idem *k g*, lateri *g e*. Manifestum itaque est res in catheto eodem modo apparere, quo situ proprio. Sed hoc rectius in speculis planis quàm aliis apparet.

PROPOSITIO XXI.

Altitudines in speculis directè supra apositas, eversas apparere.

*H*æc patet ex præmissa. Demonstratum enim est, *c* & *k* puncta in eodem catheto tantùm infra speculum apparere, quantùm supra speculum emineant. Et hujus rei exemplum sumi potest de domo vel arbore stante juxta aquam, cujus supremum maximè apparet deorsum, & Econverso. Nam quod est supremum in aëre, apparet infimum in aqua propter radiorum elongationem: & superiores partes quantùm eminent superius, tantùm inferius apparent in profundo propter casum radidiorum in catheto. Res igitur tantùm apparet ultra speculum, vel sub ipso, quantùm est supra. Quod si oculus seipsum videat, idem accidit, quamvis radius perpendiculariter oriatur: quoniam, ut dictum est, radius directè comprehenditur. Amplius perpendicularis radius non est secundum esse naturale, sed imaginarium: declaratur igitur quod dictum est secundum veritatem. In aliis tamen speculis, præterquàm in planis, res aliter se habet, ut infra demonstrabimus.

PRO

PROPOSITIO XXII.

In speculis planis facialiter objectis; apparere imagines præposteras, & sinistra dextris permutatim opposita.

Hujus propositionis prima pars patet ex præmiss. Ex eodem enim sequitur, ut superius appareat ferius: ex quo sequitur, ut anterius appareat po.rius. Amplius secunda pars sequitur, quoniam eodem speculo eadem res apparet sibi opposita. es autem apposita habent dextra sinistris opposita ermutatim. Ratio verò cur res appareat opposita, l, quia pars radii movens oculum dirigitur in oppositum: & propter hoc totus radius, velut in parem illam, quasi porrectus accipitur, & per consequens res in extremo ejus videtur.

PROPOSITIO XXIII.

In speculis planis unam solam imaginem apparere.

Sit enim res visa *a*, in speculo *b c e g*, & sit oculus *f*, fiatque visio per radium reflexum incidentem *a e*, & radium reflexum *e f*.

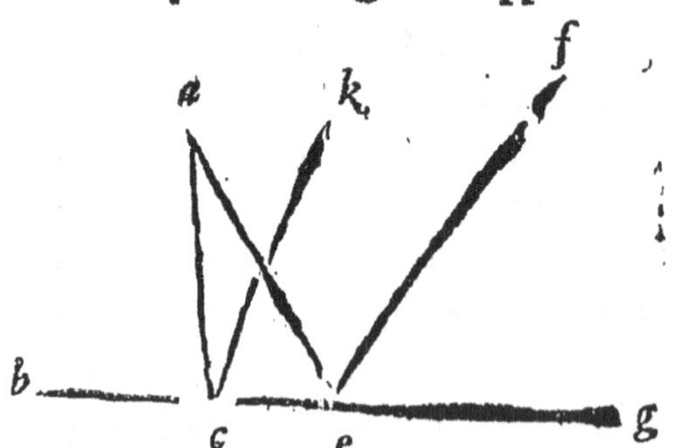

Dico quòd punctus *a*, non potest reflecti ad visum *f* ab alio puncto speculi, quàm ab *e*. Si enim est possibile, detur alius punctus, in quem cadat radius ab *a* in speculum, ut ponte *c*. Radius itaque *a c* reflectatur ad æqualem angulum

angulum in *k*. Sed quia angulus incidentiæ *a c b*, major eſt angulo incidentiæ *a e b*, per xvi. primi elementorum Euclidis, utpote in triangulo *a e c*, uno latere producto exterior interiori & oppoſito: erit angulus reflexionis *k c e* major angulo reflexionis *f e g*. Impoſſibile igitur eſt, ut radii *c k*, & *e f*, in parte *k* & *f* concurrant. In duas enim lineas *c k* & *e f* incidit linea *c e*: & quia per xiii. primi Elementorum Euclidis, *f e* linea incidens in *b g* lineam cujus *c e* pars eſt, facit duos angulos *g e f*, & *b e f*, duobus rectis æquales, ac angulus *k c e* demonſtratus eſt major angulo *f e g*: ſequitur *k c e*, & *c e f* angulos majores eſſe duobus rectis. Radii igitur reflexi *c k* & *e f*, ex alia parte concurrent, per xi. communem ſententiam, & in parte *k* & *f*, quo longius protracti fuerint, eò longius diſtabunt. Porrò ſi alius eſt punctus reflexionis quam *e*, non in longitudine ſpeculi, ſicut poſui, ſed in latitudine: tunc poterit duci perpendicularis ab oculo, æquidiſtans perpendiculari erigibili ab alio puncto: & ita ab uno puncto eſſent plures perpendiculares ducibiles: quod eſt impoſſibile. Patet itaque propoſitum per demonſtrationem reſpectu unius oculi.

PROPOSITIO XXIV.

In ſpeculo fracto, mutato ſitu partium, diverſas imagenes apparere.

Hoc experientia docet. *S*i enim partes ſpeculi fracti ad eundem ſitum coaptentur, ad quem ante fractionem, non plures apparebunt imagines in fracto quam in non fracto. Plurificatio namque apparitionum, non eſt propter fractionem, ſed propte

ſitu

situs partium mutationem. Ita & in speculo concavo integro plures apparent imagines, ut infra patebit. Quia enim, ut docuit xii. & xv. hujus, à qualibet parte speculi fit reflexio, sed in partes diversas, ex mutatione situs partium fractarum fieri potest, ut sit reflexio ad eandem partem, & per con-

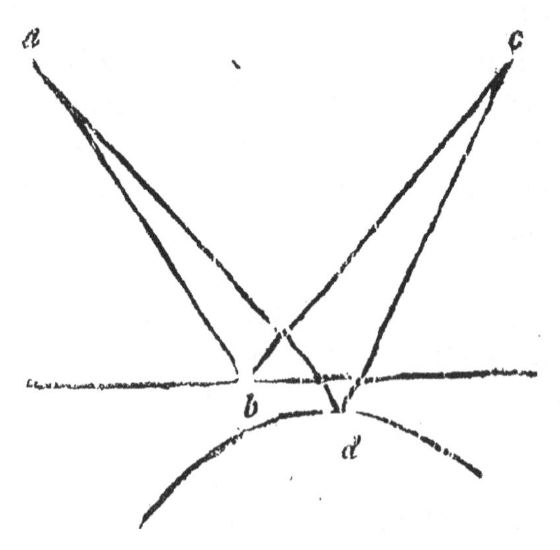

sequens simul diversas imagines apparere, non tamen plures, sed unam prætendere. Amplius ex consimili causa accidit, quando speculum ponitur in aqua, ex eodem luminoso plures apparere imagines. Est autem vulgatum, si ita speculum in aqua Soli opponatur, quod unà illarum imaginum sit imago Solis, & alia alicujus stellæ existentis prope Solem. Sed stella fixa esse non potest, quia Sol occultat eas nec est aliqua de Planetis, quoniam planetæ aliquando plus, aliquando minus distant, cùm hæ imagines semper æqualem distantiam habeant.

beant. Præterea ad lumen Lunæ, iidem sicut Solis accidit: item ad lumen candelæ similiter potest experiri. Quapropter non est stella, quæ apparet, sed est duplex imago Solis vel Lunæ, vel candelæ de duplici speculo reflexa. Fit enim reflexio à superficie aquæ, & cùm lumen radiosum intrat in aquæ profundum, occurrente speculo, denuo inde reflectitur, & necesse est juxta diversitatem situs & superficiei speculi, aliud ejusmodi luminosi Idolum apparere. Et æstimatur, quod illa quæ ab aqua fit, major sit & sensibilior: quoniam radius, qui facit aliam imaginem, multùm debilitatur. Primò enim frangitur in superficie aquæ, deinde reflectitur à speculo, tertio frangitur à superficie aëris. Sed reflexio & fractio multùm debilitant speciem ne possit sufficienter repræsentari: & ideo imago ista est debilior & minor, & minus sensibilis. Quare etiam hoc modo non fiunt plura Idola, nisi à valde luminoso.

PROPOSITIO XXV.

In speculo plano duobus oculis unam imaginem apparere.

Quanquàm enim ex diversis punctis ad utrumq; oculum fiat reflexio, tamen radii reflexionis secant se in catheto, & aspectus utriusque oculi ad idem terminatur, sicut patet aptando xx. propositionem utrique oculo, adjuvante lxxix. primi hujus: quoniam axes ad idem diriguntur.

PRO

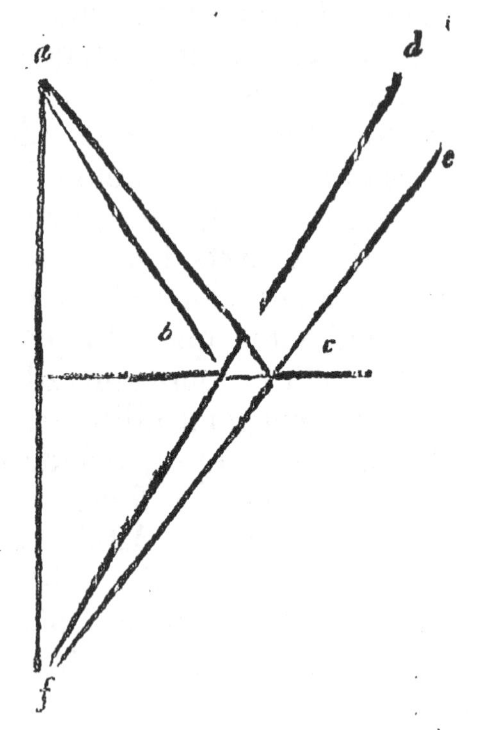

PROPOSITIO XXVI.

In omni superficie reflexionis, quatuor præcipuè puncta contineri: & quod extra illa est, minimè videri.

Hæc quatuor puncta sunt, Centrum visus, Punctus apprehensus. Terminus axis, id est. perpendicularis ductæ à centro visus in speculum, & Punctus reflexionis. Nec videtur quod extra illam superficiem est, sicut ex xxiii. propositione hujus patet.

PROPOSITIO XXVII.

In speculis planis invenire punctum reflexionis.

Sit

*S*it enim *a* punctus visus, *b* oculus sive centrum visus, speculum *d g h*, & ducatur cathetus *a h*, qui productus in continuum directumque ultra speculum tantùm, quoniam *a* est speculum, cadat in *z*; ac ducatur linea recta *a h z*, per punctum speculi *g*. Dico quod *g* est punctus reflexionis. Ducatur enim radius incidẽs *a g*. Quoniam igitur angulus *z g h*, æqualis est angulo *d g b*, quia ei est ad verticem: & in duobus triangulis *a h g*, *h z g*, duo latera *a h*, & *h z*, ex constructione sũt æqualia, & *h g* latus utriq; commune, ac anguli qui ad *h* recti, sequitũr per iv. primi Elementorum Euclidis, totum trianguli toti triangulo, & basim basi, ac reliquos angulos reliquis angulis, quibus æqualia latera subtendunt, alterum alteri, æqualia esse. Quare angulo *a g h*, æqualis est angulus *h g z*, sed ostensum est, eundem quoque angulo *b g d* æqualem esse. Proinde, ut patet ex præmissis, à puncto *c*, & à nullo alio est reflexio. Contingit etiam unum apparere duo in speculis planis, propter elongationem visibilis ab axe, & propter diversum situm

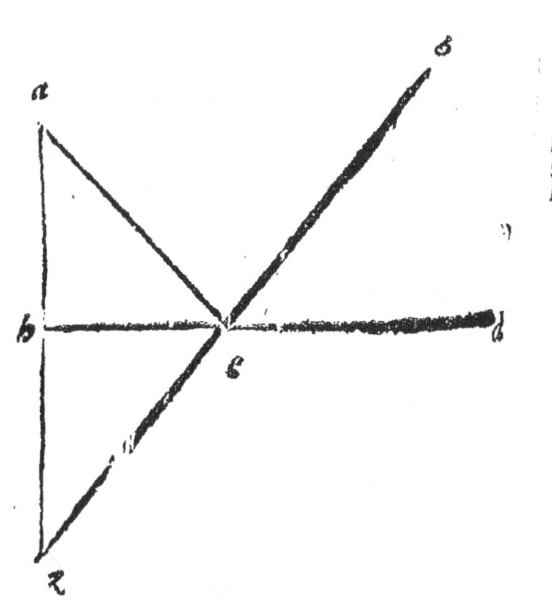

rum oculorum ab axe communi, ſicut in viſione directa ſupra oſtendimus.

PROPOSITIO XXVIII.

In ſpeculis planis figuræ & quantitatis varietatem apparere.

Sit ſpeculum planum *f l r*, cui ſupereminceat longitudo *z b*, & ducantur radii *z l*, & *b r*, reflexi ad oculum *e*. Ducantur & catheti à punctis *b* & *z*, videlicet *b k*, & *z g*. Quoniam igitur catheti paralleli ſunt, erit imago in terminis cathetorum, ejuſdem quantitatis, cujus eſt *z b*. Ergo quantitas eadem apparet, quæ eſt directa, & figura eadem. Quoniam enim quælibet pars tantum apparet ſub ſpeculo, quantum eſt ſupra ſpeculum, ut ex præhabitis patet, neceſſe eſt partes invicem eundem ordinem retinere, quem ſecundum veritatem habent. Contingit tamen rem in ſpeculis planis minorem apparere, quàm ſit,

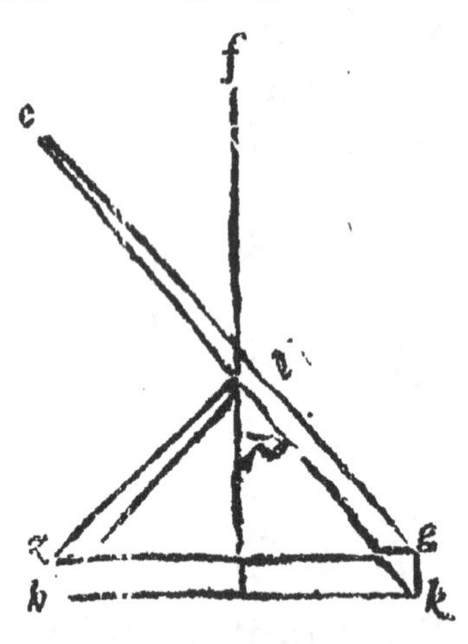

idque ex iiſdem cauſis, ex quibus in viſu directo, ſcilicet ex diſtantia. Quamquam verum eſt, minorem errorem in his ſpeculis, quàm in aliis accidere, videlicet in ſitu tantum, & in his quæ ſunt omni ſpeculo communia, ſicut ſuprà in tertia hujus, & aliis nonnullis patuit.

PRO-

PROPOSITIO XXIX.

In speculis sphæricis extra politis, omnes accidunt errores, qui in planis.

Communes quidem causæ sunt errandi, tum quia lux debilitatur ex reflexione: tum quia res apparet extra locum suum, sibi ipsi opposita, ut suprà visum est. Accidunt etiam plures errores quàm in planis, ut patebit.

PROPOSITIO XXX.

In speculis sphæricis extrà politis, apparet imago in concursu radii cum catheto, id est, linea ducta in centrum sphæræ.

Hoc probari potest experientia, & ex causis naturalibus, ut suprà in speculis planis patet. In hoc tamen differunt, quia in planis, ut suprà visum est, res semper tantùm apparet sub speculo, quantùm est supra. In sphæricis autem extrà politis, imago aliquando apparet in ipsa speculi superficie, aliquando intra, aliquando extra. Verbi gratia, Sit punctus visus *e*, oculus *g*, punctus reflexionis *n*, centrum verò sphæræ *d*:

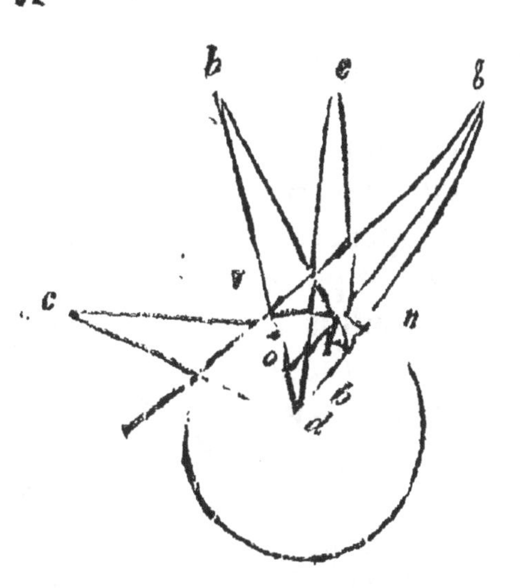

Planum

Planum eſt, quod locus imaginis eſt *b*. Quod ſi ponatur viſibile in *b*, apparebit imago in *o*. Quod ſi ponatur viſibile adhuc propinquius ſphæræ, apparebit extra ſphæram, ſicut hoc experimentanti facilè patebit. Punctus autem reflexionis haud difficulter invenietur, præſertim cùm oculus, & res viſa æqualiter à ſphæra diſtant. Alias autem inventio hujus puncti eſt res majoris laboris & difficultatis, quam utilitatis. Sicut patet in capite de imagine. Ex his etiam apparet, quòd imago in talis ſpeculis ſit propinquior, quàm res viſa: quod non eſt in planis, ſicut ſuprà patuit.

PROPOSITIO XXXI.

In ſpeculis ſphæricis exterioribus, partes rei, ſicut ſunt, ordinatas apparere.

Exempli gratia. Sit res viſa *a b*, centrum ſpeculi *d*, oculus *e*: Planum eſt, quòd radius *e b* cōcurrit cum perpendiculari *a d* in puncto *f*. Et radius *e b*, cum perpendiculari *b d* in puncto *g*. Erit igitur imago *g*, minor quidem re viſa, ſed tamen partes inconfuſè & ordinatè apparebunt. Quòd ſi res viſa ponatur in eo ſitu cum diametro, ſicut *o b*, idem judicium apparebit, ſicut pa-

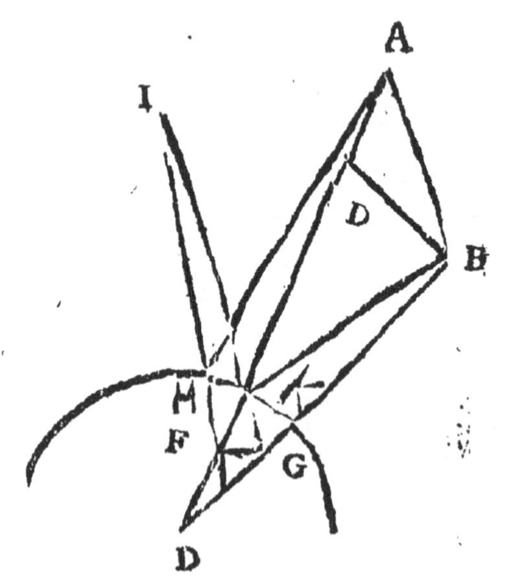

tet ductis lineis ad *o b*, quemadmodum ad *a b* factum. Ex quo patet, quòd obliquæ longitudines in dictis speculis apparent quemadmodum sunt in veritate.

PROPOSITIO XXXII.

In sphæricis speculis, recta in majori parte curva apparere.

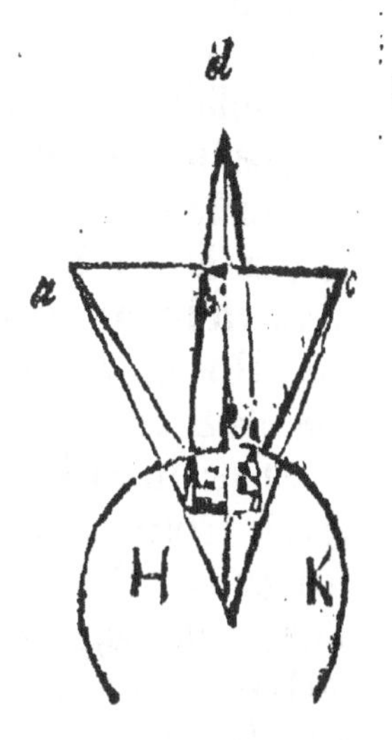

Hoc intelligendum de curvitate non ad centrum speculi inflexa, sed ab eo aversa. Exempli gratia, Sit speculum sphæricum *k b*, res visa *a b c*, oculus *d*, qui non sit in eadem superficie cum re visa, & reflectatur ad oculum per *d e*, *d f*, *d g*. Apparet igitur res curva: cujus ratio est, quoniam in omnibus speculis, figura imaginis sequitur modum figuræ reverberantis. Fit enim à superficie reflexio per modum superficiei. Sed quia res visa apparet, oportet ut & curvitas rei appareat, non in reflexione ad speculum, sed in reflexione à speculo: & hoc est intelligendum, quando visus non est in eadem superficie cum linea visa, & centro sphæræ. Et simili de causa apparet, quod in superficiebus irregularibus, sicut in speculis quibusdam vallicuIosis, facies repræsentantur monstrosæ. Potest tamen hæc propositio, quantum in plano fieri potest, sic ostendi.

Quia linea *d f* minima est omnium rectarum, quæ

quæ possunt duci à re visa *a b c*, ad speculum: & illæ rectæ sic ductæ, quanto propinquiores sunt *d*, tantò etiam sunt breviores, sicut patet. Igitur propinquius ipsum *b* apparebit in speculo quàm *a* vel *c*, vel quicunque alius punctus. Quantò autem propinquiora sunt ipsi *b*, tantò propinquius apparebunt in speculo. Totum ergo *a c* apparet convexum. Quod similiter patet, si demonstratio in corpore solido, ad locum visum imaginis referatur. In prædictis tamen speculis, recta apparent recta, ut sunt: ideo additum est in majori parte. Hoc sit, quando res visa & centrum sphæræ sunt in eadem superficie cum visu. Verbi gratia, Sit res visa *l m*, oculus *n*, puncta reflexionis *o p*, centrum sphæræ *s*: planum est quod idolum apparet rectum, sub linea videlicet recta *q r*. Quod declarandum erat.

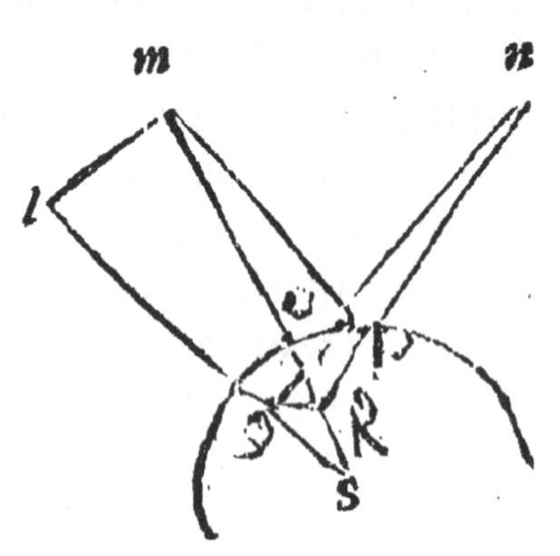

PROPOSITIO XXXIII.

In speculis sphæricis imagines, in majori parte, minores esse rebus visis.

Quoniam, ut in præmissis habuimus, conversus radiorum cum catheto, in sphæricis propinquior est oculo, quàm in planis speculis. Radii verò ab eodem puncto procedentes, quanto magis protenduntur, tantò eorum extrema magis distant: & econverso

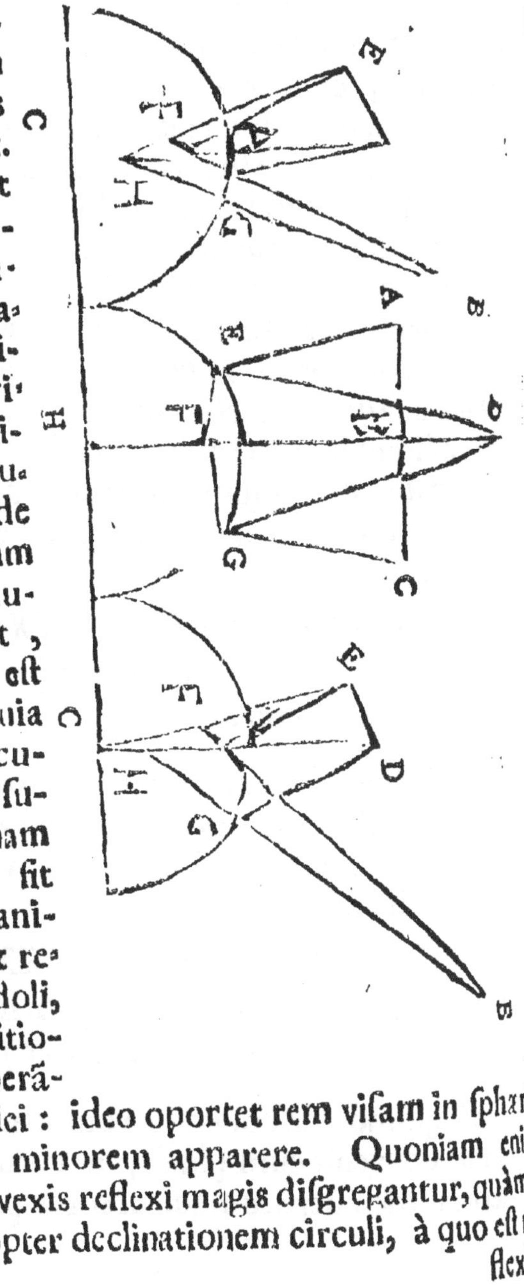

econverſo quò minus protelā-tur, eò eorum extrema minus invicem diſtant. Sequitur, ſicut in planis demō-ſtratum eſt, imaginem æquavilem eſſe rei viſæ, ita in ſphæricis eundem minorem eſſe. Euclides autem de ſpeculis aliam hujus rei cauſam adducit, cujus hæc eſt ſententia. Quia in planis ſpeculis, à majori ſuperficie, quam in ſphæricis fit reflectio, manifeſtum eſt, & reputationē Idoli, ſequi conditionem reverberā-tis ſuperficiei: ideo oportet rem viſam in ſphæricis ſpeculis minorem apparere. Quoniam enim radii à convexis reflexi magis diſgregantur, quàm à planis, propter declinationem circuli, à quo eſt reflexio,

lexio, ut ad visum concurrant radii, oportet re-
xionem à breviori superficie fieri. Hæc tamen
elligenda sunt de plerumq; contingentibus. Nam
bis speculis, contingit rem in aliquo situ appare-
ejusdem quantitatis cujus est: & aliquando ma-
is, sicut probat Alhacen in sexto perspectivæ.
uando enim imago non æquidistat rei visæ, tunc
am facit angulum acutum cum radio, cujus ca-
est propinquior centro, & sic contingit imagi-
n æqualem vel etiam majorem esse rei visæ. Pro-
r situm namque obliquum rei, respectu speculi,
est unus radius respectu alterius breviari, ita ut
tali obliquo incessu imago excedere possit rem,
ei æqualis esse. Quod authorem de speculis la-
t. Sed hæc ex sequentibus figuris exemplariter
deprehendere.

PROPOSITIO XXXIV.

In speculis convexis, quò minora sunt, eò in eis imagines minores apparere.

Quantò enim sphæra minor est, tantò concursus
n catheto est centro propinquior: & locus ima-
is angustior, quò brevior semidiameter ei obvi-
dignoscitur.

PROPOSITIO XXXV.

In speculis columnaribus extrà politis, iidem accidunt errores, qui & in planis ac sphæricis.

Hic loquimur de columna rotunda, quæ in lon-
udine convenit cum planis, in rotunditate cum
æricis, ideo utrorumque errores participat.

PROPOSITIO XXXVI.

In ſpeculis columnaribus, tripliciter fieri reflexiones.

Poteſt enim fieri reflexio à longitudine columnæ, vel ab ejus tranſverſo, vel à medio ſitu, inter utrumque obliquo. Tunc autem fit reflexio à longitudine columnæ, quando linea viſa æquidiſtat lineæ longitudinis columnæ, ſicut in planis ſpeculis: atque per hanc reflexionem, locus imaginis eſt in concurſu radii cum perpendiculari ducta ſuper columnæ longitudinem: ac res apparet, ſicut in planis, hoc excepto, quòd quia reflexio fit à linea naturali, quæ ſcilicet latitudinem habet, oportet rem aliquantulùm curvam apparere ſicut de ſpeculis convexis oſtenſum eſt. Quod ſi verò fiat reflexio à linea circulari æquidiſtanti baſibus columnæ, veluti quando linea viſi ex tranſverſo columnæ applicatur, tunc locus imaginis erit centrum circuli reflexionis, & apparitio aſſimilatur quodammodo ei, quod in ſphæricis eſt prædictum, ut locus imaginis aliquando appareat infrà circulum, aliquando extra circulum, aliquando in ipſo circulo: res tamen minor apparet quàm in ſphæricis: imò imago apparebit breviſſima & turpiſſima: & hoc non poteſt commodè in plano depingi, ſed id experientia melius docebit. Poſtremò cum medio modo fit in inflexio, hoc eſt, neq; à longitudine, neq; ab latitudine ſed ab obliquo: accidit etiã quantitatis variatio, in quantum ſcilicet ſectio columnæ magis longitudinẽ vel latitunem columnæ accedit. Et locus imaginis ſimiliter eſſe poteſt, vel ultra, vel citra ſpeculũ, vel in ipſo ſpeculo.

PRO-

PROPOSITIO XXXVII.

In speculis pyramidalibus extrà politis, multiplicari reflexiones, sicut in columnaribus.

Hoc patet: quia potest fieri reflexio, vel à lon-
tudine pyramidis, vel à latitudine, vel à medio.
[illegible]o, sicut in columnaribus, diversificantur appari-
ones: locus scilicet imaginis, & figura rei apparen-
[illegible]. In hoc tamen differunt, quoniam in his res ap-
[illegible]ret pyramidata, eadem ratione, qua columnaris
columna. Unius tamen rei ab uno puncto supra
[illegible]um locum fit reflexio, sicut in columnaribus, &
[illegible]is extrà politis.

PROPOSITIO XXXVIII.

In speculo pyramidali, quò locus reflexionis est conno propinquior, eò imago minor.

Cujus ratio est, sicut supra in convexis, propositione xxxiv. Quoniam quanto sphæra est minor, tanto concursus cum catheto est propinquior, & locus
imaginis angustior, quo brevior.

PROPOSITIO XXXIX.

In speculis sphæricis concavis, quoniam possibile est radium perpendiculari non concurrere, necesse est aliter, quam in præmissis, locum imaginis apparere.

Per perpendicularem, hîc sicut in spæricis extra
politis intelligendum, lineam rectam ductam à re
visa per centrum sphæræ. Hæc autem perpendicularis aliquando æquidistat radio visuali, & tunc
locus imaginis est in puncto reflexionis. Idque pro-

pterea, quia punctus reflexionis divisibilis est, & ratione unius medietatis apparere deberet ultra speculum, & ratione alterius citra, ut patebit; sed quia una est forma & continua, apparet tota in media distantia, scilicet, in ipso puncto reflexionis. Quando vero concurrunt perpendicularis & radius, apparet res in eorum concursu. Quod fit diversimodè, juxta diversum situm: aliquando siquidem locus imaginis est in speculo, aliquando ultra, aliquando citra, & hoc aut inter visum & speculum, aut in ipso centro visus, aliquando etiam retro oculum. Quæ omnia ut intelligantur, oculis subjiciemus exemplariter. Sit speculum concavum *e p l*, cujus centrum sit *d*, & ducatur diameter *d a*, & sit oculus *a*, ducaturque alia diameter istum orthogonaliter secans, quæ sit *i f*, & ex *n* excitetur *a e* recta æquidistans diametro *i f*. Deinde signentur in diametro *i f*, puncta *m c k q*. Manifestum est igitur, quòd forma *c* ab *e* speculi puncto reflectatur ad *a* oculum, per lineam *e a* æquidistantem diametro *l f*, seu perpendiculari *c d*, & apparet in *e*. Porrò patet quòd *m* reflectitur ab *n* ad *a* per lineam *n a*, & concurrit cum perpendiculari *d m* in puncto *l*. Sed *k* reflectitur à puncto *g* ad *a* per lineam *g a*, & concurrit cum perpendiculari *k d* in *o*. Sic *q* reflectitur à puncto *r* ad *a*, per lineam *r a*, & concurrit cum perpendiculari in puncto *b*. Quòd si autem sumatur in diametro *d a*, punctus *z*, ist reflecti poterit à puncto *i*, & non concurrit cu perpendiculari *z d*, nisi in ipso oculo. Quapro pter locus imaginis puncti *m*, est ultra speculu

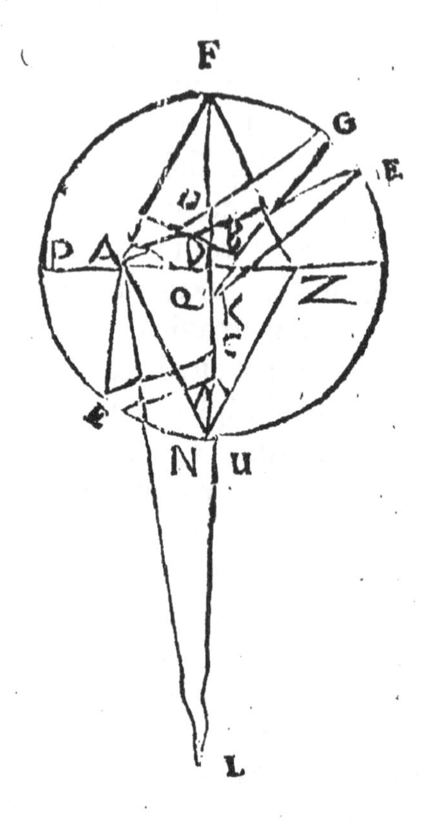

l. Locus imagi-
nis puncti *c* in *e*,
ilicet in ipso spe-
ulo, Puncti verò
, retro oculum in
: sic & *q* in *b*. Lo-
us denique imagi-
is *z*, in ipso ocu-
o. In his autem
iversitatibus appa-
itionum nusquam
comprehenditur ve-
ritas imaginis, nisi
cùm locus ejus fue-
rit ultra speculum
aut inter visum &
speculum: unde quæ
apparent in ipso o-
culo vel retro ca-
put, non apparent
cum certificatione
rei visibilis. Visus
enim non est natus
apprehendere cer-
tificationem formarum, *nisi sint* facialiter oppositæ.

PRO-

PROPOSITIO XL.

Res existens in centro speculi concavi non videtur.

Reflexione videri non potest, quoniam radii ab ea perpendiculariter cadunt super superficiem speculi. Igitur in se ipsos redeunt, & ita ad nullum alium punctum declinant extra centrum. Cùm igitur oculus sit extra centrum, non videbit id, quod est in centro.

PROPOSITIO XLI.

Oculus existens in centro speculi concavi sphærici, videt se tantùm.

Hæc sequitur ex præmissa directè. Quoniam, cùm res extra centrum posita, radios habet super superficiem speculi cadentes obliquè, sequitur ut radii etiam ad partem oppositam reflectantur, & non in ipsum centrum; æquales enim sunt anguli incidentiæ & reflexionis. Posito igitur oculo in centro, quia radii in se reflectuntur per præmissum, clarum est, oculum se tantùm videre.

PROPOSITIO XLII.

Oculus existens in semidiametro speculi concavi sphærici, nihil eorum videt, quæ in illa semidiametro continentur.

Sit enim diameter $a\,b\,c$ speculi sphærici concavi, & sit oculus in aliquo puncto semidiamet $b\,c$, utpote in d. Dico impossibile esse ut aliqui punctus à semidiametro $b\,c$, per reflexionem perveniat ad oculum d. Si enim possibile, cadat ex puncto in e speculi, & reflectatur ad d, ac agat punctum [lin]ea cōtin[u]æ *f e g*, [pe]r xvii. ter[tii] elemento[ru]m Eucli[di]s: erit igi[tu]r angulus [d e g], æqualis [an]gulo *f e d*, [cu]m anguli [in]cidentiæ & [re]flexionis semper sint æquales. Sed ducta linea [b e], anguli *b e f*, *b e g* erunt æquales: quia recti, [p]er xvi. tertii Elementorum. Quamobrem *d e f*, [e]rit major recto, & *d e g* minor. Non igitur æqua[le]s. Per sextam itaque propositionem hujus patet [p]ropositum.

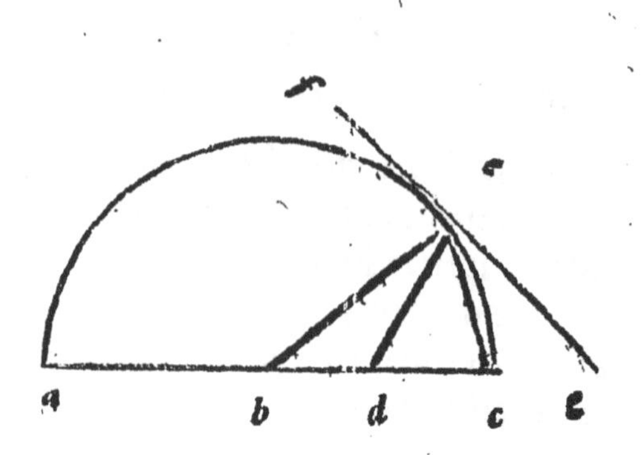

PROPOSITIO XLIII.

Quilibet punctus diametri, quantumlibet productæ, potest esse locus imaginis.

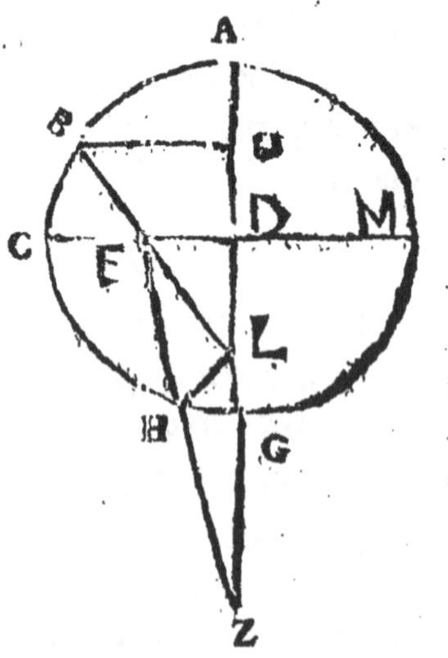

Sit circulus *a m g*, [s]uper centro *d*, & ducantur duæ diametri *a g c m*: sitque oculus in *e*: Planum est: punctum *l* videri in *z*, si anguli *l h g*, & *c h e*, æquales

æquales fuerint. Similiter & punctus *o*, reflectitur à *b*, ad *e*, & videtur in *l*. Atque ita secundum diversam situationem rei visibilis poterit rei imago videri in quacunque parte diametri producta: dum tamen quantitati speculi proportionetur.

PROPOSITIO XLIV.

Punctum visum, in speculo concavo sphærico, & pluribus locis reflexum, possibile est unicam habere imaginem.

Quamvis enim à pluribus locis fiat reflexio simul, non ideo tamen necesse est plures apparere imagines. Centro namq; visus & re visa existente in eadẽ diametro, omnes radii visuales talis speculationis, in eodem pũcto catheti concurrunt: & sic, etsi à quolibet puncto circuli fit reflexio, tamen una tantùm existet imago. Verbi gratia, Sit speculum *a b z g*, & in dimetro *a z*, sit res visa *b*, & centrum visus *e*, æqualiter remota à centro speculi *d*, & huic diametro alia ad angulos rectos ducatur, quæ sit *g b*. Planum est igitur ex *g b*, punctis fieri reflexionem rei in *b*, ad punctum *e*. Per Iv. enim primi elementorum Euclidis, trianguli *b g d*, *d g e* sunt æquales similiter *b b d* & *d b e*. Pari ratione fit reflexio ad *e*, à toto circulo cujus plana superficies intelligitur ad angulos rectos erecta pla-

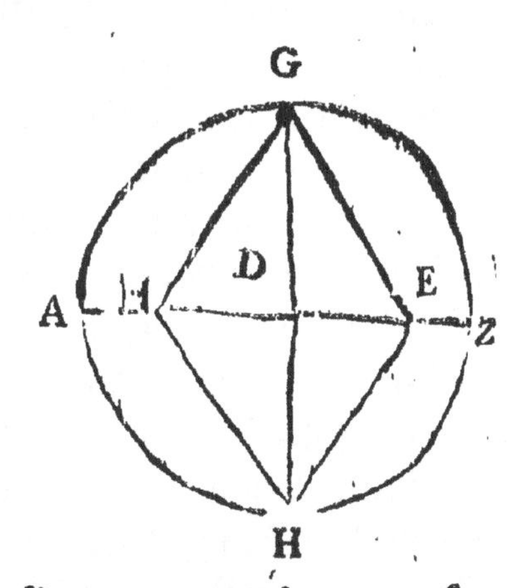

circuli *a b z g*, super diametro *g b*, quæ sit linea mmunis sectionis. Et tamen, non nisi unica ima-, ab omnibus istis reflexionibus apparebit in ncto scilicet *e*.

PROPOSITIO XLV.

Re visibili & visu extra sphæram existentibus, in diversis diametris ab uno solo puncto fit reflexio.

Sit *c* punctus rei visæ, *b* centrum oculi, & sint er æquidistantem *k e f*, sitque *d* centrum speculi ærici concavi, & ducantur lineæ *b d* & *c d*. Patet, ód superficies *b d c*, sphæram speculi concavi in culo *a b g q* secet. Igitur *c* non reflectitur ad *b*, i ab aliquo puncto circuli per xxvi. hujus. Non em reflexio ab arcu *g b*, quoniam linea ducta à cadit supra ipsum speculum exterius & non intes. Reflectetur igitur ab arcu *q a*, in cujus extretatibus terminatur lineæ *c d*, *b d*, protractæ. Dico, hoc arcu unum tantùm esse punctũ, à quo possit i reflexio: videlicet punctus *z*, qui est terminus eæ *l d*, dividentis angulum *b d c*, per æqualia. Ducitur linæ *c z*, *b z*. Triangulus igitur *c d z*, erit æalis triangulo *b d z*, per iv. primi Ele. Euclid. Sed ! & *c d* sunt æquales, per eandem, igitur *b z d* anlus æqualis est angulo *d z c*. Ideoque res visa in *c*, lectetur in puncto *z*, ad *b*, visum. Quod si *b d* inor esset quàm *c d*, vel econverso: re visa scilit & oculo inæqualiter distantibus: ducatur ea contingens prædictum speculum in puncto ubi linea dividens angulum *c d b*, intersecat culum *a b g q*: veluti est *k f*: vel utcunque ex : & *d b* sumantur portiones æquales, & linea recta

recta connectantur, ut triangulus Isosceles constituatur, eadem ratione demonstrabitur *a z* puncto, *c* in *b* reflecti. Quod autem à nullo præterea puncto reflectatur planum est. Si enim ab alio etiam puncto reflectitur, reflectatur ab *o*. Ducantur *b o* & *c o* lineæ, & dividat linea *o d m*, angulum *b o c* per æqualia. Erit igitur *c z* minor, quàm *c o*; & *b o*, quã *b z*, quia remotior à centro, per viii. tertii Elementorum.

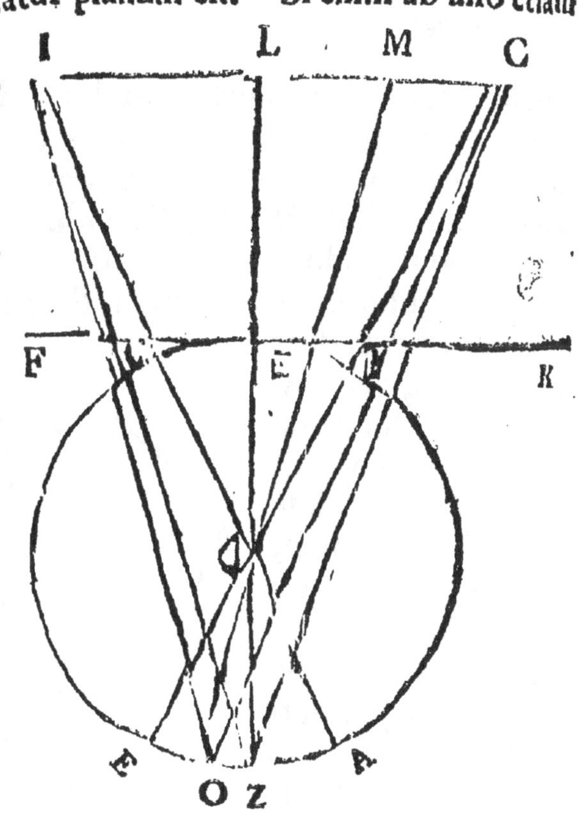

Per tertiam itaque sexti elementorum, sicut se habet *c z* ad *b z*, ita se habet *c l* ad *b l*. Similiter per eandem, erit ut *c o* ad *b o*, ita *c m* ad *b m*. Porro per viii. quinti elementorum erit major ratio *b z* ad *c z*, quam *b o* ad *c o*. Quare per xi. quinti elementorum major quoque erit ratio *b l* ad *c l*, quâm *b m*, ad *m c*; quod est contra viii. quinti elementorum. Est igitur impossibile ab *o*, vel à quoocunque alio præter *a z* puncto, fieri reflexionem rei visæ in *c*. Quod demonstrandum erat.

PROPOSITIO XLVI.

Possibile est, idem in speculo concavo duas habere imagines.

Ad hoc ut res duas habeat imagines, duo requiruntur: primum est, ut à pluribus partibus speculi super oculum sit reflexio: alterum est, ut locus imaginis sit alius, & alius, secundum diversitatem reflexionum, idque in sensibili distantia. Et secundum hujusmodi diversitatem situs rei ad speculum, potest res, duas imagines, tres, vel quatuor, & non plures habere. Verbi gratia, Sint duæ diametri speculi se orthogonaliter secantes, *b d q*, *a d g*: ducatur iterum tertia diameter *e d z*, quæ dividat angulum *b d g* per æqualia, & à puncto *e* termino diametri mediæ ducantur

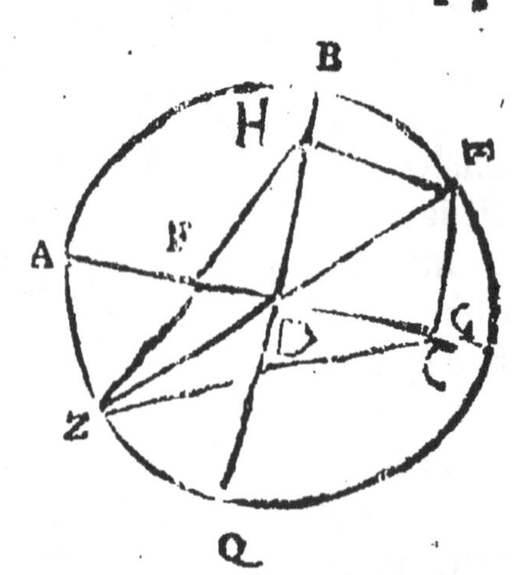

duæ perpendiculares super primas diametros, scilicet *e c*, *e b*. Erunt igitur duo trianguli *e c d*, & *e b d*, æquales. Quòd si oculus ponatur in *b*, & visibile in *c*, reflectetur forma in *c*, à puncto *e* ad *b*, & erit locus imaginis *e*, quoniam *e b* æquidistat *c d*. Amplius, *c* reflecti potest à puncto *z*, quonism trianguli *c d z* & *b d z*, sunt æquales. In hoc tamen situ non potest à pluribus partibus speculi fieri reflexio,

reflexio, ſicut patet per præmiſſam. Locus autem imaginis eſt in *f*.

PROPOSITIO XLVII.

Poſſibile eſt, idem in ſpeculo concavo tres habere imagines.

PROPOSITIO XLVIII.

Poſſibile eſt in ſpeculo concavo, unius rei quatuor imagines apparere.

Accipiantur enim duo puncta in diverſis diametris, quorum unum intra circulum, & aliud in ipſa circuli circumferentia vel extra ſit, ac deſcribatur

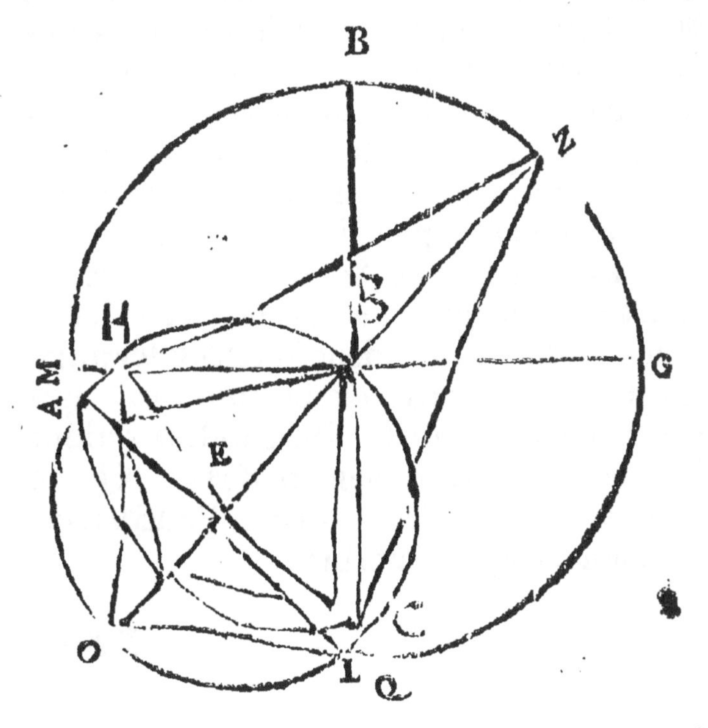

circulu

ulus, qui hæc duo puncta cum centro speculi
cludat. Quod si iste circulus secuerit circulum
uli in uno loco, erit reflexio ab uno arcu tan-
ı: si in duobus, poterit esse reflexio ab uno
cto arcus interjacentis diametros, aut à duo-
, aut à tribus, & aliquando à quatuor. Ver-
ratia, Sit speculum, ut suprà, *a b g q*, sitque
centrum *d*: & sumantur duæ diametri *a g*, *q*
que tertia diameter *e z*, quæ angulum à primis
tentum dividit in æqualia. Deinde sumatur
ctus *c*, in diametro *q b*, ut sit circumferentiæ
inquior, quàm punctus *c* in demonstratione
duabus imaginibus, & ex *a g* abscindatur *a b*
æqualis *q c*. Dico igitur quòd *c* reflectitur à
cto *e*, & à puncto *z*, sicut patet ex præhabitis.
plius reflectitur etiam præterea ab aliis duobus
ctis. Si enim ex puncto *c* exeitatur perpendi-
ris, hæc necessario cum diametro *z e*, concur-
extra sphæram speculi, ut in puncto *o*: & si de-
batur circulus per *b d c*. transibit etiam necessa-
per *o* punctum. Et cum hic circulus minor se-
majorem in duobus punctis, quæ sunt *m l*, du-
ur lineæ *b m*, *d m*, *c m*, & *c l*, *d l*, *b l*. Erit igi-
angulus *c l d*, angulo *d l b* æqualis, per xxi. ele-
torum. Quoniam cadunt in circumferentias
a'es, in quartas scilicet circuli minoris. Igi-
c poterit reflecti ab *l*. Item eadem ratione
ulus *d m b* æqualis erit angulo *d m c*. Quare
que *a b m* puncto reflecti potest. Punctus ita-
c quatuor imagines habebit.

T PRO-

PROPOSITIO XLIX.

In solis speculis concavis, res confusè & dubiè apparere.

Quoniam in his solis speculis, res apparent in oculo, vel retro oculum. Visus autem naturaliter non acquirit formas, nisi rerum facialiter objectarum. Et ideo res, quæ aliter apparent, dubiè & confusè necesse est apparere.

PROPOSITIO L.

In speculis concavis, res nunc conversas, nunc eversas apparere.

Hanc demonstravit Euclides in libro de speculis. Radii procedentes à re visa aliquando concurrunt, antequam ad speculum perveniant, aliquando non. Quando concurrunt, videntur res conversæ: quando verò non concurrunt, videntur res eversæ & oppositæ, scilicet sinistra dextris permutata, ut in speculis planis. Sit res visa *a b*, & speculum concavum *c d*, radii à re visa post concursum in *e* incidentes in speculum, sint *b c*, *a d*, qui reflectantur in *g*. Ducatur cathetus *b h*, donec concurrat cum radio reflexo, *c g*, & signetur punctus concursus, cum nota *k*: similiter ab *a* procedat cathetus, donec contingat *d g* radium reflexum, & signetur cum nota *l* concursus, ac connectantur per lineam rectam puncta *k l*. Est igit *k l* imago rei visæ, & punctum *b*, quod est sursum & elevatum, videtur in *k* deorsum, sic *a*, quo est deorsum, videtur in *l* sursum. Quod patet e illo principio, Quæ sub elevatioribus radiis videantur, elevatiora apparent: videtur itaque ab l'

nc

ı conversa. Porrò sit res visa *m n*, cujus radii
n concurrunt antè incidentiam in speculum, &
: radii ab *e a* procedentes *m c*, *n c*, qui reflectan-
in *g* punctum. Deinde ducatur cathetus *hm*,
ec ultra speculum concurrat cum *g c*, in pun-
ı : sic & *h n* cathetus projiciatur in continuum

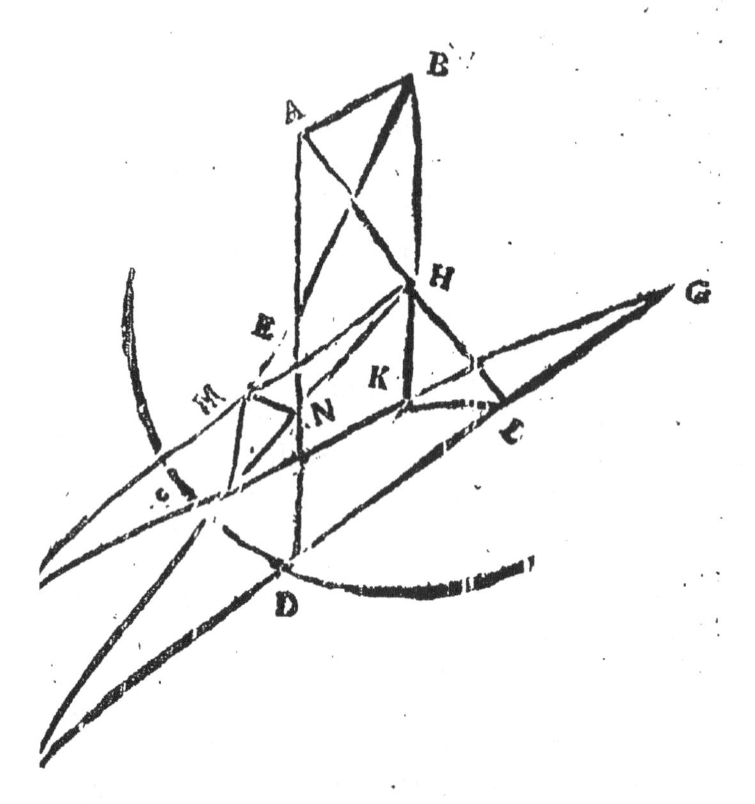

ctumque, donec cum *g d* in *p* concurrat, ac *o p*
cta per lineam rectam conjungantur. Erit igi-
o p imago rei visæ, quæ eversa & opposita, ut in
is speculis, apparebit. Patet itaque propositum.
verò copiosiorem hujus demonstrationem de-
rat, sextum consulat perspectivæ Alhacen.

PROPOSITIO LI.

In speculis concavis, res aliquando pares, aliquando majores, aliquando verò breviores apparere.

Hoc copiosissimè demonstratur in vi. perspectivæ: sed tamen breviter colligitur ex præmissa. Quoniam quæ apparent ante confluentiam radiorum, majores, quàm sint, apparent: quæ verò post confluentiam radiorum apparent, secundum diversitatem situs majora, minora vel æqualia apparere possunt, juxta quòd propinquiora vel remotiora sunt ab intersectione. Et ex hoc patet, quantò sunt à speculo remotiora, tanto apparent majora.

PROPOSITIO LII.

In speculis concavis, ex diversitate situum quædam apparere rècta, quædam curva, quædam convexa.

Hujus veritas per xxxi. & sequentibus duabus hujus, per oppositum eorum, quæ ibi dicuntur, & diffusè demonstratur libro sexto capite septimo Alhacen. Euclides autem tantùm apparentis curvitatis meminit.

PROPOSITIO LIII.

In speculis columnaribus intrà politis eosdem errores accidere, qui & in sphæricis accidunt.

Et hæc luculenter demonstratur libro sexto, capite octavo. Non opus est ut diu in ejus demostratione elaboremus, quia haud difficile est intellectu, quomodo errores, qui in prædictis conti

gun

t, his competant, de numero imaginum, ſitu, ıitudine, & curvitate apparitionum, &c.

PROPOSITIO LIV.

n pyramidalibus concavis, omnes errores accidere, qui accidunt in columnaribus concavis.

Ioc ſatis liquet ex prædictis ; & libro ſexto, ca- nono, ab Alhacen eſt demonſtratum.

PROPOSITIO LV.

n ſpeculis concavis, ad Solem poſitis, ignem generari.

Quòd ſpeculum, ſi eſt portio ſphæræ, in ejus cen- ignis generatur, concurſu videlicet radiorum xorum cum radio incidente, quando directè olem convertitur, patet. In ſpeculis autem con- s, factis per artem traditam in libro de ſpeculis burentibus, res ſe aliter habet. In illis enim ılis reflectuntur omnes radii extra locum inci- iæ, propè vel longè, prout ſpeculum magis inus concavum fuerit. Omnes autem radii à peculo reflexi, concurrunt in unum punctum ërem diſgregandum & inflammandum. Cùm n in ſpeculo concavo ſphæricæ figuræ, non fiat xio omnium radiorum ad unum punctum, ſed iquo circulo, debiliter à talibus ignis accendi.

PROPOSITIO LVI.

ellas quaſdam ex reflexione radiorum ſolarium ad ipſas, apparenter ſcintillare.

Cùm enim Stellæ ſint corpora ſolida, æquales ſuperficiei, neceſſe eſt, ut habeant ſuperficies ſpeculares: reflectunt ergo radios Solis. Sed quia corpora cœleſtia continuè moventur, ideo angulus incidentiæ continuè variatur: quare & reflexionis. Talis autem ſenſibilis variatio facit quandam vibrationis apparentiam. Quanquàm autem autor perſpectivæ aliter ſentiat, tamen mihi non videtur totam ſcintillationis cauſam, oculorum defectui aſcribendum eſſe. Nec conatus quiſquam, nec radiorum involutio hoc per ſe efficere poteſt. Videmus enim ſuperficies ducurvatas Soli oppoſitas, ex multa clara, ac ſplendenti, & forti luce ſuperfuſa, ſcintillare, quæ tamen ſumma facilitate oculo præſentantur. Item viſus tantùm deficit in comprebenſione quorundam planetarum, quantùm in aliarum ſtellarum. Et Canicula, & inter ſtellas fixas aliæ quædam clariores videntur quam aliæ, ubi nec viſus plus conatur, nec magis quam in aliis reverberatur. Et ſi igitur defectus viſus aliquid ad ſcintillationem conferre poteſt, non tamen eſt ejus cauſa ſufficiens. Sed dicat fortè aliquis. Si ſtellæ ſunt ſpecula, ergo intuendo ſtellas debebat apparere Sol. Item ſicut dictum eſt de ſtellis fixis, ita eadem ratione planetas oporteret ſcintillare. Quantùm ad primum, reſpondendum, ſi totum cœlum eſſet ſpeculum, tamen oculus in centro exiſtens videret ſe tantùm, ut patet ex xl. hujus. Quia igitur anguli incidentiæ & reflexionis æquales ſunt, radius à Sole cadens reflectitur, vel in ſe, ſi perpendicularis eſt, vel in aliam partem cœli, ſi non eſt perpendicularis. Non igitur in terram. Ad ſecun-

dum

lum autem ita respondendum. Planetas non scin-
illare, quia propè sunt. Radius enim Solis, ca-
ens super corpus stellæ fixæ per reverberationem
illæ, facit magnum angulum incidentiæ, & per
consequens reflexionis, ita quòd propter elonga-
onem radii à stella, visus potest advertere aliquo
odo diversitatem luminis Solaris & stellarum re-
xi à stella. Contrà verò in corporibus planeta-
m, quia propè sunt, angulus, quem constituit
dius incidentiæ & reflexionis cum superficie pla-
tæ, minor est. Quapropter aspectus noster non
stinguit inter lumen planetæ & Solis, ab eodem
flexum.

INIS SECUNDI LIBRI PERSPECTIVÆ
COMMUNIS.

TERTIUS LIBER PERSPECTIVÆ COMMUNIS.

PROPOSITIO I.

Solus perpendicularis porrigitur rectè, alterius diaphaneitatis medio occurrente.

Sta propositio, quæ est prima hujus tertii libri, patet ex declaratione xiv. & duarum sequentium primi libri.

PROPOSITIO II.

Fractio radii tantùm in ipsa superficie medii secundi contingit.

Quoniam Lux in omni diaphano rectè movetur, quantùm in se est: incurvatio igitur vel declinatio à rectitudine esse non potest, nisi in loco, ubi duo diaphana se contingunt. Quod si in eodem corpore coutinuè sit diversificatio, secundum rarum densum sensibiliter diversum, an in tali diapha lux habeat declivem incessum, satis prolixè dispu tatur. Ego tamen magis sum in ea sententia quò sit, quàm quòd non sit. Tametsi autor perspectiv contrarium sentiat.

PR

PROPOSITIO III.

Anguli fractionis diversificantur, secundum diversitatem declinationis, & differentiam diaphanitatis secundi medii.

Hujus causa patet ex prædictis: quoniam duæ sunt causæ fractionis, una à parte radii, debilitas scilicet ex declinatione: & alia à parte medii, diversitas sc. diaphanitatis. Quia igitur quantò major est declinatio radii, tantò quoque major ejus debilitatio, sequitur ut etiam propterea major sit fractio. Amplius ex parte medii. Quia quantò medium densius est, tantò magis resistit: sequitur, ut non fiat proportionalis transitus, nisi fiat major fractio, quàm in medio rariori. Et ideo quò densiora sunt media secunda, eò necesse est res apparere majores vel minores, sicut infrà docebitur.

PROPOSITIO IV.

Locus imaginum, est in concursu perpendicularium à re visa, imaginabilium duci in superficiem diaphani ipsam continentis, cum pyramide, sub qua res videtur.

Sicut suprà patuit, omnia quæ videntur rectè, apparent: ac propter comprehensionem radii, per quam res oculo præsentatur, existimatur res esse in fine ipsius radii in continuum producti. Sicut ergo pro fundamento in speculis supponitur, rem apparere in concursu cum catheto, ita & in propositio fit. Verbi gratia, sit visus *a*, visibile *b* intra aquam, sitque *b c* radius, per quem species visibilis venit versus oculum, iste radius procederet in *g*, si si medium esset ejusdẽ naturæ & diaphanitatis: sed nũc frangitur à perpendiculari *f e*. & cadit in *a*. Ducatur igitur radius *a c*, scilicet radius visualis, in continuum & directũ, donec contingat perpendicularem erigibilem à re visa *b b d*, in *l*, erit igitur locus apparitionis in *l*, quæ secundum veritatem est in *b*.

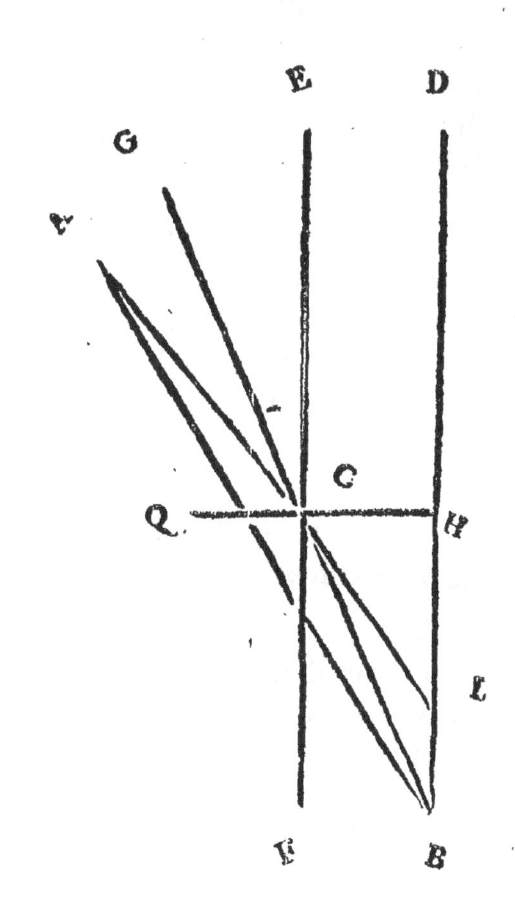

PROPOSITIO V.

Rem visam per radios fractos, extra locum suum necesse est apparere.

Hoc patet ex prædictis: si enim in concursu perpendicularium & radiorum visualium apparet res visa, & hic concursus est extra locum rei visæ. Necess

cesse est ergo, rem
i, quàm ubi sit ap-
ere. In planis au-
i diaphanis, semper
go apparebit pro-
quior, quàm res se-
dum veritatem sit.
phæricis hoc, sicut
à patebit, aliter esse
est. In planis au-
i universaliter sic
verbi gratia, $g\ q$,
arebit in $k\ l$.

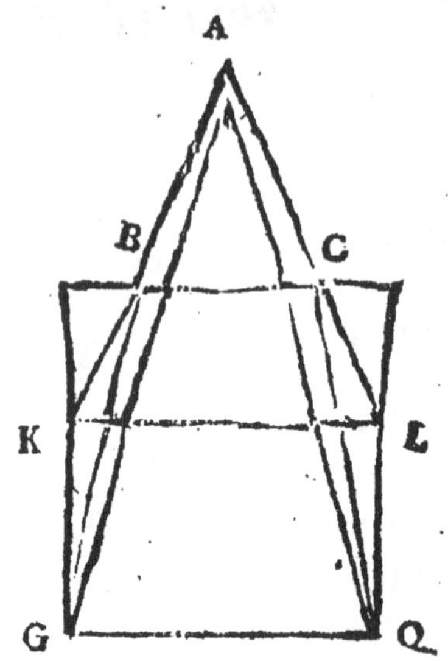

PROPOSITIO VI.

*Res partim existens in aëre, partim in aqua, fra-
cta apparet.*

Si enim pars existens in aqua propinquior appa-
, quàm sit secundum veritatem, & res extra a-
am in loco suo apparet: Ergo partes istæ, di-
è continuatæ apparere non possunt. Apparent
que continuatæ indirectè. Quamobrem fracta
imatur.

PROPOSITIO VII.

*Possibile est aliquid videri per radios fractos, quod
per directos ad oculum non pertingit.*

Hoc experimento patet. Quoniam si ponatur
quid in profundo vasis mediocris altitudinis, &
tantam distantiam à visu promoveatur, ut am-
us apparere desinat, deinde aqua in fundatur,
statim

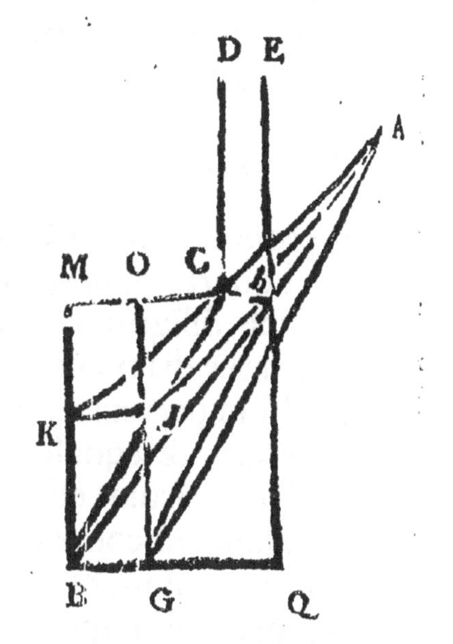

ſtatim oculo manifeſtabitur. Qui enim radii, propter interpoſitionē opaci ad oculum pertingere non poterant, fracti poſſunt. Sit res viſibilis *b g*, oculus *a*, & ſit *b g* in aqua. Planum eſt quòd non videbitur ſub radiis *g a*, & *b a*, ſed ſub *b c*, & *g b*, radiis fractis ad *a*. Quamvis igitur impediantur radii *g a* & *b a*, ut pertingant ad oculum, non tamen impediuntur fracti. In aëre autem fieret viſio ſub *g a* & *b a*, radiis. Illis igitur impeditis, in aëre res per eos videri non poteſt: adveniente verò fractione ex diverſitate medii, poterit conſpici.

PROPOSITIO VIII.

Rei viſæ radiis fractis, impoſſibile eſt certificari quantitatem.

Cujus ratio eſt: quia ad quantitatis certificationem requiritur cognitio diſtantiæ, & comprehenſio anguli pyramidis, ſub quo res videtur. Sed utrumque horum deficit, cum radii oculum moventes frangantur, & per conſequens angulus diverſificetur. Ex quo ſequitur, ut quantitas ſtellarum veraciter non cognoſcatur. Quia cœlum e corpus ſubtilius, quam aër vel ignis.

PRO

PROPOSITIO IX.

es visa existens in diaphano densiori superficiei hemisphæralis, potest apparere major quàm sit, & minor, & etiam æqualis convexitate ad oculum conversa.

æc propositio non est difficilis intellectu. Si e- quod quarta hujus proponit, hîc quoque assu- , deinde diligenter perpendas quomodo pro ıne diversæ diaphanitatis res per radios refra- ad visum perveniat, videbis quomodo & ma- & minor, & æquales imago rei visæ appareat. ndo igitur oculus est in subtiliori diaphano, & ioris diaphani convexum oculo obvertitur, ac isa intra oculum & centrum fuerit, imago ma- & propinquior apparebit re visa. Sit oculus, isa *bc*, intra oculum & *f* centrum diaphani exi *gh*. Si itaque oculus cum re visa essent edio ejusdem diaphaneitatis, videretur res sub

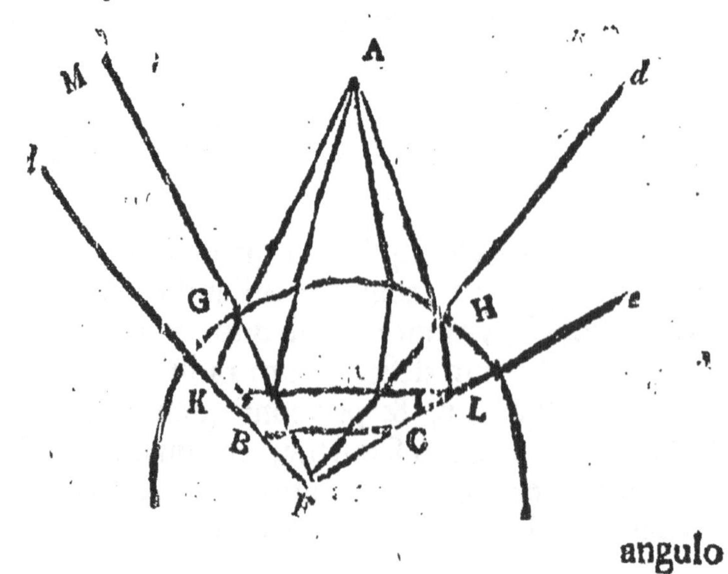

angulo

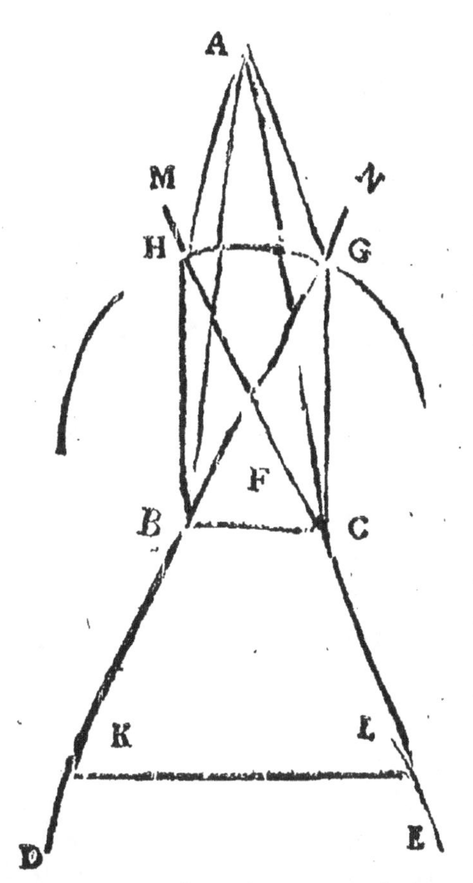

angulo *b a c*. Sed cùm radius *b g*, & *c b*, à perpendiculari *f b n*, occurrente subtiliori diaphano, franguntur à perpendiculari *f g m*, ad visum in *a*, & imago puncti *b*, videatur in communi concursu perpendicularis *f b d*, ac radii *a g*, ab oculo in directum continuumque procedentis, notetur communis intersectio nota *k*, similiter communis sectio perpendicularis *f c e*, & radii *a b* nota *l*, puncta *k l* jungatur linea recta. Linea igitur *k l* refert imaginem lineæ *b c*, quam & propriorem & majorem esse apparet quàm lineam *b c*. Et hæc est ratio, quare res visæ in aqua, & propiores, & majores appareant, quàm re ipsa sint. Aquæ enim superficies est sphærica, tametsi nobis propter magnitudinem videatur plana, ut demonstratur à philosopho in libris de cælo, & hoc loco pro principio assumitur, & hujus convexitatis centrum & totius globi terre-

stri

is centrũ. ...s idcirco, ...æà nobis ...aqua con- ...icitur, sic ...tra centrũ ...e oculum. ...si verò cen- ...trum pona- ...tur intra o- ...culũ in sub- ...tiliori me- ...dio, & rem ...visam in den- ...siori, itidem ...parebit res ...major, sed ...remotior, ut ...videre licet ...in secunda ...figura. Am- ...plius, sit ocu- ...lus in dia- ...phano den- ...siori, & res ...visa in subti- ...liori intra ...centrum & ...oculum, i- ...mago appa- ...rebit remo- ...tior & mi- nor:

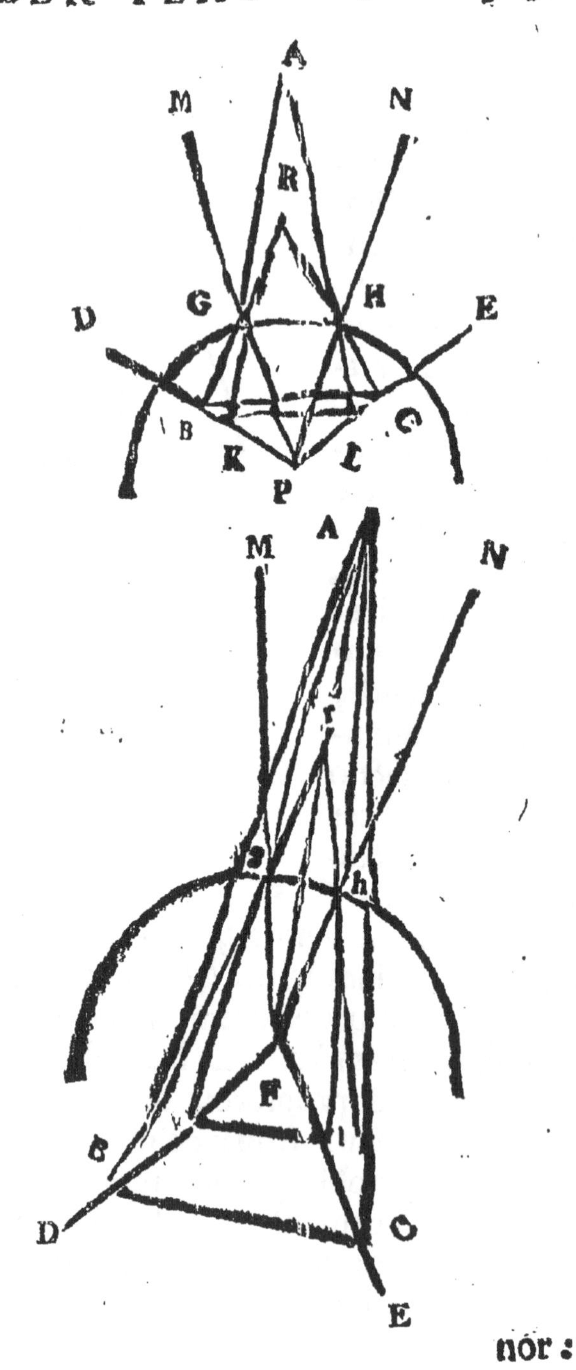

nor: hoc patet ex tertia figura, in qua imago lineæ *b c* est linea *k l*, longè minor quam *b c*. Sed oculo in densiori diaphano, centro existente inter rem visam & oculum, videbitur Imago propinquior & minor, sicut quarta refert figura. Potest tamen quandoque sphæra alterius dispositionis concursus dictarum perpendicularium esse cum re visibili, in loco ipsius rei visibilis: & tunc apparet res in veritate situs & quantitatis suæ.

PROPOSITIO X.

Rem visam existentem in diaphano densiori, quàm sit oculus, & superficiem habentem planam, necesse est apparere majorem, quam sit.

Quoniam enim ipsa res visa propinquior apparet quàm sit, semperque sub majori angulo oculo præsentetur, quàm si videretur per directos radios: manifestum est rem quoque majorem apparere, quàm sit secundum veritatem. Minor namque angulus ad æqualem vel majorem distantiam relatus, rem majorem esse judicat, sicut ex primo libro patet. Verbi gratia, sit res visa existens in aqua *g q*, oculus verò *a*: planum est, quòd *g q*, videretur in aëre sub angulo *g a q*: videretur etiam in loco suo, sed propter aquam franguntur radii *q c* & *g b*, in ingressu aëris: & videtur res sub angulo *b a c*, qui est major illo, qui continetur su *g a q*. Item res non apparet in loco suo, sed in l' nea *k l*, ut suprà patuit propositione v. Idem com probat, quoniam radiosum cum catheto in huju modi diaphano semper est inter visibile & visum.

PROPOSITIO XI.

Concavitate diaphani densioris ad oculum versa, accidit converso illi, quod contingit conversa ad oculum convexitate.

Quando enim oculus est in subtiliori medio, & cõcavitas obversa oculo, ac oculus intra centrum & rem visam, imago quidẽ propinquior videbitur, sed minor. Idem fit cæteris paribus, quando centrum inter oculũ & rem visam collocetur. Oculo verò existente in densiore medio, cõcavitate tenuioris ad oculum conversa, sive oculus sit inter

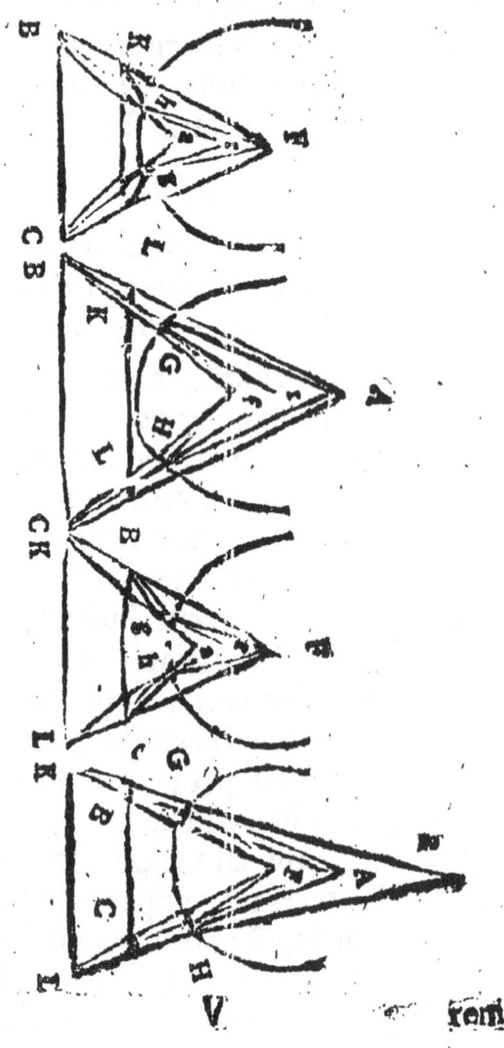

rem

rem visam,. & centrum, seu centrum inter oculum & rem visam, apparebit imago remotior & major: quæ omnia patent in figuris.

PROPOSITIO XII.

Stellas ex refractione, necesse est minores apparere quam sint, etsi directè in tanta distantia apparerent.

Hoc loco stellæ & media secundum naturalem dispositionem consideranda sunt, exclusis vaporibus & perpetua illa causa, quòd minores circa verticem quàm in Horizonte apparerent, de qua lxxxii. propositione primi hujus dictum est. Neque etiam huc pertinet, quòd in oppositum x. hujus, universaliter, res quæ est in perspicuo plano, oculo existente in perspicuo densiori, apparet minor quàm sit. Hæc autem est hujus demonstratio. Cùm enim locus imaginis sit in concursu perpendicularium procedentium à re visa & radiorum visualium, cumque iste concursus propinquior sit visui quàm corpora stellarum: Erit igitur locus imaginis, in loco propinquiori cono dictæ pyramidis. Quare & stella minor apparebit. Sit stellæ quæ videtur circumferentia *a b*, & ducantur in perpendiculares in centrum mundi, quæ sint *a c b g*, sitque visus *d*, ad quem ducantur lineæ *a d*, *b d*: Certum est quod per istas stella non videt

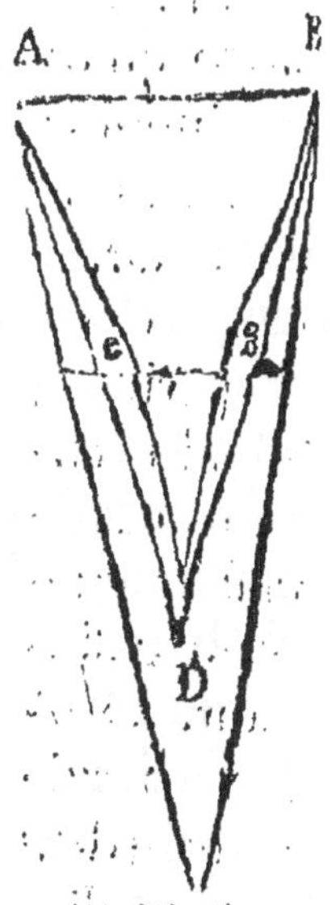

A B e g D C

Nu

nulli enim radii sine refractione ad visum perveniunt. Cum igitur radii, sub quibus fit visio, franguntur ad perpendicularem, ut concurrant ad visum d, non cadant ambo extra *a d* & *d b*, sed vel ambo intra, vel unus saltem extra, & alter intra. Ut sunt *a e* & *b g*, qui franguntur in punctis *e* & *g*, & cadunt in *d*. Si igitur quæratur, ubi radii *d e* & *d g*, cum pyramide *a d b* concurrant? Planum est quòd citra corpus stellæ, propter stellarum improportionabilem à nobis distantiam. Ergo minores apparent, quàm si directè viderentur.

PROPOSITIO XIII.

Stellas in Horizonte propinquiores Aquiloni apparere quàm Meridionali circulo propinquantes.

Hoc probo sic: Ducatur linea inter ortum cujuscunque stellæ ad meridiem declinantis, & occasum ejus. Ducatur & alia ei æquidistans per oculos inspectoris, utrinque ad latera horizontis. Dico quòd accessus stellæ ad meridiem, vel elongatio ab Aquilone, est secundum comprehensionem distantiæ harum duarum linearum. Certum est autem, quòd harum duarum linearum distantia in medio facilius apprehendi potest, quod est aspectui propinquius, & etiam ex latitudine terræ, quæ in meridie extenditur, quàm in extremis, quæ magis elongantur à visu. Et linea terminalis distantiæ harum duarum linearum utrobique sub acutiori angulo videtur, quam linea distantiæ in medio: Verbi gratia, Sit prima linea *a b*, secunda *c d*, sitque visus *e*, & linea mediæ distantiæ *f g*, extremæ verò

 distantiæ

distantiæ, *h k*, Planum est, quòd longè major est angulus *f e g*, quam *h e k*. Autor autem Perspectivæ, hanc diversitatem attribuit fractioni, quia cùm stella est in puncto verticali, videtur sub radiis perpendicularibus, & non fractis. Cùm autem est in horizonte, videtur sub radiis fractis & reflexis, vel fractio causa est, ut magis videantur appropinquare Aquiloni. Hæc ratio, etsi bona est, tamen non videtur accomodari posse omnibus stellis: quia non solum stellæ quæ transeunt per punctum verticale, sed etiam multæ aliæ, quæ multum à vertice elongantur, sicut & aliæ ultra vel citra tropicum hyemalem, sic se habent, quòd remotiores à polo apparent cùm sunt in sublimi, & tamen certum est, quòd sub radiis fractis utrobique videntur. Item stellarum per verticem transeuntium unus solus radius perpendidularis, & non fractus intrat oculum aspicientis. Non igitur una ratio sine alia sufficit. Fractionem autem esse causam, ut stella Aquiloni appareat magis appropinquare, patet sic. Sit circulus magnus *a b*, in quo sit stella sitque circulus minor huic concentricus signans sphæram ignis, posito oculo in *d*, ducantur duæ lineæ *a d* & *b d*: Planum est, quòd sub his radiis stella non videtur. Radius igitur sub quo videtur *a* punctus, aut cadit extra lineas istas, scilicet Aquiloni propinqui

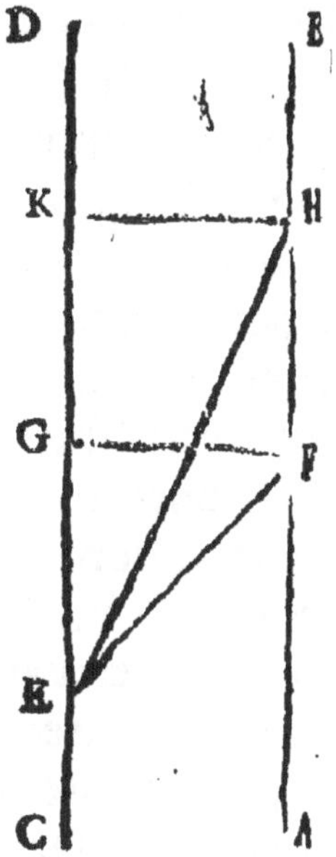

aut

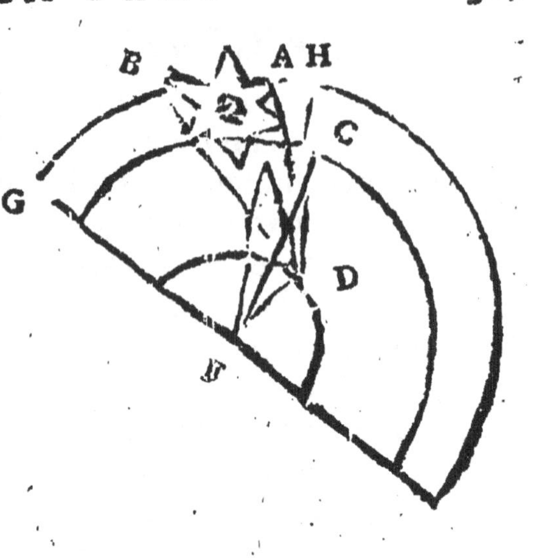

ſut infra. Si extra, ut in *c*, frangatur igitur ad perpẽdicularem *c f*, & cadat in *d*: ſi ponatur cadere infra *a d*, G id eſt remotius ab Aquilone, impoſſibile eſt quòd cadat in punctũ *d* quia frangitur ad perpendicularem. Videbitur igitur punctum *a* in *b*, loco magis ad Aquilonem. Eadem ratione neceſſe eſt, ut punctus *b* videatur elevatus, & ita locus imaginis totius ſtellæ eſt ad Aquilonem elevatus, videturque ejus imago altius ſupra horizontem *g f*, quàm ſit in veritate. Quapropter oriente Sole vel Luna vel alia ſtella, antequam ſit perorta ejus medietas, poteſt nobis apparere totaliter perorta. Imò ſtella exiſtente ſub horizonte, poteſt nobis apparere ſupra horizontem.

PROPOSITIO XIV.

Omne quod videtur, directè videtur & refractè, una tamen ejus exiſtente imagine.

In libro primo oſtenſum eſt, quemlibet punctum rei viſæ, ſigillare punctum ſibi oppoſitum in glaciali, per radios ſuper corneam perpendiculariter orientes. Sed quia quilibet punctus in omnem partem medii ſpargit lucem ſuam, neceſſe eſt, quòd quilibet punctus rei visibilis totam occupet pupillam; & quilibet punctus in quolibet puncto glacialis radiet. Sed quia ab uno puncto super oculum non potest egredi nisi unus radius perpendicularis, franguntur igitur omnes, præter unum in ingressu corneæ. Ipse autem punctus apparet in loco suo, ubi fractus radius concurrit cum perpendiculari. Et quamvis in quolibet puncto perpendicularis obumbret fractum, radii tamen fracti ad hoc valent, ut res, ex concursu utriusque luminis, claris videatur.

PROPOSITIO XV.

Per fractionem multa extra pyramidem radiosam videri.

Pyramis radiosa, est aggregata ex radiis perpendiculariter super corneam orientibus, & foramen uveæ intrantibus, quod parvum est. Multa ergo ex latere videntur imperfectè, quæ intra dictam pyramidem non continentur, sicut ad sensum patet. Et quæ sic videntur, debiliter videntur. Cùm enim omnes in ingressu corneæ frangantur, tantùm per radios fractos videntur.

PROPOSITIO XVI.

Ex concursu radiorum fractorum possibile est ignem generari.

Quòd radii reflexi ignem generare possint, patet ex xvii. & penultima secundi hujus. Contingit etiam idem in corporibus diaphanis rotundis, solaribus radiis expositis. Sed inter specula & diaphana hæc est differentia, quoniam in speculis generatur ignis inter speculum & Solem: in diaphanis

autem

autem, e converso ipsum diaphanū interponitur. Verbi gratia, Sit cristallus rotunda, cujus diameter sit *a e*, cadantq; à Sole in *o* radii *o c*, *o s*, *o i*, *o p*, *o q*. Certum est quòd solus *o i* cadit in centrum *a*, proceditque non fractus usque in *b*. Alii ergo frangūtur ad perpendicularem, & cadunt à *c* in *b*, à *s* ad *g*, à *p* ad *m*, à *q* ad *n*. Veniens ergo radius *c b* ad superficiem aëris concavā, non procedit directè in *e*, sed frangitur à perpendiculari *b k* usque in *h*, & sic de aliis: quibus aggregatis, rarefacto aëre, ultra terminos suæ speciei, ignis generatur.

PROPOSITIO XVII.

Omnis radius directus, reflexus, vel fractus, tantò debilior est adurendo, quantò minus figitur in objecto.

Et hoc potest esse, vel ex motu objecti, vel ex motu luminosi. Objecti quidem, sicut propter velocem motum fluminum, non fiunt in eis tantæ exhalationes, quemadmodum in aquis marinis, propter quod & salsedine carent. Propter motum autem velociorem luminosi, accidit quòd sub æquinoctiali circulo temperatior est habitatio, quàm sub quovis alio parallelo. Habitantibus enim sub æquinoctiali, tantùm Sol commoratur supra Horizontem, quantùm infrà: dierumque calor ex æquo temperatur noctis frigiditate. Sed quibus So aliquot diebus vel mensibus est suprà Horizonte propter perpetuam Solis præsentiam, ferventissimu calorem sentiunt. Inde est, quod etsi brevem i Lithuania, propter sphæræ obliquitatem, æstate habent, tamen eorum fruges copiosè & citò cres cunt & maturescunt: contrà, hyemem propte Solis exiguam super eorum Horizontem moram habeant rigentiorem. Hac itaque de causa, qu magis dies æquantur suis noctibus alicujus regio nis, eò temperatior censenda. Quod tamen præcipuè de iis intelligendum est, qui radios Solis perpendiculares non sentiunt.

PROPOSITIO XVIII.

In generatione Iridis, trium prædictorum generum concurrere radiationes.

De radiis rectis patet, quia Iris generatur ex opposito Solis. De reflexis certum est, quoniam stillæ sphærulæ, quædam sunt speculares, levis superficiei, in modum aquæ radios reflectentes. De fractis insuper patet, quoniam lumen Solare intrat in profundum aquæ quamvis reflectatur.

PROPOSITIO XIX.

Causam rotunditatis Iridis, principaliter consistere in nube.

Quando enim nubes regulariter suspensa est, terræ æquidistans, certum est, quod roratio regulariter descendit, & hoc ad circularitatem sufficit. Aquæ enim nebulosæ suspensæ, & irregulariter, non habent in se impressionem regularem. Quidam autem ponunt causam ex parte radiorum, & dicunt, quod lumen radiosum intrat nubem roridam, & inde ultra nubem concurrit in puncto uno, sicut declaratur in xvi. hujus. Post concursum autem ipsum lumen iterum dilatari in pyramidem, cujus medietas cadat in nubem, & faciat per consequens impressionem semicircularem, alia verò medietate cadente in terram. Sed ad hanc opinionem convellendam, cadat radius Solaris per foramen rotundum, certum est, quod erit rotundus: opponatur ei lapis hexagonus, generans colores Iridis, certum est, quod generat Iridem, eamque non in figura radii, quæ est orbicularis, sed in figura lapidis,

pidis, quæ est columnaris. Si ergo consimilis passio consimilem habet causam, oportet, ut causa figuræ arcus Iridis quærenda sit in nube, & non in radio. Item hæc positio est contra sensum. Quia Iris generatur à Sole, sine aliquo interposito, in nubem roridam radiante. Quod lumen radians in nubem vocat Philosophus radium mediæ rotunditatis. Lumen enim figuram accipit à medio, in quo est. Alii ponunt rotunditatem in radio ex se ipso. Dicunt enim quòd radii pyramidaliter egrediuntur à Sole, & medietas ejus cadat in nubem, & faciet dictam figuram. Sed hoc nihil est, quoniam sic de toto lumine Solari, ergo quilibet punctus Solis implet totum hemisphærium lumine suo. Si de particulari aliqua pyramide, igitur pyramides non sunt à se distinctæ, & ab invicem divisæ, sed unum est corpus continuum lucis, in se potentialiter infinitas pyramides continens, quarum quædam habent conum in luminoso, & quædam i objecto vel in medio.

PROPOSITIO XX.

Diversitatem colorum Iridis, tam ex nubis, quàm luminis variatione provenire.

Nubis variatio ex hoc accidit, quòd roratio descendit ad centrum & angulum. Est igitur pe consequens inferius strictior, & superius latio Certum enim est, quòd omnia gravia descendun ad angulum: & ita non potest esse pyramis rotu da, quæ habeat conum sursum, & latitudinem de orsum. Superius igitur est lata, & paulatim de scendendo densior, tum propter pyramidis coan

gustationei

gustationem ex descensu ad angulum provenientem: tum propter hoc, quòd grossiores partes citius descendunt, aptior est superius ad colores nobiliores, & luci conformiores, & inferius minus. Potest etiam esse diversitas à parte luminis directè in nubem cadentis, & magis fracti in singulis partibus nubis. Sed & reflectio à stillis, super alias stillas, quæ omnia in lumine magnam solent diversitatem efficere, ut in primo hujus per tractatum est. Quòd autem dicunt quidam, in eisdem nubis partibus diversos generari colores, nec in omnibus illis apparere, sed in illis tantum, ad quos radii eos constituentes reflectuntur, mihi non fit verisimile. Quoniam impressiones quæcunque non videntur per radios à quibus generantur, sed per speciem propriam, extra locum reflexionis sicut patet in radio transeunte per vitrum coloratum, usque in corpus oppositum. Idem est videre in coloribus, qui generantur in lapidibus hexagonis, & ex omni parte videntur. Quæ autem falsò dicuntur de Iride, ut plurimum refelli possunt, ab his, quæ in hujusmodi lapidibus conspiciuntur.

PROPOSITIO XXI.

Generationem Iridis cataclysmum excludere.

Excludit quidem par modum signi convenienter dati, sed non est sufficiens significatio serenitatis. Non enim omnis resolutio, sed subtilis tantum parit Iridem. Colores enim nobiles in Iride concurrentes, quales pictor imitari non potest, densarum nubium obscuritas & grossa sa resolutio, non admittunt. Iris igitur hac ratione significat resolutionis humidæ paucitatem, ideoque oppositum cataclysmi. Amplius tanquam causa reflexorum radiorum à nubibus concursus cum radiis directis ad hoc nonnihil facit. Non enim generatur Iris in nubibus, in omnino densis: oportet siquidem quòd radii Solares liberè transeant in nubes ex opposita parte cæli sitas, & cum radiis directè incidentibus concurrant, ex quorum concursu fiat vaporum attenuatio, ut pluviæ materia consumatur. Hæc autem intelligenda sunt, cùm Iris generatur secundum quantitatem semicirconferentiæ: aliquando enim fit secundum modicam quantitatem.

PROPOSITIO XXII.

Lucem Solarem & sideralem, in perspico puro efficere galaxiam.

Quidam hoc loco Philosopho contradicere non erubescunt, & dicunt galaxiam non generari in ignis purissima regione, quasi impressio fieri non possit in corpore transparente: cùm tamen contra videamus Solarem radium in domo subobscura, per aërem transeuntem: quamvis in aëre non sit sensibilis densitas, tamen vehementissima radiatio ipsius lucis se abscondere non potest. Multiplicatio igitur radiorum stellarum concurrentium in suprema parte ignis, potest ibi, ex eadem ratione, sensibiliter apparere.

FINIS PERSPECTIVÆ COMMUNIS.

[317]

ERRATA.

Sic Corrige.

PAg. 20. *lin.* 2. lege *rectis & curris*. p. 27. l. 6. *comprehendentium*. p. 28. *l.* 4. *æquatur alteri* τῷ Ἴσον. p. 30. l. 4. {*Hypotenusam*. ibid. l. 13. *Angulus e*. p. 43. l. 1. *Stereometriæ*. p. 59. *plurium pro plurimum*. p. 64. l. 22. *Metiri*. p. 72. l. 11. δίοπ. p. 81. l. 13. *facti* p. 110. l. 5. *Triangula*. p. 148. l. 20. *peripheriave*. p. 149. l. ult. *rectis*, p. 154. l. 11. τετραγωνισμον. p. 174. l. 22. *distantias*. p. 177. l. 16. *Fig*. 4. p. 199. l. 18. *libello*. p. 286. *Fig. centrum D pro I pone H pro E Q. & juxta lineam F K sine literæ G E B*. p. 275. *Fig. D centrum*. p. 288. *Fig. centrum D*.

Fig: 1ª Tab: 1ª et. Pag. 112. et. Pag: 172.

Fig: 3ª. Pag. 174.

Fig 2a
Pag 112
Fig 4a
Pag 174

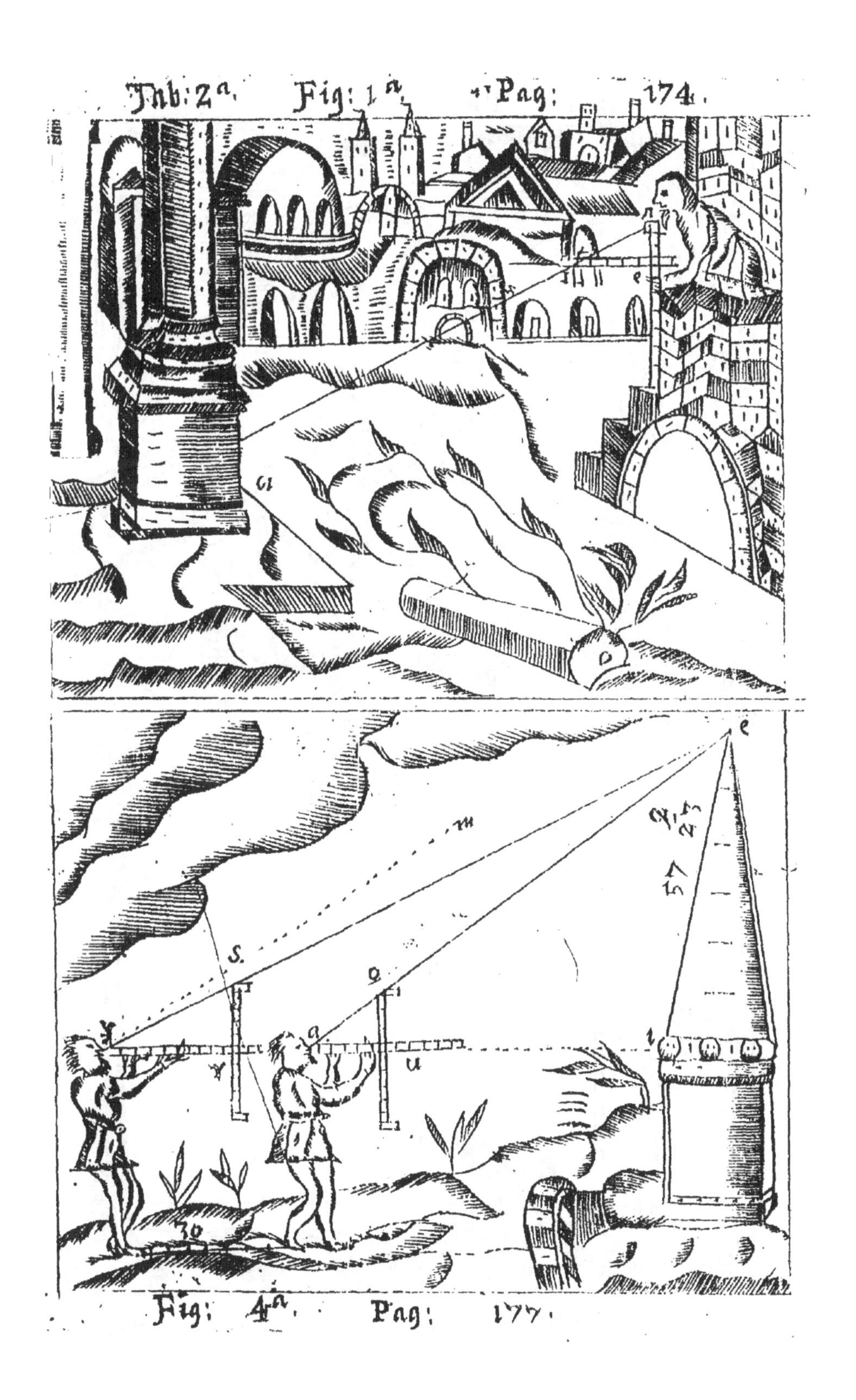

Tab: 2ª Fig: 1ª Pag: 174

Fig: 4ª Pag: 177

Fig: 2a. Pag: 175

Fig: 7a. Pag: 176.

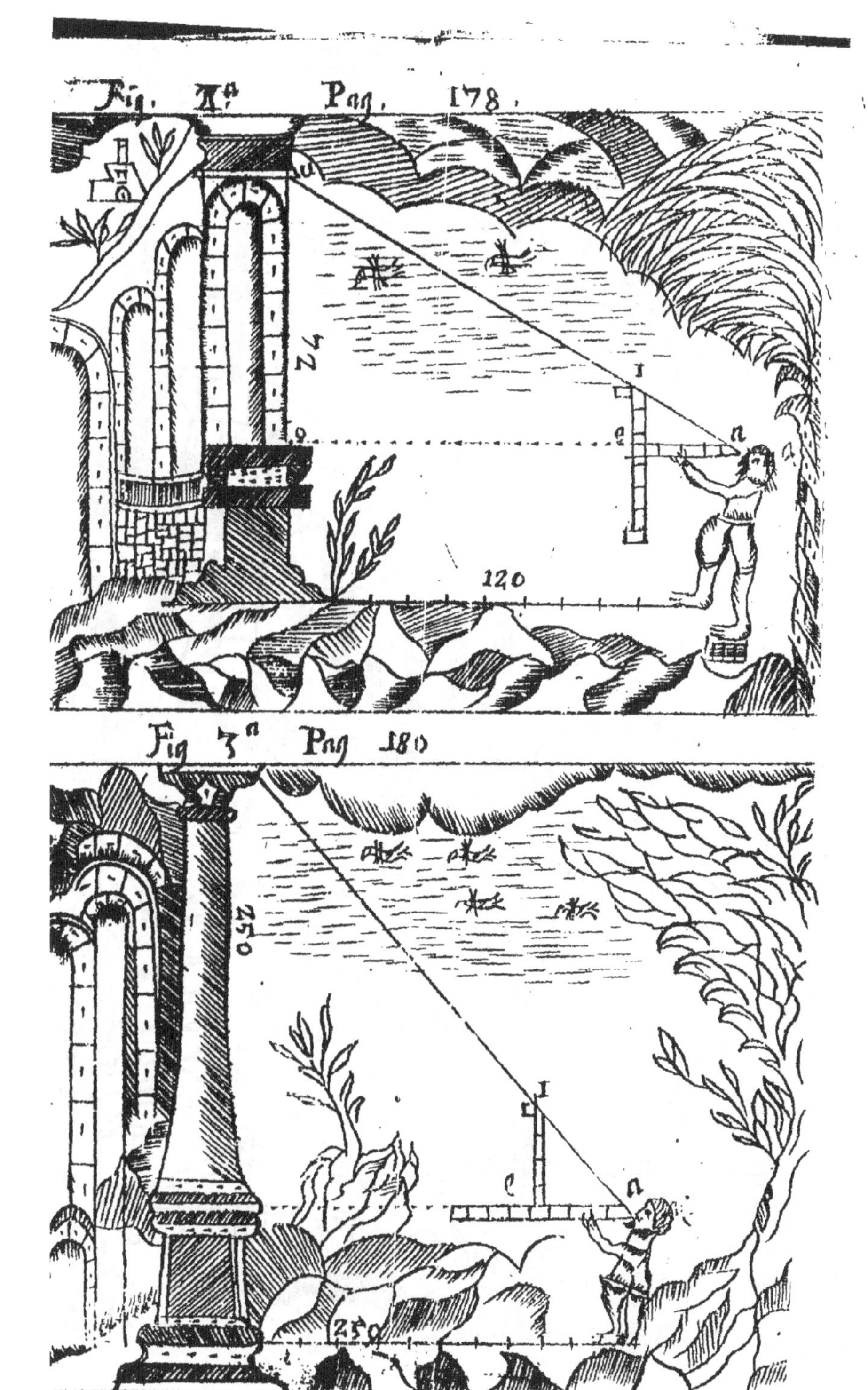
Fig. 1ª Pag. 178.
a
74
I
o
e
n
120
Fig 3ª Pag 180
250
I
e
n
250

Tab. 3.a Fig 2.a Pag 179
10
24
ig. 4.a Pag. 180.

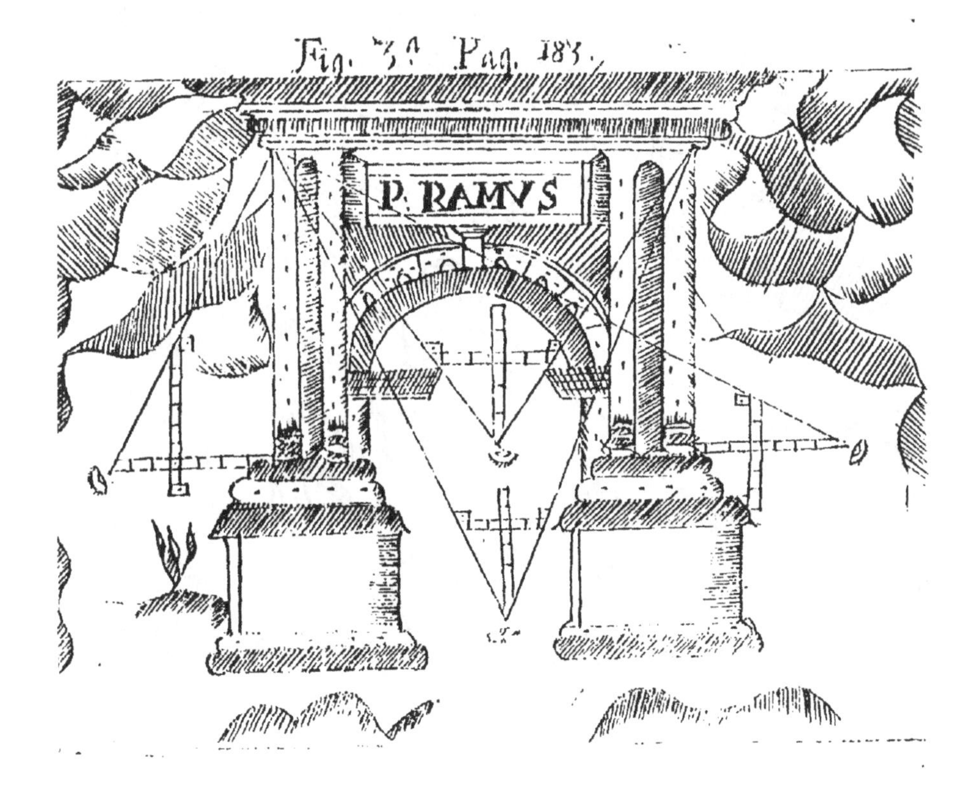

Fig. 3ª Pag. 183.

Tab. 4. Fig. 1.ª
Pag. 183.
Pag. 183.
Fig. 2.ª

pp 7–8

polyhedra: pp. 52–55

Campanus 104

Lightning Source UK Ltd.
Milton Keynes UK
UKOW07f1859080315

247516UK00005B/78/P